现代水产养殖新法丛书

罗非鱼高效养殖模式攻略

杨　弘　主编

XIANDAI SHUICHAN YANGZHI XINFA CONGSHU

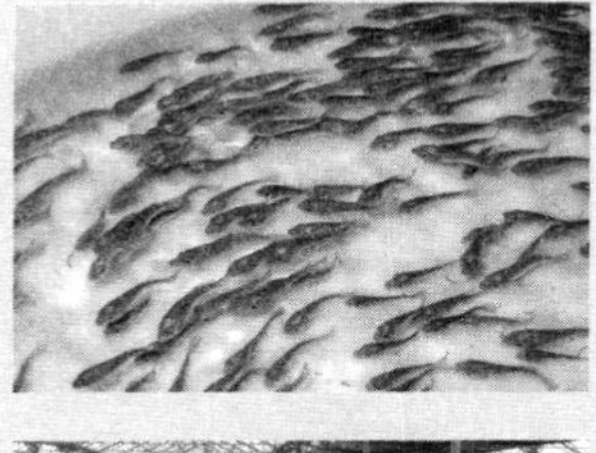

中国农业出版社

《现代水产养殖新法丛书》编审委员会

本书编写人员

主　编　杨　弘（中国水产科学研究院淡水渔业研究中心）
副主编　王德强（海南省海洋与渔业科学院）
　　　　钟全福（福建省淡水水产研究所）
编著者　杨　弘（中国水产科学研究院淡水渔业研究中心）
　　　　王德强（海南省海洋与渔业科学院）
　　　　钟全福（福建省淡水水产研究所）
　　　　杨　军（柳州市渔业技术推广站）
　　　　缪祥军（云南省渔业科学研究院）
　　　　梁拥军（北京市水产科学研究所）
　　　　罗永巨（广西水产科学研究院）
　　　　梁浩亮（惠州市海洋与渔业科学技术研究中心）
　　　　陈家长（中国水产科学研究院淡水渔业研究中心）
　　　　赵金良（上海海洋大学）
　　　　肖　炜（中国水产科学研究院淡水渔业研究中心）
　　　　王茂元（福建省淡水水产研究所）
　　　　佟延南（海南省海洋与渔业科学院）
　　　　李大宇（中国水产科学研究院淡水渔业研究中心）
　　　　张　欣（北京市水产科学研究院）
　　　　姚振锋（惠州市海洋与渔业科学技术研究中心）

祝璟琳（中国水产科学研究院淡水渔业研究中心）
孟顺龙（中国水产科学研究院淡水渔业研究中心）
李芳远（海南省海洋与渔业科学院）
崔丽莉（云南省渔业科学研究院）
李庆勇（惠州市海洋与渔业科学技术研究中心）
邹芝英（中国水产科学研究院淡水渔业研究中心）
韩　珏（中国水产科学研究院淡水渔业研究中心）

序

经过改革开放30多年的发展，我国水产养殖业取得了巨大的成就。2013年，全国水产品总产量6 172.00万吨，其中，养殖产量4 541.68万吨，占总产量的73.58%，水产品总产量和养殖产量连续25年位居世界首位。2013年，全国渔业产值10 104.88亿元，渔业在大农业产值中的份额接近10%，其中，水产养殖总产值7 270.04亿元，占渔业总产值的71.95%，水产养殖业为主的渔业在农业和农村经济的地位日益突出。我国水产品人均占有量45.35千克，水产蛋白消费占我国动物蛋白消费的1/3，水产养殖已成为我国重要的优质蛋白来源。这一系列成就的取得，与我国水产养殖业发展水平得到显著提高是分不开的。一是养殖空间不断拓展，从传统的池塘养殖、滩涂养殖、近岸养殖，向盐碱水域、工业化养殖和离岸养殖发展，多种养殖方式同步推行；二是养殖设施与装备水平不断提高，工厂化和网箱养殖业持续发展，机械化、信息化和智能化程度明显提高；三是养殖品种结构不断优化，健康生态养殖逐步推进，改变了以鱼类和贝、藻类为主的局面，形成虾、蟹、鳖、海珍品等多样化发展格局，同时，大力推进健康养殖，加强水产品质量安全管理，养殖产品的质量水平明显提高；四是产业化水平不断提高，养殖业的社会化和组织化程度明显增强，已形成集良种培养、苗种繁育、饲料生产、机械配套、标准化养殖、产品加工与运销等一体的产业群，龙头企业不断壮大，多种经济合作组织不断发育和成长；五是建设优势水产品区域布局。由品种结构调整向发展特色产业转变，推动优势产业集群，形成因地制宜、各具特色、优势突出、结构合理的水产养殖发展布局。

当前，我国正处在由传统水产养殖业向现代水产养殖业转变的重要发展机遇期。一是发展现代水产养殖业的条件更加有利。党的十八大以来，全党全社会更加关心和支撑农业和农村发展，不断深化农村改革，完善强农惠农富农政策，“三农”政策环境预期向好。国家加快推进中国特色现代农业建设，必将给现代水产养殖业发展从财力和政策上提供更为有力的支持。二是发展现代水产养殖业的要求更加迫切。“十三五”时期，随着我国全面建设小康社会目标的逐步实现，人民生活水平将从温饱型向小康型转变，食品消费结构将更加优化，对动物蛋白需求逐步增大，对水产品需求将不断增加。但在工业化、城镇化快速推进时期，渔业资源的硬约束将明显加大。因此，迫切需要发展现代水产养殖业来提高生产效率、提升发展质量，“水陆并进”构建我国粮食安全体系。三是发展现代水产养殖业的基础更加坚实。通过改革开放30多年的建设，我国渔业综合生产能力不断增强，良种扩繁体系、技术推广体系、病害防控体系和质量监测体系进一步健全，水产养殖技术总体已经达到世界先进水平，成为世界第一渔业大国和水产品贸易大国。良好的产业积累为加快现代水产养殖业发展提供了更高的起点。四是发展现代水产养殖业的新机遇逐步显现，“四化”同步推进战略的引领推动作用将更加明显。工业化快速发展，信息化水平不断提高，为改造传统水产养殖业提供了现代生产要素和管理手段。城镇化加速推进，农村劳动力大量转移，为水产养殖业实现规模化生产、产业化经营创造了有利时机。生物、信息、新材料、新能源、新装备制造等高新技术广泛应用于渔业领域，将为发展现代水产养殖业提供有力的科技支撑。绿色经济、低碳经济、蓝色农业、休闲农业等新的发展理念将为水产养殖业转型升级、功能拓展提供了更为广阔的空间。

但是，目前我国水产养殖业发展仍面临着各种挑战。一是资源短缺问题。随着工业发展和城市的扩张，很多地方的可养或已养水面被不断蚕食和占用，内陆和浅海滩涂的可养殖水面不断减少，陆基池塘和近岸网箱等主要养殖模式需求的土地（水域）资源日趋紧张，占淡水养殖产量约1/4的水库、湖泊养殖，因水源保护和质量安全等原因逐步退出，传统渔业水域养殖空间受到工业与种植业的双重挤压，土地（水域）资源短缺的困境日益加大，北方地区存在水资源短缺问题，南方一些地区还存在水质型缺水问题，使水产养殖规模稳定与发展受到限制。另一方面，水产饲料原料国内供应缺口越来越大。主要饲料蛋白源鱼粉和豆粕70%以上依靠进口，50%以上的氨基酸依靠进口，造成饲料价格节节攀升，成为水产养殖业发展的重要制约因素。二是环境与资源保护问题。水产养殖业发展与资源、环境的矛盾进一步加剧。一方面周边的陆源污染、船舶污染等对养殖水域的污染越来越重，水产养殖成为环境污染的直接受害者。另一方面，养殖自身污染问题在一些地区也比较严重，养殖系统需要大量换水，养殖过程投入的营养物质，大部分的氮磷或以废水和底泥的形式排入自然界，养殖水体利用率低，氮磷排放难以控制。由于环境污染、工程建设及过度捕捞等因素的影响，水生生物资源遭到严重破坏，水生生物赖以栖息的生态环境受到污染，养殖发展空间受限，可利用水域资源日益减少，限制了养殖规模扩大。水产养殖对环境造成的污染日益受到全社会的关注，将成为水产养殖业发展的重要限制因素。三是病害和质量安全问题。长期采用大量消耗资源和关注环境不足的粗放型增长方式，给养殖业的持续健康发展带来了严峻挑战，病害问题成为制约养殖业可持续发展的主要瓶颈。发生病害后，不合理和不规范用药又导致养殖产品药物残留，影响到水产品的质量安全消费和出口贸易，反过来又制约了养殖业的持续发展。随着高密度集约化养殖的兴起，养殖生产追求产量，难以顾及养殖产品的品质，对外源环境污染又难以控制，存在质量安全隐患，制约养殖的进一步发展，挫伤了消费者对养殖产品的消费信心。四是科技支撑问题。水产养殖基础研究滞后，水产养殖生态、生理、品质的理论基础薄弱，人工选育的良种少，专用饲料和渔用药物研发滞后，水产品加工和综合利用等技术尚不成熟和配套，直接影响了水产养殖业的快速发展。水产养殖的设施化和装备程度还处于较低的水平，生产过程依赖经验和劳力，对于质量和效益关键环节的把握度很低，离精准农业及现代农业工业化发展的要求有相当的距离。五是投入与基础设施问题。由于财政支持力度较小，长期以来缺乏投入，养殖业面临基础设施老化失修，养殖系统生态调控、良种繁育、疫病防控、饲料营养、技术推广服务等体系不配套、不完善，影响到水产养殖综合生产能力的增强和养殖效益的提高，也影响到渔民收入的增加和产品竞争力的提升。六是生产方式问题。我国的水产养殖产业，大部分仍采取“一家一户”的传统生产经营方式，存在着过多依赖资源的短期行为。一些规模化、生态化、工程化、机械化的措施和先进的养殖技术得不到快速应用。同时，由于养殖从业人员的素质普遍较低，也影响了先进技术的推广应用，养殖生产基本上还是依靠经验进行。由于养殖户对新技术的接受度差，也侧面地影响了水产养殖科研的积极性。现有的养殖生产方式对养殖业的可持续发展带来较大冲击。

因此，当前必须推进现代水产养殖业建设，坚持生态优先的方针，以建设现代水产养殖业强国为目标，以保障水产品安全有效供给和渔民持续较快增收为首要任务，以加快转变水产养殖业发展方式为主线，大力加强水产养殖业基础设施建设和技术装备升级改造，健全现代水产养殖业产业体系和经营机制，提高水域产出率、资源利用率和劳动生产率，增强水产养殖业综合生产能力、抗风险能力、国际竞争能力、可持续发展能力，形成生态良好、生产发展、装备先进、产品优质、渔民增收、平安和谐的现代水产养殖业发展新格局。为此，经与中国农业出版社林珠英编审共同策划，我们组织专家撰写了《现代水产养殖新法丛书》，包括《大宗淡水鱼高效养殖模式攻略》《河蟹高效养殖模式攻略》《中华鳖高效养殖模式攻略》《罗非鱼高效养殖模式攻略》《青虾高效养殖模式攻略》《南美白对虾高效养殖模式攻略》《淡水小龙虾高效养殖模式攻略》《黄鳝泥鳅生态繁育模式攻略》《龟类高效养殖模式攻略》9种。

本套丛书从高效养殖模式入手，提炼集成了最新的养殖技术，对各品种在全国各地的养殖方式进行了全面总结，既有现代养殖新法的介绍，又有成功养殖经验的展示。在品种选择上，既有青鱼、草鱼、鲤、鲫、鳊等我国当家养殖品种，又有罗非鱼、对虾、河蟹等出口创汇品种，还有青虾、小龙虾、黄鳝、泥鳅、龟鳖等特色养殖品种。在写作方式上，本套丛书也不同于以往的传统书籍，更加强调了技术的新颖性和可操作性，并将现代生态、高效养殖理念贯穿始终。

本套丛书可供从事水产养殖技术人员、管理人员和专业户学习使用，也适合于广大水产科研人员、教学人员阅读、参考。我衷心希望《现代水产养殖新法丛书》的出版，能为引领我国水产养殖模式向生态、高效转型和促进现代水产养殖业发展提供具体指导作用。

中国水产科学研究院淡水渔业研究中心副主任
国家大宗淡水鱼产业技术体系首席科学家 戈贤平

2015年3月

前　言

罗非鱼是联合国粮农组织向全世界推广养殖的优良品种，具有生长快、抗病力强、食性杂和无肌间刺等优点，养殖范围遍布80多个国家和地区。罗非鱼也是我国第六大鱼类养殖品种，我国出口量最大的鱼类品种。虽然我国早在20世纪60年代就引进了莫桑比克罗非鱼，但真正大规模养殖罗非鱼实际是从1978年引入尼罗罗非鱼后；80～90年代，我国罗非鱼养殖得到更进一步的发展，产量以平均每年30%的速度增长。2000年以后，随着奥尼杂交罗非鱼和吉富罗非鱼等优良品种的大规模推广，进一步促进了罗非鱼产业的发展。罗非鱼养殖、加工已成为出口创汇和我国南方地区渔民增效增收的重要途径。目前，市场上能够解决渔民生产实践中遇到的问题的实用技术书籍较少，为此本书依托国家罗非鱼产业技术体系，组织全国罗非鱼各主产区的养殖专家，对各地适用的罗非鱼养殖模式进行了详述，介绍了各模式的特点、操作细节、适用范围，并附以实例，可供广大罗非鱼养殖场技术人员、养殖户参考使用。

多位专家、学者以及工作在水产养殖、推广一线的水产科技人员积极参与了本书的编写工作。本书海南地区的罗非鱼鱼种培育模式、池塘养殖模式、网箱养殖模式、海水养殖模式、混养模式由王德强、佟延南、李芳远编写；广东地区的罗非鱼池塘养殖模式、网箱养殖模式、混养模式、越冬模式由梁浩亮、姚振锋、李庆勇编写；广西地区的鱼种培育模式、池塘养殖模式、网箱养殖模式、山塘水库养殖模式、流水养殖模式、混养模式、越冬养殖模式由杨军、罗永巨编写；福建地区的鱼种培育模式、池塘养殖模式、网箱养殖模式、山塘水库养殖模式、混养模式、越冬养殖模式由钟全福、王茂元编写；云南地区的鱼种培育模式、池塘养殖模式、网箱养殖模式由缪祥军、崔丽莉编写；北方地区的鱼种培育模式、池塘养殖模式、海水养殖模式、海水养殖模式由梁拥军、赵金良、张欣编写；水质调控和水上农业由陈家长、孟顺龙编写。其他章节由杨弘、肖炜、李大宇、祝璟琳等编写、统稿。

本书所有涉及的养殖模式，均来自于罗非鱼苗种培育、养殖生产一线，本书只是对其进行归纳总结。本书编写仓促，写作水平也有限，出现纰漏之处在所难免，敬请广大读者批评指正。

编著者

2015年1月

目 录

第一章 罗非鱼产业发展概况

罗非鱼又称非洲鲫鱼，属于热带中小型鱼类，原产于非洲内陆及中东大西洋沿岸淡咸水海区，在以色列及约旦等地也有分布。罗非鱼属硬骨鱼纲（Osteichthyes）、鲈形目（Perciformes）、鲈形亚目（Percoidei）、丽鱼科（Cichlidae）。根据其孵化方式的差异，分为 *Sarotherodon* 属（双亲口孵）、*Oreochromis* 属（单亲口孵）和非口孵育苗的 *Tilapia* 属，共有 100 多个种。罗非鱼具有适应性强、食性杂、病害少、繁殖迅速、生长快、产量高、肉质细嫩和无肌间刺等优点，已成为联合国粮农组织（FAO）向全世界重点推广的水产品种之一，养殖范围遍布 100 多个国家和地区。

第一节　罗非鱼养殖发展史

台湾是我国最早引进罗非鱼的省份。1946 年，我国台湾吴振辉和郭启彰从新加坡引进莫桑比克罗非鱼，命名为"吴郭鱼"。1966 年台湾又引进了尼罗罗非鱼，1969 年采用雄性尼罗罗非鱼与雌性莫桑比克罗非鱼进行杂交试验，并将杂交品种命名为福寿鱼。

我国大陆地区罗非鱼的养殖，大致可划分为以下几个时期：

1. 产业发展起步摸索期（1956—1978 年）　这时期养殖品种以莫桑比克罗非鱼为主，其特点是生长慢、个体小、体色黑、易繁殖，养殖规模不大，消费市场较局限，基本属于自产自销式生产。在此期间中国仍不断进行罗非鱼品种引进，大多是尼罗罗非鱼品系以及奥利亚罗非鱼，以期寻找到适合中国养殖环境的养殖品种。

2. 新品种引进推广期（1978—1985 年）　主要养殖品种为尼罗罗非鱼、福寿鱼和莫桑比克罗非鱼。经历了长时间的鱼种引进及养殖技术改良，同时，联合国粮农组织在世界范围内进行了罗非鱼养殖推广，加速了罗非鱼本土化的进程。中国罗非鱼养殖在该阶段进入规模化发展期，在该时期中国实行农村家庭联产承包制，我国南方地区个体罗非鱼鱼苗场迅速发展。同时，该时期国家对罗非鱼育种及养殖的科研投入增加，从技术上促进罗非鱼养殖产业发展的同时，也极大地调动了农户及专业水产养殖人员的工作积极性。

3. 技术创新期（1985—2000 年）　随着人工育苗技术的完善，规模化罗非鱼种苗繁殖场及养殖场呈现雨后春笋之势。此时期尼罗罗非鱼基本完全取代了莫桑比克和福寿鱼，同时，奥尼杂交鱼的养殖也得到了快速发展。奥尼杂交鱼是尼罗罗非鱼（雌）与奥利亚罗非鱼（雄）的杂交种，雄性率稳定在 95% 左右。雄鱼比雌鱼生长快，杂交鱼又比双亲生长快 20%～30%。单性养殖雄性罗非鱼大大提高了罗非鱼产量，是罗非鱼今后的养殖发展方向，逐渐替代了尼罗罗非鱼的养殖。

4. 发展成熟期（2000 年至今）　随着罗非鱼产业的快速发展，越来越多的企业和科研院所加入到罗非鱼产业的研发链中，用科研成果与国际前沿的现代生物技术和传统的遗传育种技术相结合，不断改良优选，培育出具有中国特色的罗非鱼良种，先后育成了“新吉富”和“夏奥 1 号”罗非鱼。此时期世界渔业中心选育的吉富罗非鱼逐渐取代了奥尼罗非鱼，其养殖面积约占罗非鱼养殖总面积的 60%，中国罗非鱼产业达到了成熟时期。

第二节　罗非鱼生产现状

我国罗非鱼养殖业发展迅速，2001—2005 年，我国罗非鱼产量增长 65.3%，年均增长 10.5%；2006—2010 年，我国罗非鱼产量增长 35.8%，年均增长 6.3%（表 1-1）。2011 年，全球罗非鱼总产量 475.05 万吨。其中，养殖产量 395.79 万吨，中国养殖产量 144.11 万吨，占全世界总产量的 30.3 %；世界养殖产量的 36.4 %，连续多年成为世界罗非鱼生产第一大国。

表 1-1　历年来我国罗非鱼养殖产量和出口情况

年份	世界产量（万吨）	中国产量（万吨）	中国出口量（万吨）	创汇金额（亿美元）
2002	148.79	70.66	3.16	0.503
2003	167.98	80.59	5.96	0.977
2004	200.70	89.70	8.73	1.559
2005	220.77	98.67	10.73	2.322
2006	235.00	107.00	16.45	3.692

（续）

年份	世界产量（万吨）	中国产量（万吨）	中国出口量（万吨）	创汇金额（亿美元）
2007	260.09	113.40	21.54	4.910
2008	280.00	111.02	22.44	7.336
2009	300.00	125.70	25.90	7.102
2010	300.00	133.10	32.28	10.058
2011	475.00	144.10	33.03	11.089
2012	508.00	136.80	36.20	11.634

一、养殖品种

目前，国内罗非鱼主要养殖品种有奥尼罗非鱼、吉富罗非鱼和红罗非鱼等品种。吉富罗非鱼养殖面积约占60%，奥尼罗非鱼养殖面积约占30%，红罗非鱼及其他品种养殖面积约占10%。

1. 吉富罗非鱼　吉富罗非鱼是由国际水生生物资源管理中心通过4个非洲原产地直接引进的尼罗罗非鱼品系（埃及、加纳、肯尼亚和塞内加尔）和4个亚洲养殖比较广泛的尼罗罗非鱼品系（以色列、新加坡、泰国和中国台湾）经混合选育获得的优良品系，具有生长快速、出肉率高等优点，适合池塘、网箱及水库大水面养殖。在我国广东、海南、广西、福建和云南等地区得到了大规模推广养殖，已成为我国罗非鱼养殖的主导品种。

2. 奥尼罗非鱼　奥尼罗非鱼是以尼罗罗非鱼为母本、奥利亚罗非鱼为父本进行种间杂交而获得的杂交子一代，具有雄性率高、生长速度快、抗病力强、抗逆性好（耐低氧、耐低温）等特点。奥尼罗非鱼的生长速度比母本尼罗罗非鱼快11%～24%，比父本奥利亚罗非鱼快17%～72%，雄性率达92%以上。奥尼罗非鱼是最适合池塘高密度精养及越冬养殖的品种。

3. 红罗非鱼　红罗非鱼又称为彩虹鲷，是由尼罗罗非鱼与体色变异的莫桑比克罗非鱼杂交，经多代选育而成的优良品种，因鱼体为红色，称为红罗非鱼。红罗非鱼属热带广盐性鱼类，对盐度适应范围广，可在盐度0～30生活，适温范围15～37℃，体色有粉红、红色、儒红、橙红和橘黄等。红罗非鱼的生长速度与体色有关，粉红色生长最快，橘红次之，橘黄最慢。因红罗非鱼体色纯红，形似真鲷，体腔无黑膜，肉质鲜嫩，颇受消费者喜爱，主要是在饭店或菜市场销售。但红罗非鱼的生长速度较慢，养殖病害较多，养殖面积不大。

二、养殖地区

罗非鱼在中国大陆的养殖分布很不平衡，南方地区的广东、广西、海南、云南、福建得益于适宜的气候，罗非鱼养殖发展迅速，产量占淡水养殖产量的20%，较高的可达30%，使罗非鱼成为这些地区淡水养殖的主导品种。

1. 广东省 广东省是我国养殖罗非鱼最早、养殖面积最多和产量最高的地区。据统计，2012年广东省罗非鱼养殖面积达105万亩*，产量66.46万吨，出口量为12.9万吨，创汇4.6亿美元。2008年初的雨雪冰冻灾害，广东是重灾区，直接冻死罗非鱼达17万吨，所以，2008年出口量同比减少了2.2万吨。广东省优越的地理气候条件及对罗非鱼繁殖、培育、养殖技术的日臻成熟，特别是随着无公害罗非鱼养殖基地的建立，广东省罗非鱼产量趋于稳定。

2. 海南省 海南省拥有良好的养殖生态环境，热带气候也很适宜罗非鱼的养殖。近几年，海南省罗非鱼养殖业发展迅速，养殖规模迅速扩大。截至2012年，全省罗非鱼养殖面积达53.3万亩，其中，池塘养殖面积30.2万亩，主要集中在文昌、琼海两市（文昌16万亩、琼海3万亩），文昌市和琼海市各有1万亩连片的罗非鱼养殖基地，是海南省罗非鱼养殖的示范基地；水库养殖面积15.4万亩，主要集中在海口市、澄迈县（海口2.5万亩、澄迈1.8万亩）；网箱养殖罗非鱼7.7万亩，主要集中在海口。罗非鱼总产量34.1万吨。2012年，海南省罗非鱼出口量达到13.8万吨，比2002年的0.7万吨增加了19.7倍；出口额也由2002年的0.15亿美元上升到2012年的5.27亿美元，增长了35.1倍。

3. 广西壮族自治区 广西是我国罗非鱼养殖的优势区域，罗非鱼养殖业是广西水产养殖业的支柱产业。据统计，2009年，广西罗非鱼养殖面积、产量、产值分别达到2万公顷、20万吨、18亿元，居全国第3位。在海洋捕捞零增长情况下，广西2008年水产品总产量比2003年净增38.3万吨，年均增长3.6%。其中，罗非鱼1个品种占了增长的19.2%，广西罗非鱼已经成为广西水产养殖的主导品种。据海关统计，2009年，罗非鱼加工出口罗非鱼片等3.98万吨（折合原料鱼10万吨左右），出口额达1.12亿美元。与2008年相比，出口量增长39%，出口值增长14.3%，增幅排全国第1；与2003年相

---

* 亩为非法定计量单位，1亩=1/15公顷。编者注

比，出口量增加了36倍，出口额增加了66倍，约占水产品直接出口份额的80%，罗非鱼出口量和年均增长速度均居广西农产品和水产品出口第1。2012年，广西罗非鱼养殖面积、产量、产值分别达到2.2万公顷、26.52万吨、21亿元，出口量为8.2万吨，创汇3.1亿美元。

4. 福建省　福建省地处亚热带，气候温和，雨量充沛，水质肥沃，特别适合罗非鱼养殖，罗非鱼产业已成为福建省淡水渔业的重要支柱。至2012年，福建省罗非鱼养殖产量达到12.31万吨，产值约11亿元，养殖面积达到9 952公顷，仅次于广东、海南、广西3省份，排名全国第4位。福建省罗非鱼养殖分布在漳州、福州、厦门三地市，年产量约占全省总产量的85%，其中，年产量超过万吨的重点生产县有漳州的芗城区、龙海市、云霄县、漳浦县、诏安县、东山县和南靖县，福州的福清市和长乐市，厦门的同安县。值得一提的是福清市，建立了多个2 000亩以上的连片化、规模化、集约化罗非鱼生产基地。

第三节　罗非鱼产业发展对策

罗非鱼在我国广泛养殖，养殖方式也逐渐趋向于集约化养殖，不少渔民为了片面追求产量，过多使用饲料和肥料，乱用渔药，造成养殖水体环境不断恶化，时常暴发鱼病或因药物残留等问题遭遇出口贸易壁垒。健康安全的养殖方式，是罗非鱼养殖成功的关键，也是罗非鱼养殖业可持续发展的命脉。健康养殖技术应着重关注以下几个方面：

1. 保持良好的水质　一般要求水源稳定、充足、清洁、无污染源，符合国家渔业水质标准，同时要求注、排水方便。定期调节水质，施用水质改良剂，养殖期间视天气、水温及鱼类摄食情况适当开增氧机，使水体含氧量保持在3毫克/升以上，氨氮小于1毫克/升，亚硝酸盐小于0.1毫克/升。

2. 科学施肥投饵　肥料、饵料的多少既影响着罗非鱼的生长，又影响水质的变化。养殖期间，可以通过适度施肥，增加水体中浮游生物量、溶解氧和营养物质等，从而保持良好的水质。投饵量根据鱼规格大小规格、养殖阶段及天气情况进行调节。

3. 合理放养　适宜的放养密度，有利于鱼类的生长和保持良好的水质；适当的养殖品种搭配，可以最大限度地利用有限的养殖水体和饵料，实现经济利益最大化，同时，也利于良好水质的保持。

4. 病害防治　坚持“预防为主、防治结合”的防治方针，杜绝易引起病害暴发的相关因子。加强病原监测工作，坚持以生态、免疫防控为主导，免疫、药物和生态防控相结合的综合防控技术路线。

5. 因地制宜养殖 近年来，随着养殖环境的恶化、病害的频繁发生，成鱼质量安全受到威胁。我国水产科技工作者和养殖户也在不断探索合理的养殖模式，虽然我国罗非鱼养殖模式已由原来的主要以粗、套养为主，逐步转向目前以池塘单、精养为主，网箱养殖、流水养殖、多品种混养等多种方式并存转变。但是目前我国的养殖模式仍然相对滞后，大型养殖场基本采用循环水、网箱高密度养殖；而中、小型养殖场除部分采用净水池塘养殖，投喂全价颗粒饲料，大多数仍采用传统的养殖模式。

养殖户应从经济效益、产品质量安全、市场形式以及当地水环境、气候特点及自身条件选择合适的养殖模式，以促进罗非鱼养殖业的可持续发展。大力推进传统养殖方式的标准化、规模化发展，大力推进工厂化养殖规模，提高设施养殖水平。

第二章 罗非鱼鱼种培育模式

罗非鱼鱼苗、鱼种是发展罗非鱼养殖生产的重要物质基础，苗种质量的优劣直接关系到罗非鱼养殖的成活率、生长速度等，继而影响养殖的产量和经济效益。充分利用适温季节快速培育优质苗种，是罗非鱼高产高效养殖的重要技术环节。随着对罗非鱼生活和繁殖习性的进一步了解，为了防止罗非鱼大苗吞食小苗的情况发生，现在生产上已基本弃用原来的利用繁殖池直接进行苗种培育的方法，一般采取把鱼苗从原繁殖池捞出后转移至苗种培育池或网箱中进行专门培育的方法。目前，苗种培育主要采用池塘培育、网箱培育和水泥池培育3种模式，其中，网箱罗非鱼鱼种培育法技术要求较高，投资成本较大，生产量大，培育时间短，适宜罗非鱼苗种场的专业化大规模生产。而罗非鱼鱼种池塘、水泥池培育方式技术条件要求低，投入成本少，容易操作，适用于广大养殖户养成鱼前的标粗培育。

第一节 海南罗非鱼鱼种培育模式

海南地区罗非鱼育种培育模式，主要有池塘培育、网箱培育、网套箱培育、水泥池培育4种模式。由于海南地区气温适宜，常年都可培育。其中，利用网箱培育罗非鱼鱼种，操作方便，成活率高，经济效益好。可以提高放养密度，同一池塘或水库可以放养不同批次与规格的水花，可提高池塘或水库利用率，并且培育的鱼种规格整齐。

一、池塘培育

1. 池塘选择 苗种池要选择在水源充足、水质良好、注排水方便的地方。面积一般以0.5～2亩较好，深度18～20米。水深应能随着鱼苗的生长而调节，前期 0.6～0.7 米，后期可逐渐加深到 1～1.5 米。池形为东西向长方形，塘底平坦，淤泥厚度少于 20 厘米，池内没有水草杂物。

2. 养殖前的准备

（1）*池塘清整消毒* 在鱼苗下池前 10～15 天，对鱼苗池要进行认真的整修和彻底清塘，杀死野杂鱼和有害生物，以保证鱼苗健康成长，提高成活率。池塘清塘消毒方法很多，有带水消毒和干塘消毒两种。最好的方法是在鱼苗培育池清除杂草、杂鱼后，排干池水，用茶粕 35～50 千克/亩消毒池塘，杀死野生杂鱼类。3～5 天后，投放 50 千克/亩的生石灰进行消毒，曝晒 2～3 天后再放进新水。鱼种培育池塘每 2～3 亩配置 1 台功率为 0.75 千瓦的叶轮式或水车式增氧机，便于增加养殖水体溶解氧，确保鱼苗的健康生长。

（2）*施基肥* 清塘后，在鱼苗下池前 3～5 天，先向池内加注新水 0.6～0.7 米，加水时也要用 80 网目的网袋过滤，防止野杂鱼和其他有害生物进入鱼池。然后施放基肥，培养水中浮游生物，使鱼苗从下塘起就有丰富适口的天然食物。基肥的种类和投放量，要因地制宜。通常，每亩施经发酵的粪肥或绿肥 300～400 千克。粪肥应加水调稀后全池泼洒；绿肥堆放在池角，浸没在水下，每隔 2～3 天翻动 1 次，待腐烂分解后将根茎残渣捞掉。施基肥后，以水色逐渐变成茶褐色或黄绿色为最好。

3. 鱼苗投放及密度 鱼苗放养密度不宜太大，要适当稀养，以加快鱼苗生长。一般规格为 0.5～1.5 厘米的水花，适宜放养密度为每亩 15 万～20 万尾；1.5～2.5 厘米，放养密度为每亩 10 万～15 万尾；2.5 厘米以上，每亩最多不超过 8 万尾。放养鱼苗时要注意以下几点：

（1）每个池子应放同一批繁殖的鱼苗，并一次性放足。

（2）池内如有蛙卵、蝌蚪或野杂鱼等有害生物，要用网拉掉。

（3）待清塘药物毒性消失后方可放鱼苗。检查毒性是否消失的方法，通常在池内放 1 口小网箱，用数十尾鱼苗放入网箱内，半天后若鱼苗活动正常，就可放鱼苗。

（4）鱼苗下塘时，要注意鱼苗袋内水温与池塘水温不能相差太大。一般超过 3 ℃就会对鱼苗产生影响，因此，下苗时应将苗袋放在池水中浸泡 20～30 分钟后再解袋放苗。

（5）要在池塘背风向阳处放养鱼苗，放鱼苗时动作要轻、缓，将鱼苗慢慢地倒入水中。

4. 饲养管理

（1）水质管理　鱼苗下塘时，如水质不肥，可追加肥料，增加鱼苗的天然饵料，一般每天每亩泼洒粪肥50～100千克，保持池塘水体透明度在30厘米左右，如水质过肥，可注入新水，控制透明度在30～40厘米为宜。加水时用40目过滤网过滤，防止野杂鱼和其他有害生物进入池塘。

（2）饲料投喂　饲料投喂专门的人工配合饲料，由于鱼苗体长在1.0～3.5厘米期间生长差异开始变大，因此，每天的饵料投喂应注意少量多次，每次投喂过程掌握“慢-快-慢”和“少-多-少”的投饲技巧。每天最好可以投喂4次，分别为7：00、11：00、14：00、18：00，每天饲料投喂量为体重的10%～12 %；在体长3.5厘米以上时，投喂的次数可以减少至2～3次/天，每天饲料投喂量为体重的6%～10 %。夏天温度较高时，可以减少投喂次数，每天投喂不少于2次，即上午和下午各1次。

（3）分苗　水花一般经过20～30天的培育，体长可达到3～5厘米，这时可以出售、分塘进行大规格鱼种培育，或直接转入大塘进行商品鱼饲养。鱼种出塘前要进行拉网锻炼，一方面可以了解池塘内鱼种数量及成活率；另一方面可以提高鱼种耐低氧能力，排空体内粪便及过多黏液，便于长途运输。

一般出售或分塘前，要经过2～3次的拉网锻炼。拉网锻炼时要注意：拉网前要清除水草和青苔；阴雨天或鱼浮头是不能拉网锻炼，以免造成死鱼；拉网操作要轻巧、细致。同时，出塘时要用鱼筛筛出不合规格的鱼种，放回原池继续培育几天再出塘。

5. 病害防治

（1）病害预防　在罗非鱼鱼种培育的过程中，每天须仔细巡塘，认真观察，加强监测；发现病害要及时做好隔离，注意消毒并且保持饲料营养均衡，水质清新；积极做好病害防治。池塘水体不可过肥，以免温度高时溶氧过低、藻类大量死亡造成水质恶化。

（2）病害防治　罗非鱼适应性较强，但养殖过程中，管理不善也会出现病害，在鱼种培育过程中也会出现以下病害：

【细菌性疾病】

①链球菌病：主要由海豚链球菌或无乳链球菌引起，病鱼体色发黑，运动失调，在水中翻滚、打转或间隙性窜游；眼眶出血，眼球充血、肿大、突出，严重时眼睛失明，鳃盖内膜充血；内脏主要表现为肝、脾肿大、出血，严重时

糜烂，肠胃充血，胆囊肿大，腹腔积腹水。防治方法为减少投饵量，同时，使用池塘底质改良剂对底质进行改良，用含氯消毒剂或复合碘等消毒水体，并投放生物菌调节水质。也可用10 %的氟苯尼考10克/千克拌料投喂或强力霉素5～10克/千克拌料投喂，连续1周；或用10 %的氟苯尼考10克/千克和强力霉素5～10克/千克拌料投喂，连续1周；或用阿莫西林5～10克/千克拌料投喂，连续1周。

②出血病：由于鱼体受伤而引起的细菌性鱼病，病鱼表现为离群独游，体表多处充血，黏液增多，尾鳍缺损。防治方法是，用1.8～2.0克/米^{3}漂白粉全池泼洒，连用2次；或用大黄等中药拦饵料投喂，按0.3 %添加量投喂3～5天。

③鳞立病：由细菌引起，病鱼鳞片竖立，并有烂鳍现象，鳍条基部充血，腹部膨大。防治方法为拉网、运输等操作时避免鱼体受伤，发病时用2 %食盐和3%小苏打混合溶液浸洗病鱼10分钟即可。

【寄生虫疾病】

①小瓜虫病：病原体是小瓜虫的幼体或成体，发病鱼体体表有白点，口内也有白点，病鱼不吃食。治疗方法为用15～25毫升/米^{3}福尔马林全池泼洒，隔天1次，2～3次为一个疗程。

②车轮虫病：具有轮状外表、旋转运动伤害寄生组织。主要寄生于鱼的体表、鳃部，病鱼有摩擦池壁的行为。治疗方法为保持水质良好的同时，可以用0.8～1.0毫克/升浓度的硫酸铜和硫酸亚铁（5∶2）合剂全池泼洒治疗。罗非鱼鱼苗阶段车轮虫病是多发病，在标粗阶段应引起注意。

【营养性疾病】

【病因】主要有三种情况：一是投喂低蛋白、高脂肪、高糖类和缺少维生素的饵料，造成罗非鱼脂肪大量贮积，破坏肝功能，导致正常生理代谢失调，肝细胞坏死；二是投喂变质或霉菌感染的饲料，对鱼体产生毒害作用，造成肝脏与肾脏脂肪变性；三是养殖密度过大，换水不足，或久不换水，使池中亚硝酸盐浓度上升，乃至中毒，并导致抗病力降低，易被细菌感染致病。

【防治方法】①改进饵料配方，增加维生素含量或投喂天然饵料；②饵料宜选用新鲜的全价配合饲料，并存放于干燥、通风场所，避免受潮霉变；③鱼池常换新鲜水，防止过量投饵或过密养殖；④发病时可在饲料中加入0.1 %土霉素，连续投喂1周。

二、网箱培育

利用网箱培育罗非鱼鱼种，操作方便，成活率高，经济效益好。可以提高放养密度，同一池塘或水库可以放养不同批次与规格的水花，可提高池塘或水库的利用率，并且培育的鱼种规格整齐。

1. 养殖网箱设置要求

（1）池塘网箱设置要求

①池塘选择：选择水源充足、水质良好、注排水方便的地方。面积一般以4～6亩较好，水深1.5～2.0米。池形为东西向长方形，塘内平坦，淤泥厚度少于20厘米。

②网箱设置：选择质量较好的纱窗网布，网目一般为40目，以不跑水花为宜（见SC/T 1006）。网箱规格以2米×4米×1.5米较好。网箱使用前，需经过彻底的清洗并消毒。为利于网箱内外水体交换，网箱间应间隔2米以上，且离塘基1.5米以上。网箱可采用竹竿、木杆或钢管固定，并拉好上下绳索用来固定网箱。

③进水施肥：可参照池塘鱼种培育部分实施。

（2）水库网箱设置要求

①框架与浮桶：框架全部用角钢按长6米、宽4米、高2米焊接成立方体，每口网箱用8只浮桶固定成浮子。

②网衣：网衣用聚乙烯无结网片制成，与框架规格相同，网目0.6～0.8厘米的五面体网箱，用绳系牢在角钢框架上。

网箱在鱼种入箱前8～10天下水，让网衣附着一定的藻类，以防止网箱粗糙不光滑损伤鱼体，提高鱼种成活率。

2. 鱼苗放养　网箱培育鱼种操作方便，易于管理，可适当提高投放密度，同时，也要根据水库水质和设施投放适宜的密度。一般体长1.0～1.5厘米的鱼苗，放养密度一般为1 000～1 500尾/米^3；1.5～2.5厘米的鱼苗，放养密度一般为800～1 000尾/米^3；2.5厘米以上的鱼苗放养密度，应控制在600～800尾/米^3。

3. 饲料投喂　全部以配合饲料投喂，每天投喂4～6次，采取少量多次的方法，投饲要掌握“慢-快-慢”和“少-多-少”的原则，以避免饲料投得太多鱼种摄食不及而下沉漏出网底造成浪费。日投饵量掌握在鱼种体重的8%～

10%，并根据水温季节及鱼种吃食情况灵活增减投喂量。

4. 养殖管理

①日常管理：管理人员要经常检查网箱，发现有松动或有漏洞要立即修补。投喂坚持“定时、定质、定量、定位”的原则，同时，及时清除网箱内的杂质和死鱼，保持水体清洁流畅。

②鱼种分箱：因为鱼种在生长过程中存在个体差异，所以要及时过筛分箱饲养，使鱼种均匀快速生长，避免因生长差异悬殊而引起争食不均现象。

5. 病害防治 网箱培育鱼种由于密度大，因此，鱼病防治措施要求也特别高。为提高成活率，要做到无病先防、有病早治。鱼种入箱后每 20 天泼洒 1 次生石灰水或强氯精，另外，每口网箱可挂 2 只漂白粉药袋，每袋装 100～200 克漂白粉，药袋入水 1 米左右，每隔 5～10 天添药 1 次，可减少鱼病的发生。

病害防治可参考“罗非鱼鱼种池塘培育”的相关章节。

三、网套箱培育

1. 养殖网箱设置要求 大网箱为五面体敞口式，采用聚乙烯结节网，箱长 8 米、宽 6 米、深 3.5 米，网目 3 厘米；小网箱为带箱盖的六面体封闭式，箱长 4 米、宽 3 米、深 1.5 米，网目 0.8 厘米。再由浮桶和松木板构建成 4 米×3 米框架的桥伐式渔排。一般 1 个渔排安装 5～10 个大网箱、20～40 个小网箱。安装时把大网箱上纲拉直绷紧后，将 4 个角的角绳结扎于渔排松木板框架上，并用聚乙烯纲绳将网箱上纲周边绕扎固定于框架边；在网箱 4 个底角的外边吊挂 3～5 千克重的石块或沙袋，使网箱在水中充分开展成型。然后，在每个大网箱内安装 4 个小网箱，小网箱的固定方法与大网箱同。网箱应于鱼种入箱前8～10 天安装下水，使网片附生藻类后变得光滑，以避免鱼种表皮、鳞片摩擦损伤。设置网箱应选择向阳背风、水深 8 米以上的库湾，同时，远离航道、码头，水流速度在 0.1 米/秒以内，上游及周边地区无污水流入。

2. 鱼苗放养 鱼苗放养及密度，可以参考“罗非鱼鱼种的网箱培育”相关章节。

3. 饲料投喂 整个培育周期，全部投喂罗非鱼人工配合饲料。投饲要掌握“慢-快-慢”和“少-多-少”的原则。在投喂时可采用泼水或敲击框架等方法发出诱食声音，使其形成条件反射，以使鱼群能及时、整体上浮抢食。日投饲量为鱼种总体重的8%～10%，一般日投喂4次。

4. 养殖管理　日常管理工作主要是认真观察、检查网衣有否破损、滑节，如有应及时修补。投喂坚持“定时、定质、定量、定位”的原则，同时，及时清除网箱内的杂质和死鱼，保持水体清洁流畅。并根据鱼苗生长情况及时分箱培育。

5. 病害防治　每天注意天气变化情况及鱼苗摄食活动情况，及时做好应对措施，预防为主。每隔7～10天进行1次消毒，每次连续3天，每天每小箱用2～3千克生石灰化水趁热泼洒。同时可用编织小袋，每袋装150～250克漂白粉，悬挂于网箱上角，药袋入水1米左右，每小箱挂2袋，每隔3～10天添药1次。

四、水泥池培育

1. 养殖水泥池要求

（1）水泥池选择　选择水源方便、有一定高低水位差的水泥池或地方建池，按6米×4米长方形，面积约24米^{2}规格建造红砖水泥结构培育池，池深1.2米，并预留有进水口和排水口，方便生产操作。

（2）安装增氧设施　在水源条件好、有一定水位差的地方，可在池壁边安装6～8厘米口径并带有许多小孔的塑料管，塑料管一端堵塞，另一端连接进水口，利用水位差的压力使水流通过塑料管小孔喷洒池面，达到增氧的效果。也可以利用气石连接鼓风机，直接进行机械增氧。

（3）清池消毒　投放鱼苗前，新建的水泥池要用生石灰水浸泡一段时间后才放苗。旧池要清洗干净后，用生石灰5千克/池兑水全池泼洒消毒，阳光好时经曝晒1～2天，消毒效果更好。

（4）进水回池　经彻底清池消毒后，放水进池。进水时，进水管口要用40目网布密封隔水进池，避免野生杂鱼随水进入池内，影响鱼苗生长，第一次进水深度为50～60厘米为宜。

2. 鱼苗放养　水泥池进水2～3天后，经试水，鱼苗存活24小时没有出现死亡现象后才可投放鱼苗。体长1.0～1.5厘米的鱼苗，放养密度为1 500～2 000尾/米^3，1.5～2.5厘米的鱼苗，放养密度一般为1 000～1 500尾/米^3；2.5厘米以上的鱼苗，放养密度为800～1 000尾/米^3。

实践表明，水泥池罗非苗幼苗培育阶段密度适当高些，鱼苗成活率相对也高；密度太低，成活率有时会降低。

3. 饲料投喂 鱼苗放进水池后，每天要定时、定量投喂饲料进行强化培育，一般日投喂4次。每次按500～1 000克/万尾投喂罗非鱼人工配合饲料，应根据天气和鱼苗摄食情况适量增减。鱼苗培育期间，在早上或中午根据鱼苗浮头情况，需要适时开动增氧机或利用洒水增氧，达到增氧和刺激鱼苗食欲的效果。

4. 养殖管理

(1) 投喂 整个培育期间全部用罗非鱼配合饲料投喂，投喂量应坚持少量多次的原则，根据鱼苗的实际摄食情况适当增减，避免残饵污染水质。

(2) 换水 培育初期的1周可只添不换，当水位升至育苗池最高上限时开始换水。最初日换水量为10%～20%，之后随着鱼苗生长和水质测定情况而逐渐加大换水量。有条件者可微流水培育，效果更佳。

(3) 吸底 罗非鱼食量大，且贪食，往往会产生大量的排泄物，污染培育水体。因此，要定期进行池底清扫，可采用人工虹吸方法，有条件的地方也可用自动底扫除机进行。一般情况下，2～5天进行1次或根据实际条件进行。底扫除的目的是，清除沉积池底的残饵和鱼苗死尸，以保持水质良好。

(4) 鱼苗分选 鱼苗经过15～20天的培育，鱼体大小出现差异。故应及时用鱼筛分选，将不同规格的鱼苗分池培育，以提高成活率。

此外，管理人员日常应注意观察仔、稚鱼的摄食、活动变化，发现异常及时采取对策处理。

5. 病害防治 由于水泥池培育鱼种密度较高，应十分注意鱼苗活动、摄食及水质变化情况，特别是高温季节，防止病害暴发。

具体病害防治，可参考“罗非鱼鱼种的池塘培育”病害防治部分。

第二节 广西罗非鱼鱼种培育模式

广西地区罗非鱼种培育模式，主要有水泥池培育、池塘培育、网箱培育和越冬培育4种，前两种适合小规格鱼种的培育（育成全长2厘米鱼种）；后两种适合大规格鱼种的培育（育成体重50克鱼种）。广西地区罗非鱼的鱼苗阶段多数由有育苗条件的水产良种场、鱼苗场（育苗场）或专业养殖户培育，达到全长1.5～2厘米（俗称8朝苗）规格后出售给养殖户进行成鱼养殖或大规格鱼种培育。广西越冬鱼种则是指当年8～9月的秋苗培育至11月前入越冬池保温，或加温越冬至翌年 4 月底前出池的鱼种。一般出池规格达 50 克或全长达 13 厘米的鱼种，统称为大规格罗非鱼鱼种。培育罗非鱼鱼种对环境条件要求不高，但要掌握好鱼苗运输、放养技术、鱼种日常管理、鱼种锻炼与搬运、过塘操作技术等，这些技术是否过关，决定了鱼苗引进和鱼种培育的成败。掌握了早放养、放养大规格鱼种、低密度、选择优质配合饲料和科学投喂技术，在广西地区当年鱼苗可以养成上市的商品鱼。培育大规格优质、雄性率高的大规格罗非鱼鱼种，是高产高效养殖的前提。另外，还需掌握水质的调控技术与综合防病技术。池塘在每个养殖周期加水 3～5 次，通过配养适量滤食性鱼类和加水换水调节水质，严格控制投放密度，控制饲料质量，科学制定投喂量，防止水质变坏等关键致病因素来预防疾病，全过程少放或不用放渔药，才能培育出优质的鱼种。

一、水泥池培育

此模式适合有较多水泥池的养殖场，可以利用旧池改造过来使用。水泥池的特点是，水源丰富，水质条件要好，进排水和换水方便，易于掌控养殖条件，方便精细化管理；但水泥池建造和维修成本较高，池水体积相对池塘小，水质突变快，需常换水，需水量较大，成本较高。一般良种场和鱼苗场都有一定面积的水泥池，主要用于鱼苗孵化、前期育苗、过渡、暂养和出苗包装等使用。现在育苗场大多数都以池塘挂网箱育种代替水泥池育种，以扩大产量和降低成本，专门培育鱼种为主的水泥池越来越少了。水泥池培育罗非鱼鱼种主要措施如下：

1. 水泥培育池建造　一般以砖混结构为主，池内用水泥打底，里外批水泥浆，不能有渗漏水。水泥池一般建成长方形池即可，面积 10～500 米^2，以节约建造成本、方便换水和管理为原则，灵活建设进水管和排水沟。

2. 养殖前的准备工作　新建造水泥池需放水浸泡 15 天以上，等待水泥碱性消失后方可使用。除新建水泥池第一次使用不必消毒，其他水泥池放苗前 3 天清洗并消毒，以杀灭病菌，改善池子环境及防控疾病。可用漂白粉浓度 20 毫克/升，带水浸泡清池，也可放干池水后全池泼洒，浓度 1.0～1.5 毫克/升；或用三氯异氰脲酸（强氯精）全池泼洒，浓度 0.2～0.5 毫克/升。消毒 3 天后，放 50 厘米水深准备放苗。如果水池换水条件不够，应安装小型鼓风机给水池充气增氧，每 1～2 米^{2}放 1 个出气头；或 5～10 米^{2}放 1 个小型增氧盘。

3. 鱼苗放养 下池前，浸浴消毒苗种。方法是用1%～3%食盐水浸浴鱼种5～20分钟后再放池。一般广西地区在每年4月初、水温稳定在18℃以上时即可放养苗种。放养避免在太阳较大、水温较高时下池，放苗时，苗袋与池水温差调节到不超过2℃。如温差大于2℃，需先将苗袋置于池中20分钟左右，再慢慢用池水冲入苗袋，使之一致后轻轻倒入池中。放苗过程操作要细心，避免损伤鱼体。

4. 放养密度 控制在2万尾/米^{2}以下。

5. 投饵 鱼苗下塘后，要及时投喂专用人工配合饲料（如罗非鱼幼鱼配合料），每天4～6次。投喂量根据每次摄食情况具体确定，按每次投喂20分钟，或观察鱼苗抢食不激烈时即停喂。

6. 饲养管理 主要包括增氧、投饵、换水、排污和防病等。每天观测水池鱼苗的活动、生长、池子水位和水色变化等，以便确定增氧、换水、排污、投饵数量和采取相应的管理措施。如果鱼苗常浮头，说明缺氧严重或肥度过大，应及时加注新水或增加溶氧，直至浮头停止。做好原始记录和其他工作。

每天应注换水30%以上，每次先放部分水再加水。注水次数和时间，应根据水质情况等灵活掌握。每天应与排水一起排池底污物，排不净还应设法吸污。

一般经20～30天培育，就应及时分塘饲养。分塘前须停喂1天，进行鱼体锻炼1～2次，再起捕和搬运。

二、池塘培育

推荐使用分级养殖模式培育罗非鱼鱼种。可以充分利用鱼塘水面，提高资金周转次数，从而使单位亩产最大、收益最高，达到高产高效的养殖目的。即鱼苗标粗、鱼种培育、成鱼养殖分级养殖，形成紧凑组合式。从投放2～3厘米的鱼苗开始计算，到养成700克以上的成鱼，整个周期大约需6个月。即鱼苗标粗1个月，鱼种培育2个月，成鱼养殖3～4个月。这样，一个养殖场的池塘经统筹安排，70%的池塘可进行一年两茬养殖，大幅提高了产量。

1. 鱼苗标粗 根据养殖场的养殖面积，确定鱼苗标粗池水面的大小。单口鱼塘面积以2～5亩最好，池塘水深1.5米左右即可，标苗时注水深度在0.8～1.0米为好。放苗前要做好清塘消毒工作，进水时一定要用40目以上的细网过滤，放苗前还要肥水培育有机微生物，以利提高种苗的成活率。然后投放2～3厘米的鱼苗，每亩以不超过5万尾为宜。投喂罗非鱼幼鱼粉状配合料或鳗饲料，约1个月可达到5厘米以上，这时就要分塘到下一级养殖了。

2. 鱼种培育　鱼种养殖塘总水面以鱼苗标粗塘的3倍大小即可，单口鱼塘以5～15亩为好，水深1.0～1.5米。每亩投放5厘米以上鱼种1万尾左右，同时，每亩投放花鲢15～20尾，其他鱼种最好不要再投放了。投喂罗非鱼种专用配合料（0号至1号料）或甲鱼粉料、鳗粉料一个半月至两个月，即可长到100克以上。在此阶段的饵料投喂比例，前期以5%～6%、后期以4%～5%为宜，要定时定点投喂。待鱼种养到100克以后，就要分到成鱼养殖塘中。

3. 具体技术措施

（1）鱼苗标粗（鱼苗养成夏花）

①池塘选择与修整：用于培育鱼苗的池塘，适宜面积1～5亩，一般安排在冬季或初春进行。先排干水，让太阳曝晒1周左右，挖去过多的淤泥和杂物，铲除塘边杂草，平整池底，修补池堤，加高、加固塘基，疏通进、排水渠道等。

②药物清塘：

生石灰清塘：用水溶化新鲜生石灰后趁热全池泼洒，杀灭野杂鱼、病原体和害虫。干法清塘，排干池水，保持池塘0.2米水深，生石灰的用量为每亩60～70千克；带水清塘，保持池塘水深1米，生石灰的用量为每亩120～150千克。

茶粕清塘：茶粕碾碎后用水浸泡一夜，然后兑水全池连水带渣泼洒。干法清塘，排干池水，保持池塘0.2米水深，每亩用茶粕20～25千克；带水清塘，保持池塘水深1米，每亩用茶粕40～50千克。

漂白粉清塘：用水溶化后，立即全池泼洒。注意要用新鲜漂白粉，因为漂白粉失效较快。干法清塘，排干池水，保持池塘0.2米水深，每亩用量为4～8千克；带水清塘，保持池塘水深1米，每亩用量为13.5～15千克。

③水质培育：清塘后3～5天、苗种投放前5～7天，每亩施绿肥400～450千克，或粪肥200～250千克。有机肥应经发酵腐熟，并用1%～2%生石灰水浸泡消毒。施肥2～3天后，将鱼种培育池水深加至0.5米，食用鱼池则加深至1.5米。

注水时，进水口一定要用细密筛绢网过滤，严防野杂鱼随水进入鱼塘。

水质肥度控制：鱼苗在每天黎明前开始浮头，太阳出来后不久即下沉，表明池水肥度适中，不用施肥；如浮头时间过久，则表明水质过肥，应加新水；

如不浮头或少浮头，则表明肥度不够，应继续适当施肥。

④鱼苗放养：

试水：清塘后7～10天、苗种下塘前1天，在池塘中安置1～2米^{2}吊池，放20～30尾生态的10厘米鲢鱼种到吊池中，观察24小时，没有出现应激现象和死亡，苗种才能下塘。也可取池水于盆中试养10～20尾鱼苗，超过1天时间后鱼活动正常，即可放苗。

鱼种消毒：下塘前，鱼苗严格消毒苗种。方法是用1%～3%食盐水浸浴消毒5～20分钟。短途运输的苗种可直接浸泡消毒，而经过长途运输的苗种最好是经过一段时间的适应吊养后再浸泡消毒下塘。

放养时间：水温稳定在20℃以上时即可放养苗种。苗种下塘时间选择在阴雨天或晴天上午及傍晚，避免在晴天太阳较大、水温较高时下塘，以降低苗种下塘时的应激。

放养方法：苗种下塘时，应尽量分散放养。方法是在离池塘岸边1米处沿池塘边分散下塘；避免集中一个地方下塘，特别是经过长途运输的苗种。放苗时，苗袋与池水温差在3℃以内。如温差大，需先将苗袋置于池中20分钟左右，再慢慢用池水冲入苗袋，使之一致后轻倒入池中。放放苗过程操作要细心，避免损伤鱼体。

放养方式：采取单养方式。

放养密度：3万～5万尾/亩。

⑤饲养管理：主要包括巡塘、施肥、投饵和注水等。

巡塘：每天清晨或傍晚都要到塘边观察情况，如鱼苗的活动、生长、池塘水位和水色变化等，以便确定施肥、投饵数量和采取相应的管理措施。如日出后或中午鱼苗仍在浮头，说明缺氧严重或肥度过大，应及时加注新水或开氧机增氧，直至浮头停止。做好记录和其他工作。

适时追肥和投饵：鱼苗下塘3～4天后，一般要及时追肥，保持肥度适中，使鱼苗能得到充足的天然饵料。及时投喂专用人工配合饲料（如罗非鱼幼鱼粉状配合料），每天4～6次，投喂量根据每次摄食情况具体确定，按每次投喂20分钟，或观察鱼苗抢食不激烈时即停喂。

分期加注新水：分期注水，是促进鱼苗生长、提高成活率的有效措施。一般鱼苗下塘后，每隔7～10天注水1次，每次加深15～20厘米。注水次数和时间，应根据水质肥瘦和天气情况等灵活掌握。

及时分塘：这是加速鱼苗生长、提高成活率的有效途径。一般经20～30

天培育，应及时分塘饲养。分塘前需停喂 1 天，进行鱼体锻炼 1～2 次，再起捕和搬运。

（2）鱼种培育

①鱼种池条件：面积比鱼苗池稍大，池水较深。也可利用鱼苗池，但要将池内鱼苗捕净，并消毒清塘后方可进行。

②鱼池清整：其方法与鱼苗池同。

③注水和施放基肥：清塘后就可注水，使水深达 1～1.3 米。放养前 5～10 天，用生物肥、大草或粪肥作基肥，培肥水质。透明度保持在 30 厘米左右。基肥用量、用法与鱼苗池同。

④夏花放养：质量要求基本与鱼苗培育一样。放养密度，一般少的 3 000～5 000尾/亩，多的 1 万～3 万尾/亩。在具体确定放养密度时，应考虑以下因素：一是池塘面积较大，池水较深，排灌方便，密度可大些，反之则小些；二是投人工饲料为主，有增氧机的密度可大些，反之则小些；三是 7 月中旬前放养的，密度可大些，7 月中旬后则小些；四是要求鱼种出塘早，规格大的适当稀放，反之则适当密放。

⑤饲料投喂：这阶段主要投喂人工专用饲料，主要有罗非鱼 0 号、1 号粒料或粉料等，根据鱼体大小选择粒径合适的型号饲料，应选用有品牌的饲料。投料原则应做到“四定”（即定时、定位、定量、定质），同时，应根据池水肥度、天气、鱼的摄食和活动等情况灵活掌握。一般每个池塘设 1 个投料台，分上、中、下午各投料 1 次，全天投饵量一般为鱼体重的 4%～8%。投喂时间为：9：00～10：00、13：00～14：00、17：00～18：00，一般在 30 分钟内喂完，严禁投喂腐败变质的饲料。

⑥日常管理：每天早、晚各巡塘 1 次，观察水色和鱼的动态，检查鱼的吃食情况，以便决定当日和次日投饵、施肥量。经常清除池边杂草和食场残饵，保持池塘环境卫生。经常加注适量新水，调节水质。一般每隔 7～10 天加水 1 次，每次 30 厘米以上，夏秋高温季节加至 1.5 米。分期拉网筛选，每隔 20 天左右拉网锻炼 1 次。如发现体质较差、规格参差不齐，可用鱼筛分离，分塘饲养。做好鱼病防治工作，每 15～20 天用石灰 5～10 千克/亩（1 米水深）化水全池泼洒 1 次，余渣切勿倒入池中，以免造成鱼吃食中毒。每周定期镜检是否有寄生虫，发现鱼种摄食不正常或鱼活动不正常，甚至有鱼死亡时，要及时检查鱼体，镜检出有寄生虫，及时对症泼洒杀虫药。鱼种培育密度高时容易发生细菌病，检查判断是细菌病的，及时泼洒杀菌药。

三、网箱培育

主要是池塘（或山塘小水库）挂网箱培育罗非鱼鱼种的方法。关键技术是，鱼苗先集中进行挂网箱培育 10～20 天，再入专塘批量培育成 20 克/尾以上的大规格夏花鱼种，再放养池塘进行成鱼养殖。这种鱼苗种二级培育法比传统直接下塘培育法，大大提高了鱼苗种培育成活率。池塘（或山塘小水库）挂网箱培育罗非鱼种主要措施如下：

1. 鱼苗放养前的准备 与上述常规方法一样，在放苗前 2 天，做好网箱在池塘中挂好，提前浸泡 2 天。使用浮式或固定式网箱均可，以方便投喂等操作为好。网箱体用 40 目聚乙烯网片缝纫成。网箱大小形状不论，为便于水体交换和操作方便，一般做成长宽高（4～8）米×（3～2）米×1.5 米长方形网箱，也可做成长宽高为（10～20）米×1 米×1.5 米的吊池形状，平时可作吊池用。网箱放入水下 1 米、水上 0.5 米。网箱内设置好加气增氧装置（用低压空气泵），每平方米至少有 1 个砂石出气头。

2. 鱼苗放养 运输回来的鱼苗放入网箱内，每平方米放养 1 万～2 万尾。

3. 饲料投喂 鱼苗入箱当天，就可投喂蛋白质含量 30%以上的专用罗非鱼幼鱼粉状或微颗粒配合料，每天 4～6 次。每次每箱鱼或每群鱼投喂 10～20 分钟，或观察鱼苗抢食不激烈时即停喂。

4. 日常管理 网箱培育期间不间断加气增氧。池塘挂网箱暂养不要超过 15 天，期间做 2～3 次密集锻炼，增强鱼苗体质。鱼苗放入塘时用碗量法做一次总体计数，并抽测规格，做好记录。

5. 注意事项 最好用挂网箱的池塘作为鱼种培育的专塘，以减少过塘搬运操作。但在挂网箱前必须清好塘，培育好水质，加注够水量。挂网箱面积要与培育塘的批量培育密度配套，密度要根据培育目标规格和时间确定。一般培育 1 个月左右成 20 克/尾以上的大规格夏花鱼种，即分塘或放养于成鱼池塘。密度不高的，可以育成更大规格鱼种。

四、典型模式实例

池塘越冬大棚模式示例：柳州市某养殖场建设罗非鱼池塘越冬大棚 20 亩，每年引进优良罗非鱼鱼苗 20 万尾，鱼苗培育成活率在 90%以上，鱼种入冬前培育规格达 0.2 千克/尾以上；大棚池塘越冬成活率 90%以上，大棚池塘越冬亩产量达2 500千克/亩，两茬罗非鱼成鱼亩产量共达2 000千克/亩。

第三节 福建罗非鱼鱼种培育模式

罗非鱼鱼苗、鱼种是发展罗非鱼养殖生产的重要物质基础，苗种质量的优劣直接关系到罗非鱼养殖的成活率、生长速度等，继而影响养殖的产量和经济效益。充分利用适温季节快速培育优质苗种，是罗非鱼高产高效养殖的重要技术环节。随着对罗非鱼生活和繁殖习性的进一步了解，为了防止罗非鱼大苗吞食小苗的情况发生，现在生产上已基本弃用原来利用繁殖池直接进行苗种培育的方法，一般采取把鱼苗从原繁殖池捞出后转移至苗种培育池或网箱中进行专门培育的方法。福建省罗非鱼鱼种培育方式，一般分为早春苗种培育、夏秋苗种培育和大规格越冬苗种培育模式 3 种。其中，早春苗一般可当年养成上市，而夏秋苗种通常可作为越冬养殖的苗种或培育成大规格越冬鱼种，用于翌年养成。

福建省罗非鱼鱼种早春培育方式，主要有网箱高密度培育和保温池塘培育两种方式。网箱高密度培育模式，是在具有越冬温泉的池塘或具有保温设施的池塘中架设网箱，每亩水面设置网箱面积 200～300 米^2，网箱沿池塘两长边一字排开。每个培育池中间架设 2～3 台 1.5 千瓦的喷水式增氧机，网箱内采用微孔充气增氧。网箱罗非鱼苗种投放密度为 0.5 万～1.0 万尾/米^2，苗种培育期间不间断充气增氧。每天投喂粉状配合饲料 5～8 次，饲料粗蛋白质含量在 35%以上，每周清洗或更换网衣 1～2 次。当鱼苗长至全长 2 厘米左右时，进行分箱喂养或放入池塘继续培育。保温池塘罗非鱼鱼种培育，应具备保温和增氧设施。面积一般为 2～3 亩为宜，水深 1.5 米左右。采用水车式增氧机增氧，每口池塘配备 2 台 1.5 千瓦的水车式增氧机。罗非鱼水花苗投放密度为 10 万～15 万尾/亩。

罗非鱼夏秋苗种和大规格越冬鱼种培育，指 5 月后产出的罗非鱼水花苗，在福建省由于当年适宜生长期较短，一般当年很难养成达到商品鱼规格。因此，常将夏秋苗培育成大规格鱼种进行越冬养殖，在能自然越冬或有保温措施的养殖区域，一般饲养到翌年的清明前后即可养成出售。也可培育成大规格越冬鱼种，作为翌年养成商品鱼的鱼种。夏秋苗种培育方式一般以池塘培育为主，罗非鱼水花苗投放密度，培育当年投入养成的苗种，按 5 万～8 万尾/亩放养；计划培育成大规格越冬鱼种的，放养密度可适当高一些，可按 20 万～30 万尾/亩放养。

福建罗非鱼鱼种培育模式的主要特点：网箱高密度罗非鱼种培育模式，应用到越冬温泉池塘或保温苗种培育池，具有移动方便，苗种培育期间水温可以随时调节，有利于苗种生长，而且操作、管理方便，不受自然条件限制，随时可以提供大量符合规格的苗种。网箱罗非鱼鱼种培育法、技术要求较高，投资成本较大，生产量大，培育时间短，此方法适宜罗非鱼苗种场专业化大规模生产。而罗非鱼鱼种池塘培育方式技术条件要求低，投入成本少，容易操作，适用于广大养殖户养成鱼前的标粗培育。

该罗非鱼鱼种培育模式，主要适合于具有地热温泉资源的罗非鱼苗种场，适合于罗非鱼能自然越冬或具有保温措施的福建闽南罗非鱼养殖区域。

一、早春苗种培育模式

开展罗非鱼早春苗种培育的主要目的是，争取苗种在当年养成商品鱼上市，以提高罗非鱼的养殖经济效益。

1. 培育池条件和设施 罗非鱼早春苗种培育池条件的好坏，直接影响到早春苗种培育的效果。早春苗种培育池应满足以下条件：①背风向阳，光照充足，注排水方便。在苗种培育过程中，要根据苗种的生长和水质变化情况，经常加注新水，保持一定的水位，并调节水的肥度，改良水质。②池形整齐，面积适中，水深适宜。池形以东西走向的长方形为好，便于拉网操作和增加日照时间；池塘面积 2～3 亩；在培育前期水深控制在 50～80 厘米，后期加深至 100～150 厘米。③塘堤牢固，底质为壤土或沙壤土，池底平坦少淤泥，淤泥厚度小于 20 厘米。塘堤和池底牢固不漏水，有利于水位的保持，保温效果较好，且水质稳定易控制。④配备加温和增氧设施设备。罗非鱼早春苗种培育期间的自然水温一般低于 20 ℃，因此，需要配备加温设施设备，保证苗种的正常生长发育。池塘培育方式，每口池塘配备 2 台 1.5 千瓦的水车式增氧机；网箱高密度培育方式，每口池配备 1.5 千瓦的喷水式增氧机 2～3 台，网箱内采用微孔充气增氧。⑤苗种培育网箱规格一般为 2.0 米×1.5 米×1.0 米、(4.0～6.0) 米×（1.0～1.5）米×1.0 米、（8.0～10.0）米×（1.0～1.5）米×1.0 米等几种，箱体入水深度一般为 0.8～0.9 米。网箱由聚乙烯网片缝合或由尼龙线编织而成，网目大小一般在 40 目左右。⑥培育网箱的架设，每亩培育池塘水面设置网箱面积 200～300 米²，网箱沿池塘两长边一字排开，将网箱上钢扎结于竹框架的立柱上；网箱置于水体中，并高出水面 10～20 厘米；下框架用圆钢制成与网箱长宽相同的水平框架代替沉子坠于网箱底部，使网箱充分展开。

2. 养殖前的准备工作　一般在产苗前的半个月左右做好池塘清整和消毒工作，常用的清塘药物有生石灰、茶籽粕和漂白粉等，以生石灰的效果最好，不但可彻底杀灭敌害生物，而且能调节池水的酸碱度（pH），还能疏松池塘底泥，促进塘底有机质的分解，有利于浮游生物的培育。常用清塘药物的使用剂量和方法见表 2-1

表 2-1　常用清塘药物的使用剂量和方法

清塘药物	使用剂量		使用方法
	干法清塘（千克/亩）	带水清塘（千克/亩）(1 米水深)	
生石灰	75～80	150～180	加水溶化调匀，趁热全池泼洒
漂白粉	4.5～5	13.5～15	加水溶化后，全池均匀泼洒
茶籽饼	25～30	60～70	茶籽饼粉碎后，热水浸泡 24 小时，再加水全池均匀泼洒
鱼藤精	0.45	1.5～2.0	加水稀释后，全池均匀泼洒

一般清塘应在晴天中午进行，可提高清塘效果。清塘 3～4 天后注入新水，进水用 60 目筛绢过滤。网箱高密度罗非鱼早春苗种培育池塘，池塘水位保持在 1.2 米水深，以方便网箱架设和人员操作。早春罗非鱼苗种池塘培育，在放苗前的 4～5 天，注入新水 50～80 厘米，并施用经发酵的绿色有机肥 300～400 千克/亩，以培育水体中的天然生物饵料，做到苗种肥水下塘。

苗种放养前应进行试水，以准确掌握清塘消毒用药安全，石灰使用安全期为 4～6 天，茶粕 7 天、漂白粉 3～4 天。其方法是取若干尾罗非鱼水花苗在池中用小网箱暂养观察，24 小时后未发现死亡或其他异常现象视为安全。

3. 罗非鱼早春水花苗放养与消毒　网箱高密度罗非鱼早春苗种培育方式（图 2-1），早春水花苗放养密度为 0.5 万～1.0 万尾/米²。当繁育池捞出来的水花苗数量较少时，可先放到较小的网箱内暂养，待捞到一定数量后过数放入较大网箱中进行苗种培育。不同批次的鱼苗合并放养前应过筛，做到规格基本一致，尽量避免鱼苗从一开始就大小分化严重，造成大苗吞食小苗的后果。

罗非鱼早春苗种池塘培育方式，一般鱼苗放养密度为 10 万～15 万尾/亩，也有少数养殖户放到 20 万尾/亩的高密度，每个苗种培育池塘放养的苗种应为

图 2-1 早春苗网箱标粗培育

同一批次的水花苗。早春苗种池塘培育方式以适当稀放精养，缩短苗种培育期，提早育成夏花鱼种。

放苗时，应注意温差变化不能太大，宜控制在±2℃以内为好。如池水温度与运苗容器内水温相差 3 ℃以上时，应将运苗容器内水温逐渐调至与池水温度接近时才能放养。

苗种入池前应对鱼体进行药物消毒，可用2%～3%的食盐水浸浴 3～5 分钟，或 8～10 毫克/升的高锰酸钾溶液浸浴 2～3 分钟。

4. 饲养管理 罗非鱼早春苗种的培育，关键在于保温、稀养和合理的饲料投喂。由于此阶段外界水温还较低，应加注地热温泉水或加温等措施调节培育池的水温，使池内水温保持在 25℃以上，保证罗非鱼苗种快速生长。

（1）饲料投喂 罗非鱼早春苗种网箱高密度培育方式，以投喂人工配合粉状饲料为主。苗种入箱后的早期阶段应适当多投料，配合饲料的日投喂量控制在鱼体重的 15%～20%，所投喂配合饲料的粗蛋白含量为 35%～40%，每天投喂粉状配合饲料 5～8 次，投料时要全箱均匀散撒，以全部鱼苗能吃到为好；亦可在网箱内悬挂饵料台，每 2 米^{2}网箱面积设置 1 个饵料台，投喂团状配合饲料，每天投喂 4～5 次，以鱼苗 1～2 小时摄食完为宜。

罗非鱼早春苗种池塘培育方式，前期以施肥培水、培养天然饵料为主。由于鱼苗入池密度较大，为保证鱼苗能摄食到足够的饵料，可适量投喂豆浆或罗非鱼粉状配合饲料。豆浆要现磨现用，每天 2～3 次；或粉状配合饲料兑水后全池均匀泼洒，每天1～2次，沿池边泼洒。每次投喂量以2小时内吃完为度。培育后期，随着鱼苗的生长，摄食量逐渐增大，此时应增加配合饲料的投喂量，每天投喂3～5次，沿池边均匀泼洒。具体投喂量可依据水温、水质和鱼苗生长情况而定。

（2）日常管理

①定期监测水温和溶氧，注意水温变化，通过加注温泉地热水等调温控温措施，将池内水温控制在25℃以上。通过适时开关通风口、加大增氧措施等避免鱼苗浮头。

②加强水质管理，分期加注新水。培育期间注意观察水质、水色变化，定期换水，培育池水质要求肥、活、爽。网箱高密度培育方式，需每周换水1～2次，每次加注新水10～20厘米，并清洗网衣或更换网箱1～2次，保持网箱的通透性；保温池塘苗种培育培育过程中，每隔3～5天加注新水1次，每次加注新水10～20厘米，直至池塘水位达到1.5米左右。若池塘水质过瘦，可适当施加无机肥或经发酵消毒后的有机肥进行培水，以维持池水肥度。阴雨天施肥，避免造成池塘缺氧。

③坚持巡塘观察，每天早、中、晚巡塘观察鱼苗活力、摄食情况；经常检查进、排水口，防止鱼苗逃逸和野杂鱼及敌害生物进入池内。

④建立养殖档案，做好养殖日志等养殖生产情况详细记录。

5. 病害防治　罗非鱼早春苗种培育过程常见的病害，主要有细菌性烂鳃病、烂尾病、水霉病、车轮虫病、斜管虫病、指环虫病和三代虫病。

防治方法：

（1）以防为主，定期对水体消毒，每15天左右，使用漂白粉或生石灰进行池塘水体消毒1次。使用漂白粉，剂量为每立方米水体1克；或生石灰，每亩水面15千克，化水全池泼洒。

（2）培育过程操作轻快，避免鱼体受伤，杜绝病原侵入。

（3）定期检查，发病早期及时治疗。

①细菌性烂鳃病、烂尾病发病时采用溴氯海因，每立方米水体0.2～0.3克；或二氧化氯（8%），每立方水体0.15～0.20克，全池泼洒。

②感染水霉病可采用水霉净（五倍子末），一次量，每立方米水体0.3克，全池泼洒，每天1次，连用3天；或用杀菌红、或强碘、或强络碘，一次量，每立方米水体0.225～0.450毫升、或0.45～0.75毫升、或0.30～0.45毫升，全池泼洒。

③感染车轮虫病、斜管虫病，可采用硫酸铜和硫酸亚铁合剂，每立方米水体0.5克，全池泼洒，病情严重时可连用2～3次。

④感染指环虫病和三代虫病时，可采用鱼用敌百虫，每立方米水体0.25～0.30克，全池泼洒，每天1次，连用2天。

6. 炼苗出塘和包装运输 经过20～30天的培育，鱼苗全长3～5厘米时即可出塘分养。出塘前需停食1～2天，出塘前需进行苗种锻炼，炼苗一般在晴天9：00到14：00前。网箱高密度培育方式，需起箱带水将鱼种密集并清除黏液，让鱼种适应2～3次后才能过数分养；池塘培育方式必须提前拉网锻炼2～3次，以增强苗种体质，拉网操作时要轻巧细致，避免苗种受伤，防止苗种缺氧浮头死亡。如鱼种培育规格出现较大差异时，要及时分筛，分级分养。

早春苗种的包装运输一般采用尼龙袋充氧密封运输，常用的尼龙袋规格为70厘米×（30～40）厘米。盛水量为容积的1/5左右，一般每袋装运密度为0.3万～0.5万尾，水温20～25℃时，运程24小时。若运程短、温度低、规格小，包装运输密度可大些。

二、夏秋苗种培育模式

夏秋苗一般是指5月后产出的鱼苗。由于当年适宜生长期较短，一般当年很难养成达到商品鱼规格，因此，常将夏秋苗培育成大规格苗种进行越冬，并作为翌年养成商品鱼的鱼种。对于能自然越冬或有保温措施的养殖区域，可将夏季水花苗培育成夏花后直接转入商品鱼养殖，一般在翌年的清明前后即可养成出售。

1. 培育池条件及准备 夏秋苗培育池条件与早春苗种池塘培育基本相同，但此时气温已上升，不再需要保温和加温设施；此外，面积可略小于早春苗培育池，以便分批次和分规格培育，便于生产管理。其他如清塘、消毒、注水、施肥培水等操作，均同早春苗池塘培育模式。

2. 鱼苗放养 鱼苗放养前，应将培育池内的敌害生物（如蛙卵、蝌蚪等）用抄网或药物去除干净，待清塘药物毒性消失经试水安全后即可放苗。试水方法同早春苗种培育，放苗时每个池塘中尽可能放入同一批次的鱼苗；运输鱼苗的水温与培育池的水温温差应不超过2℃；在池塘上风口向阳处放苗，动作要轻缓。

鱼苗放养密度一般根据计划育成鱼种规格大小、养殖管理水平高低和苗种下塘时间早晚而定。当年投入养成的苗种，按5万～8万尾/亩放养；计划培育成大规格的越冬鱼种，放养密度可适当高一些，最高可放养30万尾/亩，经20～30天培育，再分疏至10万～15万尾/亩。之后根据生产需要，进一步分疏密度培育。

3. 饲养管理

（1）饲料投喂　鱼苗下塘后，早期可先投喂豆浆，每天按干黄豆1.5～2千克/亩，或每天每万尾鱼苗0.15～0.2千克，浸泡8～10小时后现磨成豆浆，沿池边泼洒。一般每3千克干黄豆可磨浆50千克，每天上午、下午各泼1次。5天后还要增加投喂罗非鱼粉状配合饲料，按每天每万尾鱼苗0.2～0.8千克，全池散撒，每天投喂2～3次，投喂量以1～2小时内摄食完为宜。随着鱼体长大，投饲量可适当增加。

对于计划培育成大规格越冬鱼种的夏秋苗，其培育可采取“促两头、抑中间”的方法。即从鱼苗下塘起就加强培育，到全长达3～4厘米时则减少投饲量，控制其生长。到9月中旬前后再适当增投饲料，强化培育以增强体质，利于苗种顺利越冬。8月下旬前后放养的鱼苗，应适当稀养，并强化培育，才能达到越冬所需规格。

（2）水质调控　掌握好施肥、投饵关键环节后，如果水质不肥，可追加施用绿色有机肥料，泼洒经发酵消毒后的绿色有机肥料50～100千克/亩。培育期间，池塘水质要保持清新，水体透明度在20～25厘米。培育过程需分期注水，一般每5～7天加注新水1次，每次加水15～20厘米，使池水逐步加深到1～1.5米。加水时过滤注入水，以防止野杂鱼和其他敌害生物进入培育池。

（3）日常管理　每天早、中、晚巡塘，观察鱼苗的摄食、活动和水色等情况，适时增氧，定期检测水质，检查塘埂有无漏水，发现问题及时采取有效措施处理。建立养殖档案，做好养殖日志等养殖生产情况详细记录。

4. 病害防治　夏秋苗种培育模式的病害防治，同早春苗种培育模式的病害防治。

5. 出塘　夏秋苗经过1个月左右的培育，全长达4～5厘米规格时即可出塘分养，转至大塘进入商品鱼饲养阶段，或继续培育成100克/尾以上大规格鱼种供成鱼越冬养殖；而拟培育成大规格越冬鱼种的夏秋苗，在越冬前，应过筛分选，将不同规格的苗种分级分别放入不同的越冬池进行越冬培育。鱼种出塘前应停食1天，出塘时要进行拉网锻炼，目的在于增强苗种的体质，使其能经受分筛过数操作及运输，提高苗种运输和放养后的成活率。锻炼的方法同早春苗种培育。出塘时，对于不合规格的苗种，要用鱼筛筛出放回原池继续培育后再出塘分养。

三、越冬苗种培育模式

福建省地处我国罗非鱼养殖的分水岭，除了闽南部分地区能自然越冬外，大多数地区罗非鱼都不能在自然环境下越冬。由于受到气候条件的制约，福建省大部分地区的罗非鱼养殖需要有大规格越冬鱼种的配套供应。因此，培育罗非鱼大规格越冬苗种，是福建省特别是闽南地区和闽西北山区提高养殖效益、提升罗非鱼产业竞争力的重要技术措施，可有效解决当前福建省罗非鱼养殖商品规格偏小、品质较低且不适应加工出口的标准和要求等问题，对闽南地区乃至全省的罗非鱼养殖和产品出口整体水平的提高具有积极的现实意义。目前，福建闽南部分地区采用池塘自然越冬方式，利用较多的主要有池塘薄膜保温大棚越冬和地热温泉水两种越冬方式。

1. 越冬池塘条件及设施 越冬池塘应选择地势较高、水源充足、水质良好、保水性好、无污染、供电有保障、排灌方便和背风向阳的地方。以东西走向的长方形土池为好，面积1 000～3 000米^2，池深 2 米以上（利于保温），池底平坦且淤泥少。每1 500米^{2}配备 1.5 千瓦的增氧机 1 台。池塘自然越冬方式，越冬期间池塘水温应维持在 15℃以上；塑料薄膜保温大棚越冬池塘（图 2-2）和地热温泉水越冬池塘应配备锅炉、加热器等加温设备、控温仪、热水泵和气窗等设备。

2. 越冬前的准备

（1）*越冬池塘的清塘消毒* 罗非鱼越冬鱼种进入越冬池前应全面进行池塘清理，清整池底，清除多余淤泥，修整基面和进排水渠道，加固棚盖，检修加温控温设备。池塘消毒采用每亩使用 75 千克的生石灰干塘消毒，5～7 天后加水至 1.5 米左右，经试水安全后便可放养。越冬池水不需要培育肥水，因水质较肥不利于越冬期间管理。

（2）*越冬苗种的准备* 罗非鱼越冬苗种在越冬前应进行强化培育，促使其膘肥体壮，增强越冬抗寒能力，从而逐步适应越冬期间的生活环境。越冬苗种应选择全长 5～6 厘米、体重 8～10 克。入池前应将起捕或运输过来的越冬苗种放入吊水网箱静养，清除死、伤、残鱼苗，并及时分筛规格，同一越冬池的苗种要求规格一致，体质健壮。苗种经鱼体消毒后，可过数入池。苗种消毒采

图 2-2　苗种保温越冬大棚

用 2%～4%的食盐水浸浴 5～10 分钟；或用 10～20 毫克/升的高锰酸钾溶液浸浴 20～30 分钟；或用 20～30 毫克/升的聚维酮碘浸浴 5 分钟。待全部鱼苗入塘后，可用二氧化氯 0.3 毫克/升进行全池消毒，以防继发性细菌或真菌病的发生。

3. 鱼苗放养　越冬苗种入池最好选择在晴天上午进行，池水水温要求18℃以上。因这个时间段水温较高，有利于操作。同时注意水温的变化情况，苗种放养要求网具细密，操作轻快，防止损伤鱼体，让苗种及时适应新的环境。

4. 越冬饲养管理

（1）饲料投喂　罗非鱼苗种越冬期较长。福建南方地区的越冬时间一般在 11 月下旬至翌年 3 月，历时 4～5 个月时间。一般越冬早期和晚期的水温相对较高，应适当多投料，并调节好水质，尤其是越冬晚期，要加强饲料管理，促使其体质迅速恢复健壮，保证苗种质量；而中期温度较低，升温相对困难，应适当减少投料，防止水质恶化。不同越冬时期饲料投喂情况见表2-2。

表 2-2　苗种不同越冬时期的饲料投喂

越冬时期	日投饵率（%）	日投喂频率（次）	每次投喂时间（分钟）
越冬前期	5～8	3	40
越冬中期	1～3	1～2	40
越冬后期	3～5	2～3	30

（2）日常管理　越冬苗种入池后，要注意观察苗种活动情况，发现死鱼，及时捞出作无害化处理，防止污染水质；鱼苗入池1周内，将水温调控在25℃左右，以抑制水霉菌病发生，促使受伤鱼体恢复，提高越冬成活率。

越冬水温控制在（20±2）℃，越冬期间应严格注意天气情况，越冬池塘水质及溶氧变化，适时适量投饵，及时检查配套设施设备。越冬过程要注意棚内通风换气，在晴天中午气温较高时开启保温棚通风口，使棚内外通风换气，并开动增氧机，使池水上下对流以提高水温；夜间要通宵开动增氧机，防止苗种缺氧浮头。特别是在低温季节，由于表层水温较低，鱼苗缺氧浮头露出水面，极易冻伤，易继发水霉感染，导致溃烂死亡。当水温低于18℃时，有条件的地方要适时加温；水温下降至15℃时，应及时启用加温设备，将越冬池塘水温提升到适当范围，保证苗种安全越冬。

越冬期间要加强水质调控。由于越冬池内外温差较大，应尽量使用微生态制剂及底质改良剂来调控水质、改善池底，保障越冬池水质良好。

整个越冬期间要有专人负责，密切关注水温、水质和防病等工作，坚持每天早、中、晚巡塘，观察苗种摄食与活动情况，检查越冬大棚是否牢固；监测水温和水质变化情况，有条件的还应定期监测池中pH、溶解氧、氨氮、亚硝酸盐等几项指标，发现问题及时采取措施，防止事故发生。建立越冬档案，并做好各项养殖详细记录。

当自然水温稳定在20℃以上时，便可开棚降温，并加注新水，待越冬池水温与外界水温基本持平时，便可做出塘前的准备工作。

5. 病害防治　罗非鱼越冬期间水温长期维持在20℃左右，水体中容易滋生斜管虫和水霉菌，如鱼体冻伤或寄生虫损伤体表后极易并发感染水霉病；应及时进行水体消毒，每15天采用每立方水体0.7克硫酸铜、硫酸亚铁合剂或每立方水体1.0克漂白粉交替使用，预防斜管虫和水霉菌滋生。越冬期间定期进行病害检测，发现其他病害，及时对症下药，防止疾病暴发。

6. 越冬鱼种出塘

(1) 出塘前准备　越冬苗种饲养至 4 月初，规格长至 10 厘米以上，当室外自然水温稳定在 20℃以上时即可出塘。出塘前 1 个月应加强喂养，增强越冬鱼种的体质，将棚盖全部打开，加大池塘换水量，使越冬鱼种能适应室外环境。出塘起捕前 2～3 天停止饲料投喂。

(2) 起捕与运输　捕捞越冬鱼种的网具要柔软，操作要轻快，减少对鱼体的损伤。起捕的越冬鱼种应在露天池或暂养池用网箱吊水暂养，恢复体力，清除排泄物和伤残苗后，方能包装运输。大规格越冬鱼种的运输方式，通常采用帆布桶充氧运输或活鱼车运输，运输密度一般为每立方水体装运 90～100 千克鱼种，运输时间 8～10 小时；要延长运输时间，需要适当降低密度，或中途更换新水。

四、典型模式实例

【实例 1】2012 年，福建南靖科兴特种水产养殖场在新吉富罗非鱼早春苗繁育过程中，在具有保温棚的苗种培育池内架设培苗网箱，进行新吉富罗非鱼早春苗种高密度网箱标粗培育。采用地热温泉水间接加热进行池塘水温调控，保温棚苗种培育池面积共2 000米^2，池塘水深 1.5～2 米，配备 1.5 千瓦的喷水式增氧机 3 台，同时，网箱内采用微孔充气增氧，苗种培育期间不间断充气增氧。培育池塘内共设置苗种培育网箱面积 600 米^2。在 2012 年 2 月 15～30 日，陆续投放了本场自繁的新吉富罗非鱼早春水花苗 450 万尾，平均 1 米^{2}网箱投苗量 0.75 万尾。培育池塘水温保持在 25～30℃。投喂粗蛋白含量为 45%的罗非鱼仔稚鱼粉状配合饲料，配合饲料的日投喂量控制在鱼苗体重的15%～20%。投料时要全箱均匀泼洒，每天投喂粉状配合饲料 6 次。培育期间注意观察水质、水色变化，定期换水，每次加注新水 10～20 厘米，保持培育池水质“肥、活、爽”；定期监测池塘水温和溶氧，注意水温变化，通过加注温泉地热水等调温控温措施，将池内水温控制在 25℃以上。通过适时开关通风口、加大增氧措施等，避免鱼苗浮头。每周清洗或更换网衣 1～2 次，保持网箱的通透性。培育期间发生了斜管虫和车轮虫病，采用 0.2～0.3 毫克/米^{3}阿维菌素溶液，稀释1 000倍，全池泼洒，第二天再用 0.3 克/米^{3}二氧化氯全池泼洒，有效控制了苗种斜管虫和车轮虫病的暴发。水花苗经 25～30 天培育，培育至

2012年3月下旬开始出苗，共培育3～5厘米以上规格的新吉富罗非鱼早春鱼种399.15万尾，平均培育成活率为88.7%。利用地热温泉和塑料温室大棚开展罗非鱼反季节育苗，培育池塘的水温调控和饲料投喂，是早春育苗过程当中最重要的技术环节。

【实例2】2012年，福建漳浦溪龙罗非鱼鱼苗场开展了新吉富罗非鱼越冬鱼种的培育。越冬池3口，总面积15亩，池底平坦；有独立的进、排水系统和越冬保温设施，采用地热温泉水加温控温，温泉水温常年保持在60℃以上，日出水量可达250吨以上。10月左右，将池塘进行彻底清淤，并清理池塘四周杂草，然后用生石灰80千克/亩进行干塘消毒。曝晒1周左右后加注新水，同时，用60目纱绢进行过滤（地下水可直接加入），防止敌害生物或野杂鱼进入。2012年11月底，共放养了3～5厘米新吉富罗非鱼鱼种153万尾。鱼苗进入越冬池后，定期测定水温，利用打开保温棚通风口通风和加注温泉水等措施调控水温。在整个越冬期间，越冬池水温一般可按“两高一低”，即前、后期高水温，中期低水温的原则进行调控，既可控制越冬成本，又能保证苗种成活率，越冬期间的水温控制在18℃以上。越冬期间投喂粗蛋白含量30%以上的罗非鱼专用全价配合饲料，饲料投喂量一般按鱼体重的1%～3%，具体根据天气、水温和摄食等情况灵活把握，每天投喂1～2次。此外，每7～10天安排1次过量投喂，以确保小规格苗种均能摄食到饵料。当水质恶化、鱼发病或水温低于16℃时，应停止投喂。越冬过程根据天气、水温等情况采取加注新水、泼洒生石灰及微生态制剂（阴雨天和夜间不用；不与消毒剂混用；使用后及时增氧）和适时开启增氧机等措施来调控水质，使养殖水体保持较高的溶氧量（3.0毫克/升以上）及合适的透明度（30厘米左右）。至2013年4月21～26日，合计出塘规格7～13厘米的新吉富罗非鱼越冬苗种129万尾，平均越冬成活率约为84.3 %。

第四节　云南罗非鱼鱼种培育模式

云南省内罗非鱼苗种80%以上均为“吉富”、“新吉富”品系罗非鱼，约10%为“奥尼”罗非鱼，约10%为其他品系罗非鱼。主要养殖模式有池塘养殖和网箱养殖，不同的养殖模式取决于相应的养殖条件，在进行池塘养殖和网箱养殖时，应选择相应的鱼种培育方法，保证养殖生产的正常进行。

一、池塘培育

云南省内没有专门从事罗非鱼苗种培育的养殖场，大规格鱼种均由养殖户按照自身生产计划进行培育。池塘养殖水平较高、发展较好的西双版纳、普洱等地，养殖户往往在修建成鱼池的同时，配套修建一定的苗种培育池，苗种培育池的面积通常为养殖场总生产水面的10%～15%，即100亩的养殖场需配套10～15亩的池塘作为大规格苗种培育池。省内养殖户通常经过50～70天的养殖，鱼种长到50～80克/尾，即可进入成鱼池养殖。

1. 池塘条件　云南省境内多山，池塘多依地势、地貌开挖，因此，培育池塘形状不必拘于一格。通常为长方形，东西走向，面积3～5亩为宜。苗种培育池应该尽量选择灌排水方便、背风向阳处修建，通常池深2米即可，池底平整，池埂以土夯实或毛石支砌均可。土质沙石含量较多时，池底可铺一层塑料布，再覆土30厘米做防渗处理。

2. 配套设施　每个苗种培育池塘根据面积大小，需配备1.5～3.0千瓦的叶轮式增氧机1台、自动投饵机1台。有条件的鱼场可自备变压器、柴油发电机等设备，以备不时之需。

3. 放养前的准备工作

（1）*清塘消毒*　鱼苗入池前需用排污泵或人工清除池塘的淤泥，维修加固池埂，修整池塘的坡底，曝晒池底。鱼苗入池前，用生石灰、漂白粉等药物进行干法或带水清塘消毒。以生石灰为例，干塘消毒生石灰用量为75千克/亩；带水消毒时控制水深0.5米时，用量为150千克/亩，化浆全池泼洒。清塘3天内，不得加注清水，否则会影响清塘效果。

（2）*肥水*　清塘3天后即可蓄水施肥。注水时，以40目筛绢固定在注水口，避免敌害生物进入池内。基肥使用粪肥、绿肥或者生物肥水素肥水。基肥必须施足，有利于塘水中的浮游生物繁衍，使鱼苗有可口的饵料。一般采用的方法是：鱼苗下塘前5～7天，每亩用粪肥250～300千克加绿肥200～250千克。需要特别注意的是，使用粪肥和绿肥前必须腐熟发酵，并用生石灰消毒。有条件的养殖户可购买生物肥水素肥水，一般水深1米施0.9～1.5克/米^2，肥水后要注意检查天然饵料的丰歉：轮虫和无节幼体等小型浮游生物多的水面呈浅白色，轮虫含量达到10～30个/毫升，水色嫩绿或黄褐色，透明度为35厘米左右时为下塘最佳时机。

（3）清除敌害生物　鱼苗放养前，用密眼网拉3～4次，以清除昆虫幼虫、蛙卵、蝌蚪、野杂鱼等敌害生物及污物。

（4）搭设食台　选择在池塘长边方向的中间位置搭建食台（用木板向池中伸出2～3米，用木桩固定），食台通常就地取材，多采用毛竹搭建。根据池塘大小决定搭设数量，一般3亩左右设1个食台，这样有利于扩大投喂面积，便于鱼苗均衡摄食。

4. 苗种运输与放养　云南省内池塘养殖区，主要集中在西双版纳和普洱市一带，气温较高，通常放苗时间在每年3月中旬至4月间，水温稳定在18℃以上即可。放养的鱼苗体长1～1.5厘米，要求体质健壮、无病无伤，通常采用活鱼运输车辆或鱼苗袋充氧运输。鱼苗运到目的地后，若采用活鱼运输车，首先要测量鱼苗箱内水温与池塘内水温，两者温差不要超过3℃。如果温差大，一定要采取措施在水箱内调节水温缓冲0.5～1.0小时，减少温差对鱼苗造成的应激反应，这样有利于提高鱼苗成活率。使用鱼苗袋运输，则需将鱼苗袋入池浸泡30分钟以上，待内外水温一致后再行投苗。同一池塘放养相同规格的鱼苗，放养密度控制在3万～5万尾/亩。放养鱼苗时，一定要贴近水面让鱼苗自行游出，不可站在岸边向鱼池内倒苗，因为苗小又经长途运输，体力消耗大因此操作要格外小心。鱼苗下塘后，可用二氧化氯兑水全池泼洒消毒。

5. 培育管理

（1）水质调控　在鱼苗培育过程中，由于密度高，鱼类的粪便和残饵极易导致水质变坏，必须勤注新水和适当换水。注意换水时要逐步加注新水，勤加勤换，切忌大排大灌，导致水质的剧烈变化。一般在鱼苗刚下塘时，每隔3天加注10～15厘米新水；在养殖中、后期，每隔5～7天适当更换新水，每次换水量不超过1/3。尽量保持池水透明度在30厘米左右，有利于鱼苗生长。

（2）投饵　鱼苗下塘第二天，即可开始投喂。罗非鱼食性较杂，但在高密度培育鱼苗时，省内养殖户大多选择全价配合饲料。初期可投喂粉料，沿鱼池四周均匀泼撒，逐渐减小抛撒面积，约1周后缩至食台附近投喂，逐步使用自动投饵机代替人工投喂，投喂时可通过敲桶或击棍等声音对鱼苗进行驯化。观察鱼苗生长、集群情况，逐步改投小颗粒饲料，以漂浮性饲料为宜。鱼苗培育阶段饲料蛋白不低于32%，定时定量，每天按鱼体总重的5%～8%分4次投喂。根据天气、水温、水质、摄食以及生长情况适当增减，晴天、水温高时可适当多投喂，阴雨天、水温低时少投喂，天气闷热或雷阵雨前后应停止投喂。

（3）日常管理　坚持每天早、晚巡塘，仔细观察鱼苗摄食情况和水质变化，以便及时调整投饵量，发现鱼苗浮头要及时加注新水或开启增氧机。一般是每天清晨和午后各开增氧机 1 次，每次 1.5 小时左右，高温季节适当延长开机时间。待鱼苗长至 3 厘米以上后，每周选择天气晴朗的上午拉网锻炼 1～2 次，提高鱼苗的抗逆能力。如果连续 2～3 天清晨发现有轻微浮头，说明鱼池已经超载，需及时分塘。

经过 50～70 天的养殖，鱼种长到 50～80 克/尾，转入成鱼池进行养殖。

二、网箱培育

近年来，随着云南省主要江河大量水电站工程的新建，形成了大量新增的宜渔水面。罗非鱼的网箱养殖，成为解决电站库区移民生活的重要方式，也成为省内渔业发展的新增长点，养殖规模日益增大。但是省内电站库区大多均为峡谷型水库，岸坡陡峭，没有配套鱼塘进行苗种培育，网箱中开展鱼种培育成为必然。但是由于苗种阶段鱼苗游泳能力较弱，库区水质不稳定、风浪较大等客观条件，网箱苗种培育的成活率远低于池塘培育，成活率往往不足 70%，养殖技术较低的养殖户甚至不足 50%。近年来在不断的生产实践中，总结出了一套相对合理的养殖技术，虽然大规格苗种培育成活率较之池塘培育仍然较低，但已基本可以保证网箱养殖的需要。

1. 网箱架设

（1）水域选择　网箱架设水域要求选择在背风向阳的浅水区，这样的区域水质变化小，受风浪影响小，有利于苗种的生长。苗种培育网箱无法远离成鱼养殖网箱区，应观察养殖区内水流风向，尽量选择水质较为清新、波浪起伏较小的位置设置苗种培育网箱。

（2）网箱结构　主要由框架、箱体、箱盖等部分组成。网箱框架用建材钢管制作，浮子采用没有油污等污染物的金属浮筒。箱体由聚乙烯无结网片装配而成，网目 0.5～0.8 厘米，以箱内鱼不能逃逸为度。网箱规格为 5.0 米×5.0 米×3.0 米培育效果较好，且易于进行生产操作。苗种培育网箱数量通常为网箱总数的 10%（图 2-3）。

2. 苗种放养

（1）放养时间　省内罗非鱼网箱养殖通常当年养成，少量选择越冬养殖。因此，在每年的 4 月中旬后至 5 月上旬前，水温回升并稳定在 18℃以上时进行放养，宜选择在晴天上午进行。

图 2-3 用于培育苗种的网箱（网目 0.5 厘米）

（2）放养规格 有条件的养殖户应尽量选择规格稍大的鱼苗进行培育，这样可有效提高培育成活率，通常入箱鱼苗规格在 1.5～2 厘米。放养的鱼苗必须规格整齐，体型完整，游动灵活，体色纯正。

（3）放养密度 通过实践中总结的经验，以规格 5.0 米×5.0 米×3 米的网箱进行罗非鱼苗种培育时，每箱中投入鱼苗不应超过3万尾，培育效果较为理想。

（4）苗种入箱 苗种入箱前应将培育网箱提前 1 周入水安放妥当，保证箱壁着生藻类，避免因鱼苗擦碰造成的机械损伤。放养苗种时，用 3%～4%的食盐水或 10 毫克/升的高锰酸钾溶液浸浴鱼体 5～10 分钟，以防病原带入。

3. 培育管理

（1）饲料投喂 网箱培育苗种，全程投喂颗粒膨化料。投喂要做到“四定”，投喂量前期按鱼体总重的 10%进行投喂，后期为鱼体总重的 4%～5%。每天投喂 3～4 次，投饵量的确定还要注意结合天气、水温等情况具体调整。苗种阶段饲料蛋白含量不低于 32%，养殖效果较好。每口网箱应安放 1 台自动投饵机进行饲料投喂。

（2）日常管理 坚持每天早晚巡箱，检查网衣有无破损，做好防逃、防敌害生物和防盗工作，仔细观察鱼苗摄食情况和水质变化情况，以便及时调整投饵量。同时，注意观察鱼苗生长、病害发生情况，及时处理。每 2 周使用万消灵（三氯异氰脲酸）、漂白粉（次氯酸钙）、二氧化氯等药物挂袋 1 次，防止鱼病发生。同时，做好渔具和食物的清洗消毒工作。

（3）鱼种分箱　网箱苗种培育过程中，空间小，密度高，鱼种在生长上的个体差异，容易导致摄食不均，部分个体较小鱼苗抢不到饲料，影响生产，及时分箱是苗种培育的关键步骤。

目前，常见的做法是在鱼种培育期分箱2～3次。一是通过每次使用相应规格鱼筛，把不同规格的鱼苗分稀，利于出箱鱼苗的规格均匀；二是随着鱼苗的生长移入相应网目的网箱，增大养殖鱼类的活动空间，利于生长。

每年6月底至7月初，鱼苗箱中的苗种达到50克/尾左右，即可移入成鱼箱中继续养至成鱼出售。

第五节　北方地区罗非鱼鱼种培育模式

北方地区罗非鱼不能自然越冬，鱼种培育都要经过越冬养殖阶段。因此，必须在拥有地热资源或热电厂余热的养殖场进行鱼种培育，养殖方式主要是越冬温室，有少部分工厂化循环水养殖和流水养殖。温室养殖产量在5 000～30 000千克/亩，工厂化循环水养殖产量在50千克/米^{3}左右。北方地区受限于水温因素，养殖户都放养50克/尾以上的鱼种。所有养殖鱼种都来自于专业的鱼种生产企业，而只有部分较大规模的企业自行繁殖种苗。大部分苗种来自于南方的大型罗非鱼苗种生产企业，良种覆盖率较高。鱼种生产企业一般分两个季节放养苗种，一个是夏季，在出售完鱼种20天左右，也就是在6月底至7月中旬，主要用于生产大规格鱼种，出塘规格在150～500克/尾，这样的鱼种能更快速地养成，在价格较高时上市，避开集中上市的高峰；另一个季节在冬末、春初，一般是春节前后，这部分主要是生产小规格鱼种，出塘规格在50克/尾左右，这样的鱼种在近几年也比较受欢迎，主要是成鱼养殖阶段基本不繁殖，提高了饲料系数，而且鱼种成本投入较低，在集中上市时，虽然售价低，也可以获得较好利润。

一、养殖设施

北方地区罗非鱼鱼种培育主要有两种模式，相应设施也分为两种，越冬温室和工厂化循环水。绝大部分养殖企业采用越冬温室的方式，土池上方架设钢架结构的棚顶，上面覆盖塑料薄膜，相对投资较小且经济实用（图2-4）。

地热资源费的严格征收和池塘租金高等主要因素影响，工厂化循环水模式

图 2-4　鱼种养殖池塘越冬温室结构

具有节水、节地、高产等优势，适用于都市渔业，也是未来的发展方向。基本结构是水处理设施、水泥养殖池配合彩钢屋顶的温室。

1. 养殖池

（1）*越冬温室养殖模式*　养殖池均为土池，面积一般在 1～2 亩，便于架设钢架棚顶和保温，水深一般在 2.5～3 米，护坡方式一般为混凝土、红砖或土工膜。

（2）*工厂化循环水养殖模式*　养殖池面积一般在 30 米^{2}左右，均为水泥池，四边砌角，呈八角形，池底向中央排水孔倾斜，进水口设计为鸭嘴形状，平行于池壁，有利于污物的收集与排出（图 2-5）。

图 2-5　循环水鱼种培育池

2. 增氧方式

(1) 越冬温室养殖模式 增氧基本都选择叶轮式增氧机，根据养殖密度大小架设不同数量的增氧机，一般5 000千克/亩产量架设1台，还要有备用增氧机，随时可以启动。

(2) 工厂化循环水养殖模式 采用罗茨鼓风机作为气源，养殖池内设管式或盘式曝气器。

3. 投喂方式

(1) 越冬温室养殖模式 一般选择投饵机进行投喂，投喂膨化饲料；规模较小的养殖企业一般投喂沉性饲料，选择人工投喂方式，能够节省饲料和成本。

(2) 工厂化循环水养殖模式 可选择投喂膨化饲料或沉性饲料，一般选择人工投喂或采用触碰式投饵机。

4. 配套设备、设施

(1) 越冬温室养殖模式 因为养殖密度高，必须配备发电机、停电警报设备，还应该有潜水泵、网具、清淤设施等必备工具，规模稍大的企业还应该配备显微镜、解剖镜等检查设备。

(2) 工厂化循环水养殖模式 由于养殖池不具备自净能力，配套设备和水处理设施较为复杂，一般分为养殖池、物理过滤、生物处理、灭菌系统、增氧系统及循环管路等养殖配套设备设施，以及水质监测、鱼病检查及其他常用设备。

二、养殖前的准备工作

1. 养殖池准备

(1) 越冬温室养殖方式 池塘使用前要消毒，消毒剂选用强氯精（三氯异氰脲酸）、漂白粉或生石灰，使用剂量分别为1～1.5千克/亩、10～15千克/亩、100～120千克/亩，使用方法是溶于水后全池泼洒，消毒3天后加水至1米，加水7天后可放苗。

(2) 工厂化循环水养殖模式 养殖池以及整个循环系统均需进行清洗、消毒，消毒剂选用强氯精，溶于水后泼洒，消毒3天后放水循环，接种菌种7天后可以放苗。

2. 苗种选择 目前，养殖的主要品种为吉富罗非鱼、奥尼罗非鱼和吉奥罗非鱼，其他品种不推荐养殖。尽量采用经国家或省级认证的良种场生产的苗种，以保证苗种质量。越冬温室养殖方式可以投放1厘米左右的苗种；工厂化循环水养殖方式要选用5厘米以上苗种，一个原因是过滤网直径适宜不易堵塞，另一个是鱼种具备较强的游泳能力，适应水循环造成的水流。

3. 苗种放养

（1）越冬温室养殖模式　一般分为2个时间段放养鱼苗，6～7月是一个时间段，养殖大规格鱼种；2～3月是一个时间段，养殖小规格鱼种。水花可适应温度后直接放入池中，放鱼时间应选在晴天的上午或傍晚，切忌在雨天或晴天正午放鱼苗。单养方式一般放苗6万～8万/亩，混养方式一般选择与淡水白鲳或清道夫混养。根据不同的经营理念，可选择不同密度搭配，总体放苗密度一般不要超过15万尾/亩。尽量使混养的两种鱼放苗规格统一，先放罗非鱼鱼苗，5～7天后再放养混养苗种。

（2）工厂化循环水养殖模式　苗种入池前要进行消毒，一般用3%～5%的食盐水浸浴鱼体5～10分钟。放养密度在100～120尾/米^3。

三、养殖管理

1. 日常管理

（1）水质管理

①越冬温室养殖模式：鱼种培育阶段是高密度养殖，应保证水体溶解氧在3毫克/升以上；在鱼种长到50克/尾以后，每10天换水80～100厘米，每10天按照0.1克/米^{3}的浓度，泼洒二溴海因1次，以便改善水质，用药和换水间隔5天。由于养殖密度很高，投喂量大，鱼类粪便和残渣沉积较快，故需每月用清淤机对池塘底部排污1次。另外，还应注意在冬季每天加4小时热水，以保证水温维持在18℃以上。

②工厂化循环水养殖模式：这种养殖方式水质由水处理系统决定，要定时监测水质，保证养殖水体溶解氧在3毫克/升以上，氨氮低于0.02毫克/升，亚硝酸盐低于0.01毫克/升。如果超标及时检查原因，通过泼洒复合益生菌、换水、清理曝气器等方式进行改善。

（2）安全管理　在这种高产模式下，必须安排人24小时值班，停电10分钟内要及时发觉，并开启发电机，30分钟内必须开启全部增氧机。

2. 饲料投喂　主要采用投饵机，饲料选自临近饲料场或本场加工的饲料，方便加工药饵且质量稳定。在鱼苗规格在50克/尾前每天投喂6次，之后每天投喂3～4次，投喂时不停地开增氧机。投喂量根据吃食状况而定，50克/尾前为鱼体重的5%～8%，50克/尾后逐渐降为3%。膨化饲料使用投饵机，沉性饲料可选择人工投喂。

3. 病害防治

（1）疾病预防　水源必须符合淡水养殖标准，水质理化项目（氨氮、pH、亚硝酸盐、硫化氢、溶氧）适应罗非鱼健康生长，注意天气的变化，配合养殖管理、饲料的质量保证（原料及成品不霉变、营养含量均衡、不添加有害物质），投喂技术正确（定时、定量、定点、注意水质及天气变化）。放养鱼苗必须消毒并防止鱼苗放养应激（温度），捕捞注意不要拉伤鱼体（消毒）。

①越冬温室养殖模式：每7天喂1次药饵，主要用大蒜素和鱼用维生素C、维生素E，25%含量的大蒜素添加量为350克/吨饲料，维生素为1 000克/吨饲料。饲料中添加复合益生菌，主要为乳酸菌、纳豆菌、芽孢杆菌等，配比根据养殖阶段，按照厂家建议执行。

②工厂化循环水养殖模式：

A. 鱼种放养前要进行消毒，一般采用0.5%食盐，避免鱼体受伤后感染，在分规格时也要进行消毒。

B. 养殖过程中尽量避免使用药物，以免破坏生物膜，影响养殖水体净化。可定期在池水中施放硝化细菌、EM菌等调节水质。

C. 定期在饲料中添加维生素和益生菌，避免因缺维生素而导致鱼体抵抗力下降，并保持消化系统菌群稳定，促进饲料的吸收利用。

D. 根据池水蒸发以及随排污损失水的情况及时补充新水，补充新水时需将新水补充到水处理系统。

（2）常见病害防治

①肥胖症：

【病原】长期投喂低蛋白、高脂肪、高糖类和缺维生素的饵料，造成罗非鱼脂肪代谢障碍，脂肪大量贮积，鱼体肥胖，抗病能力降低。

【症状与诊断】患肥胖症的罗非鱼呈全身性脂肪细胞增生、脂肪浸润，特别是腹腔内的脂肪组织以及脏器周围的脂肪组织显著增加，患病鱼腹腔内脂肪组织可达体重的3%～5%，肝脏呈淡黄色，肝组织高度脂肪变性，肝细胞萎缩。将整块肝组织剪下放在水中，会浮在水面上，而正常肝脏会立即沉入水底。

【流行与危害】工厂化养殖罗非鱼，密度高，若饲料营养不当，容易发生此病，该病主要危害性成熟个体。患病鱼抗病能力低，容易感染大肠杆菌和气单胞菌等病。肥胖症为条件致病菌的感染创造了条件。肥胖症继发细菌感染，对罗非鱼造成更严重的危害。

【预防与治疗方法】①改进饵料配方，尽量满足罗非鱼正常生长的需要，饲料中适当添加维生素 B、维生素 C 和维生素 E，也可增加一些天然饵料；②该病主要危害性成熟个体，应及时起捕成熟个体上市，可降低损失，缓解病情；③加强饲养管理，保持水质清洁、新鲜。

②车轮虫病：

【病原】车轮虫。

【症状与诊断】车轮虫寄生于罗非鱼的皮肤、鳍和鳃等与水接触的组织表面，但是主要寄生部位是鳃。感染车轮虫的病鱼，体色发黑，摄食不良，体质瘦弱，游动缓慢。有时可见体表发白或瘀血，鳃上黏液分泌多，有局部变白的现象，鳃上皮组织增生，鳃丝肿胀或遭受破坏等，大量寄生会严重影响鳃的呼吸作用，使鱼窒息死亡。

【流行与危害】车轮虫病是罗非鱼的常见病，流行比较广泛。在初春和初夏以及越冬期较多，特别是在养殖密度高、水质较肥的情况下更容易被感染。大量车轮虫寄生，可引起罗非鱼大量死亡。

【预防与治疗方法】定期进行检查，掌握病情，及时治疗。发病池可用水体终浓度为 0.7 毫克/升的硫酸铜或 0.5 毫克/升的硫酸铜与 0.2 毫克/升的硫酸亚铁合剂，全池遍洒，病情严重的池塘，可连用 2～3 次。

③假单胞菌病：

【病原】为荧光假单胞菌。从病灶取材在普通琼脂平板上划线分离，20～25℃培养 1～2 天，可见乳白色、有光泽的圆形菌落。

【症状与诊断】本病除眼球突出混浊发白，腹部膨胀外，其他外观症状不明显，解剖观察，腹腔有腹水贮积，在鳔、肾、脾有白色结节状病灶，鳔腔内有土黄色脓汁贮积。

【流行与危害】发生病例不多，病势较缓慢，每天以 0.2%～0.3%的死亡率持续发生。

【预防与治疗方法】本病的致病菌是水中常见菌之一，仅感染不健康的、抗病力弱的罗非鱼。因此，加强饲养管理，注意环境卫生，保持水质良好，是预防病害的主要措施。假单胞菌病在低水温时期发病较多，所以要特别注意保温，注意投饵量，搬运操作要细心，避免鱼体受伤。发病鱼池可用水体终浓度为1毫克/升的漂白粉（含氯量30％），全池遍洒1～2次。

④指环虫病：

【病原】即指环虫。

【症状与诊断】指环虫用锚钩和边缘小钩钩住鳃丝，并不停地运动，造成鳃组织的机械损伤，刺激鳃组织分泌大量黏液，鳃丝肿胀，贫血病鱼体色发黑，离群独游，不摄食。大量寄生严重影响鳃的呼吸作用，使鱼窒息死亡。

【流行与危害】该病流行比较普遍，往往与车轮虫病并发，它主要发生于夏、秋季节和越冬期。寄生强度大时，可使大批罗非鱼死亡。

【预防与治疗方法】按每亩1米水深，辣椒粉210克、生姜干100克煮成30千克水全塘泼洒，连用3～5天。

⑤亚硝酸盐中毒症：

【病原】养殖密度过大，换水量不足或长期不换水，使池水中亚硝酸浓度上升，高达10～30毫克/升。

【症状与诊断】病鱼血液呈巧克力色，肝脏带褐色。由于病鱼血液中血红蛋白变成高铁血红蛋白，使鱼体组织器官的氧气供应不足，引起摄饵不良。

【流行与危害】主要发生于越冬池。患病鱼除因组织缺氧毙命外，也容易被细菌感染造成大量死亡。

【预防与治疗方法】注入新鲜水，降低亚硝酸浓度，防止过量投饵和过密养殖。

4. 捕捞　北方地区鱼种出售季节集中在5月20日至6月10日，其中，5月20～30日出售给池塘养殖户，之后出售给水库网箱养殖户。

出池前先确定好客户需求规格及数量，由于密度高、数量大，最好整池出售，避免反复拉网，在出售前需要进行拉网锻炼。

四、典型模式实例

【实例1】越冬温室养殖模式

天津众民水产养殖有限公司所处的宁河与汉沽交界地区，是北方地区单产最高、总产量最大的罗非鱼鱼种产地，总养殖面积1 000亩左右，年产罗非鱼鱼种4 000吨左右。该公司的养殖模式，代表了北方地区罗非鱼鱼种池塘养殖的最高技术水平。该公司拥有越冬温室53个，面积110亩，年罗非鱼鱼种生产能力2 000吨（图2-6）。

图2-6 罗非鱼鱼种池塘红砖护坡及池塘结构

该公司生产罗非鱼鱼种主要有3种模式，单养模式较少，产量在25吨/亩左右。搭养淡水白鲳产量在50吨/亩左右（其中，罗非鱼鱼种在10吨/亩左右）；搭养清道夫产量在25～30吨/亩（其中，罗非鱼鱼种产量在20～25吨/亩）。目前，该地区最普遍的养殖方式是罗非鱼鱼种搭养淡水白鲳，亩纯利润曾经达到15万元以上。随着近几年淡水白鲳价格的下降，利润逐渐下滑，2013年大部分养殖户出现亏损，搭养清道夫成为一个新的趋势。

【实例2】工厂化循环水养殖模式

北京金润龙水产养殖有限公司常兴庄渔场，是北方地区工厂化循环水养殖罗非鱼鱼种最成功的企业，至今成功运营了12年，代表了该模式的最高水平。

该场创立了北方地区的罗非鱼产业一条龙产业链，养殖户从鱼种生产企业购买鱼种，养成后进行垂钓，剩余的成鱼以市场价或略高的价格由鱼种生产企业回收，作为翌年鱼种订金。而鱼种生产企业可以通过存储成鱼获得季节差价，并稳定了鱼种销售客户，达到了双赢的目的，也促进了产业的发展。

该场厂房与循环水养殖系统均为自行设计，通过前期大量考察，参考国内海、淡水循环水车间设计成功实例，并在建造过程中不断完善，建成了经济、实用的循环水养殖车间，是北方地区运行及经营情况最好的工厂化养殖企业。车间共占地6 000米^2，拥有循环水养殖系统 6 套，600 米^{3}一个系统，养殖池与循环池比例为 3∶1，养殖水体2 700米^3，采用物理、生物、化学三级过滤。物理过滤采用 300 目微滤机，生物过滤的生物包中用罗茨鼓风机充气，一是增氧，再就是将 300 目以下的颗粒吹散形成泡沫后人工刮掉去除，生物包中添加乳酸菌、芽孢杆菌等益生菌。养殖用水 2 小时循环 1 次，每天处理 1 米^{3}花费 0.3 元。养殖过程中不用药物，只添加益生菌。亲鱼培育池和苗种培育池 6 个共3 000米^2，单产在 50 千克/米^{3}左右，年产鱼种 200 吨左右。

该场采用室内培育与室外培育相结合的养殖模式，每年 8 月繁殖苗种，在苗种培育池中养殖到 5 厘米以上放入循环池中饲养，翌年 3 月 20～4 月 10 日养殖到 100 克左右，转移到室外继续培育，至 5 月 20 日开始出售时视订单情况，平均规格控制在 150 克左右，这种养殖模式利用了循环水车间保温效果好、单产高的优点，也利用了室外池塘面积大、成本低控制的方式，很好地控制了养殖成本，且出售前在池塘养殖一段时间，使鱼种适应了池塘养殖环境，提高了售出鱼种的成活率。

第三章 罗非鱼池塘养殖模式

我国罗非鱼的养殖模式因不同地域的养殖条件不尽相同，也因此而形成了适合不同地域间差异化的养殖模式。得益于适宜的气候，目前我国罗非鱼生产省份主要集中在广东、海南、广西、福建等南方地区。山东、北京等北方地区罗非鱼养殖近年来也得到了迅速发展，个别有地热或工厂余热资源的地区，罗非鱼养殖模式也是别具特色。

纵观全国适宜罗非鱼养殖地区的养殖模式，单养和主养两种养殖模式是最主要的养殖模式。另外，根据不同地区拥有的独特地理和自然环境资源，还存在一些较为特殊的养殖模式，如套养高价值经济鱼类养殖模式、两年三造养殖模式、一年三茬养殖模式、大规格越冬鱼种养殖模式、北方地区地热安全越冬养殖模式等众多养殖模式。各种养殖模式的产量不尽相同，个别养殖模式如地热越冬温棚养殖模式，养殖罗非鱼成鱼亩产量可以达到 2 万千克以上。

丰富多样的养殖模式，充分合理利用当地气候条件和自然资源，提高了我国罗非鱼的养殖产量、品质和经济效益，增加了从业者收入的同时，也带动了罗非鱼种苗、饲料、加工、贸易等相关产业的迅速发展，使得罗非鱼养殖业也逐步走上了产业化、规模化发展的道路，形成了较完善的罗非鱼产业链，从而使我国罗非鱼产业在国际上具有较强的竞争优势。

第一节 海南罗非鱼池塘养殖模式

一、池塘精养殖模式

1. 养殖池塘要求 养殖池塘宜选在避风向阳、水源充足、无污染、交通便利的地方，水质符合《渔业水质标准》（GB 11607）要求，面积在 3～15 亩，水深在 1.8～2.5 米，池底平坦少淤泥，淤泥厚度在 20 厘米以下，池堤坚实，不漏水，有独立的进、排水系统，每口池塘配备1～2台1.5千瓦的叶轮式增氧机。

2. 养殖前池塘的准备

（1）修整和加固堤坝，挖出过多淤泥，清除池中、池边杂草、杂物。

（2）鱼苗放养前先用茶粕500～1 000千克/公顷，杀死野生杂鱼类，3～5天后，每公顷用1 500～2 250千克的生石灰或60～75千克的漂白粉加水溶解后全池泼洒，进行消毒。

（3）清塘7天后，注入新水0.8～1.0米，施用基肥培养浮游生物等饵料生物，基肥通常每亩施经发酵的粪肥300～400千克或绿肥300～400千克。粪肥应加水调稀后全池泼洒；绿肥堆放在池角，浸没在水下，每隔2～3天翻动1次，待腐烂分解后将根茎残渣捞掉。要掌握好施肥时间和施肥量，确保池塘"肥、活、嫩、爽"。

（4）鱼苗试水。于池内放置一小型网箱，用数十尾鱼苗放入网箱中，5～6小时观察鱼苗活动情况，若正常，即可放苗；也可取池水于盆中试养3～5尾，24小时后若正常即可放苗。

3. 鱼苗放养

（1）选用良种　鱼苗选购自已取得水产种苗生产许可证、群众普遍反应养殖效果好的罗非鱼制种单位。

（2）鱼苗质量　规格整齐（大小为3～4厘米），色泽鲜艳，体质健壮，游动活跃，无伤，无病等。

（3）放养时间　罗非鱼在自然条件下生长的水温不能低于18℃，要待水温稳定在18℃以上即可放养。

（4）放养密度　一般每公顷放养3厘米体长的鱼苗2.7万～3万尾。

（5）出塘规格　一般养殖4～5个月，80%以上的罗非鱼体重可达600克以上，可根据市场需求适时上市。

4. 饲料投喂

（1）天然饵料培育　应根据水温、天气和水色适时、适量地对养殖池塘进行施肥，进而培养充足的浮游生物供罗非鱼摄食，同时，肥料的沉底残渣又可直接作为罗非鱼饵料。

（2）人工饵料投饲　坚持"四定"原则，即"定质、定点、定时、定量"。选择新鲜、质好、适口性强的饵料，每天投饲2次，上、下午各1次，一般在8：00～10：00、16：00～18：00投喂。日投喂量为鱼体重的3%～5%，每天投饲量要根据鱼的吃食情况、水温、天气和水质掌控，天气好、水温适宜和水质良好的情况下可喂足，低压、阴雨天气、水质不良时少喂或不喂。

5. 养殖管理

（1）水质调控　养殖过程中定期检测池塘水质各项指标（溶解氧、pH、氨氮、亚硝酸盐、硝酸盐和透明度等），根据检测结果、池塘水色和罗非鱼摄食情况适当调节。

①适当开增氧机，增加池塘溶解氧，一般中午和凌晨各开机1～2小时，阴雨天气或池塘水质较差的情况下增加开机时间，确保水中溶解氧在5毫克/升以上。

②每20天换水10～30厘米，高温期或越冬期保持池塘水位达到最高位。

③养殖水体的消毒：水体采用含氯消毒剂进行消毒，每15天消毒1次。

④生物制剂投放：水体每15天投放生物制剂1次。

⑤底质改良剂投放：水体每30天投放底质改良剂1次。

（2）日常管理　每天坚持早、中、晚巡塘。观察水色、水质变化和鱼的活动、摄食情况，观察有无残饵和浮头征兆。养殖过程严格把关使用品，避免罗非鱼成品鱼产生化学物物或渔药残留，影响销售。做好养殖生产日志、池塘养殖生产记录、渔药使用记录等各项记录。

6. 病害防治　鱼病防治是池塘养殖生产中重要的环节之一，决定着养殖的成败，因此，要认真贯彻“全面预防、积极治疗、防重于治”的方针。

（1）防控对策　①改善养殖环境，定期调节水质；②推广健康养殖模式；③加强罗非鱼抗病品系的选育；④开展连续监测，掌握疫情动态；⑤使用方便、高效的疫苗防病；⑥使用能有效提高罗非鱼免疫力且能防治脂肪肝和链球菌的中草药。

（2）链球菌病

【病原】海豚链球菌或无乳链球菌。

【症状】病鱼体色发黑，运动失调，在水中翻滚、打转或间隙性蹿游；眼眶出血，眼球充血、肿大、突出，严重时眼睛失明，鳃盖内膜充血；内脏主要表现为肝、脾肿大、出血，严重时糜烂，肠胃充血，胆囊肿大，腹腔积腹水。

【防治方法】减少投饵量，同时，使用生石灰或光合细菌调节水质。适当使用含氯消毒剂或复合碘等消毒水体，同时内服药物7～10天。

（3）肠炎病

【病原】点状气单胞菌或嗜水气单胞菌。

【症状】鱼体腹部膨大，体色变黑，腹壁显红斑，肛门外突红肿，剖开腹部，有很多腹腔液，肠壁微血管充血，腹壁呈红褐色；肠内无食物，含有许多淡黄色黏液；失去食欲，离群缓游，不久死亡。

【防治方法】全池泼洒含氯消毒剂；内服药饲，每千克饲料添加氟苯尼考0.5～1克、或土霉素1～2克、或诺氟沙星0.5～1克，3天为一个疗程；内服大蒜、地锦草、铁苋菜、辣蓼和穿心莲等中草药。

（4）烂鳃病

【病原】鱼害黏球菌。

【症状】病鱼鳃丝腐烂，带有污泥，鳃盖骨的内表皮往往充血，中间部分表皮腐蚀成1个圆形不规则的透明小窗。

【防治方法】用2%的食盐水浸浴鱼体10～29分钟。

（5）赤皮病

【病原】荧光极毛杆菌。

【症状】病鱼体表局部或大部分出血发炎，鳞片脱落，鱼体两侧、腹部较明显；尾鳍或所有鳍基部充血，鳍条末端腐烂，呈纸扇状，有时肠道也充血发炎，冬季或水温较低时容易出现水霉病寄生。

【防治方法】用鲜蒜头0.25～0.50千克和食盐0.2千克捣烂拌25～30千克饲料投喂；增效嘧啶、土霉素各25～30克拌15～25千克饲料投喂，连续3～5天；五信子煎水泼洒，按2～4毫克/升浓度使用。

（6）指环虫病

【病原】指环虫。

【症状】病鱼无明显的体表症状，一般表现为鱼体瘦弱，游动乏力，浮于水面。大量寄生时，病鱼鳃盖张开，呼吸困难，鳃丝肿胀，呈苍白色，鳃组织损伤，易导致烂鳃和其他病原感染。

【防治方法】晶体敌百虫0.2～0.4毫克/升，或晶体敌百虫和面碱（1∶0.6）合剂0.1～0.2毫克/升，全池泼洒；内服药饲，每千克饲料添加阿苯哒唑0.5～0.7克，连喂3～5天。

（7）小瓜虫病

【病原】多子小瓜虫。

【症状】虫体大量寄生时，肉眼可见病鱼的体表、鳍条和鳃上布满白色小点状囊泡，因而此病又称白点病。严重感染时，由于虫体侵入鱼的皮肤和鳃的表皮组织，引起宿主的病灶部位组织增生，并分泌大量的黏液，形成一层白色薄膜覆盖于病灶表面。有时鳍条病灶部位遭受破坏出现糜烂。

【防治方法】食盐0.7%～1.0%浸浴3～5天；戊二醛0.3～0.5毫克/升，全池泼洒，连续2～3天。

（8）车轮虫病

【病原】车轮虫或小车轮虫。

【症状】车轮虫主要寄生在鳃上及体表皮肤、鳍上。少量寄生时，鱼体摄食及活动正常，无明显症状；大量寄生时易导致鳃、皮肤黏液增生、鳃丝充血，鱼体体色加深，食欲下降、消瘦，鱼苗可出现"白头白嘴"症状，或者成群绕池狂游，呈"跑马"症状。

【防治方法】硫酸铜0.5～0.7毫克/升和硫酸亚铁0.2～0.3毫克/升，全池泼洒；高锰酸钾2.0～3.0毫克/升全池泼洒；苦楝树枝叶，每亩水面（水深1米）30千克，煮水全池泼洒。

二、大规格罗非鱼池塘养殖模式

1. 养殖池塘要求 养殖池塘必须交通便利，水源充足，水质良好，进、排水方便。池形整齐，呈长方形为佳。鱼苗池2～3亩，水深1.0～1.5米；鱼种塘3～5亩，水深1.5～2.0米；成鱼塘5～10亩，水深2.0～2.5米。每口池塘配备1～2台1.5千瓦的叶轮式增氧机。土池池底要求平坦，无砖瓦、石砾杂物，以便于拉网操作。鱼苗池应靠近水源处，鱼种池围绕鱼苗池，外围与成鱼池塘相邻。

2. 养殖前池塘的准备

（1）池塘休整 排干池水，清除池底淤泥，并将池底推平、曝晒，以减少病虫害，促进池底有机质分解，改善底质和提高池塘肥力。

（2）药物消毒 鱼苗放养前先用茶粕500～1 000千克/公顷，杀死野生杂鱼类；3～5天后，每公顷用1 500～2 250千克的生石灰或60～75千克的漂白粉加水溶解后全池泼洒，进行消毒。

（3）注水和施肥 消毒后5～7天进注新水，进水口需80目筛绢网过滤，严防野杂鱼、螺类和敌害生物进入。放苗前施肥培养适口饵料生物（轮虫等），基肥通常每亩施经发酵的粪肥300～400千克或绿肥300～400千克。粪肥应加水调稀后全池泼洒；绿肥堆放在池角，浸没在水下，每隔2～3天翻动1次，待腐烂分解后将根茎残渣捞掉。要掌握好施肥时间和施肥量，确保池塘"肥、活、嫩、爽"。

3. 鱼苗培育

（1）鱼苗放养

①良种来源：鱼苗选购自已取得水产种苗生产许可证、群众普遍反应试养效果好的罗非鱼制种单位。

②鱼苗质量：规格整齐，体长1.0厘米，色泽鲜艳，体质健壮，游动活跃，无伤无病等。

③放养时间：每年的3月中上旬，池塘水温达到18℃以上。

④放养密度：体长1.0厘米的鱼苗，每公顷放养45万～75万尾。

⑤试水：于池内放置一小型网箱，用数十尾鱼苗放入网箱中，5～6小时观察鱼苗活动情况，若正常，即可放苗；也可取池水于盆中试养3～5尾，24小时后若正常即可放苗。

⑥养殖时间：体长1.0厘米的鱼苗，养殖20～30天，鱼苗养成夏花（3.3厘米左右）即可转入鱼种培育。

（2）饵料投喂

①适时施肥：鱼苗下塘后3～4天，需及时施肥，使鱼苗能得到充足的天然饵料。常用的肥料包括有机肥和无机肥。有机肥使用较多的有绿肥（如飞机草，基肥为6 000～7 500千克/公顷，追肥用量4 500～6 000千克/公顷）和粪肥（如家禽、家畜粪尿等，基肥用量6 000～7 500千克/公顷，追肥用量1 500～4 500千克/公顷）；无机肥依所含成分不同分为氮肥、磷肥、钾肥和钙肥等，一般氮、磷、钾的使用比例为8∶8∶4，施用量则以0.9∶0.9∶0.45毫克/升的浓度为宜。

②人工饵料投饲：坚持“四定”原则，即“定质、定点、定时、定量”。选择粉状饲料和微粒饲料投喂，一般每天投饲2次，上、下午各1次，一般在8：00～10：00、16：00～18：00投喂。日投喂量为鱼体重的3%～5%，每天投饲量要根据鱼的吃食情况、水温、天气和水质掌控，天气好、水温适宜和水质良好的情况下可喂足，低压、阴雨天气、水质不良时少喂或不喂。

4. 鱼种培育 将已培育的夏花（或从良种场购买的夏花）转至鱼种塘进行养殖，每公顷放养75 000～150 000尾，一般养殖50～60天后，鱼种规格可达13.0～17.0厘米。即可拉网筛选，作为成鱼养殖的鱼种。

鱼种培育追肥方式和人工饲料投喂方式同鱼苗培育。但人工饲料需选择与其口列大小相对应的颗粒饲料（硬颗粒、软颗粒和膨化颗粒）进行投喂。

5. 成鱼养殖 经鱼种培育后，将其转入成鱼养殖塘继续养殖（规模较小的养殖场亦可直接从良种场购买鱼种)，每亩放养27 000～30 000尾。一般养殖2～3个月，80%的罗非鱼体重可达800克以上，可根据市场需求上市，达不到规格的鱼也可上市或者转塘继续养殖。

成鱼养殖可不用施肥，全程选择颗粒饲料（硬颗粒、软颗粒和膨化颗粒）投喂。投喂方式同鱼苗培育。

6. 养殖管理

①每日早、中、晚各巡塘1次，观察水色和鱼的动态，检查鱼的吃食情况，已确定当日和次日的投饵量。

②经常加注适量的新水，做好水质调节。一般每15天使用采用含氯消毒剂和微生物制剂各1次，每30天使用底质改良剂1次。

③拉网筛选，及时分塘：鱼苗、鱼种培育阶段，每隔20～30天拉网1次，如发现体质较差，规格参差不齐，可用鱼筛分离，分塘饲养，进而加速鱼苗生长，提高成活率。

④合理混养：成鱼培育阶段，可适当混养鲢、鳙、草鱼等，一方面可以合理利用水体空间和各种天然饵料，发挥养殖鱼类之间的互利作用；另一方面可以提高效益，降低成本。

7. 病害防治 常见病及防治方法同淡水池塘精养模式。

第二节 广西罗非鱼池塘养殖模式

广西地区罗非鱼池塘养殖，以主养和混养两种模式。近年来，由于罗非鱼链球菌的暴发，主养模式发病率比混养模式高出许多，所以主养模式越来越少，池塘混养成为最主要的罗非鱼池塘养殖模式。许多养殖户是在原来主养罗非鱼的基础上，把罗非鱼的放养量从2 000尾/亩以上的密度，降到1 000尾/亩左右，混养其他吃食性鱼类1 000尾/亩（如草鱼、淡水白鲳、斑点叉尾鮰、鲤等)，再搭配200尾/亩的鲢、鳙滤食性鱼类。这样，罗非鱼在混养池塘中不占主养地位。由于罗非鱼生长快、养殖周期短、成本相对较低，并且池塘对水质有调控作用，市场畅销，因此，是广西地区池塘养殖中不可缺少的鱼类品种。

主养和混养两种模式，主要是在放养罗非鱼的规格、密度和其他品种搭配比例上的区别较大，养殖管理上大同小异。实际上，若以投放小规格和大规格罗非鱼鱼种两种方式来看，其区别还要大，因此，本文从投放大、小规格罗非鱼鱼种，来分别描述其不同的技术措施和效益。投放大规格鱼种成本较高，但可以分批提早上市，上半年售价较高；投放小规格鱼种成本较低，年底一次性全部捕捞上市，但年底销售价格也是全年最低的。

一、小规格罗非鱼种池塘养殖

1. 池塘准备　与上述鱼种培育相同。

2. 鱼种放养

（1）放养规格　放养2～3厘米的小规格夏花鱼种，放养的鱼种应健康、规格整齐。

（2）放养密度　适宜的放养密度为主养2 500～3 500尾/亩，换水条件较好的也不要超过4 000尾/亩，否则出池规格偏小或养殖周期过长，上市价格较低，造成效益不佳；混养1 000～2 000尾/亩，混养的品种可以是四大家鱼、淡水白鲳、斑点叉尾鮰、胡子鲇、鲈等，混养鱼的比例可以达到总放养鱼的30%～60%。广西地区一般养殖4～6个月即可达500克/尾以上规格，4月初放养的可在10月前上市。10月底后各种鱼大量上市，鱼价格下落较快。因此，要提高效益和减少病害，就要控制放养密度，投放鱼种规格不能过小，以提高上市规格并提早上市。

3. 饲料投喂

（1）饲料要用优质品牌的罗非鱼配合饲料。大规格罗非鱼生长快，要求饲料蛋白质比其他罗非鱼的要高，特别是鱼苗种阶段。前期（鱼规格在0.2千克/尾前）饲料蛋白质含量应不低于30%，后期饲料蛋白质含量26%～30%，最适宜蛋白质含量28%，过高、过低对罗非鱼生长不利。前期每天投喂3～4次，分上中下午各1次；后期每天投喂2次，分上下午各1次。每次按日投喂量均匀投喂。若下午天气转阴雨不要投喂，以防夜间缺氧造成消化不良，影响生长。另外，选择的颗粒饲料粒径与鱼体大小关系见表3-1。

表3-1　颗粒饲料粒径与鱼体大小关系

养殖对象	颗粒饵料的粒径（毫米）	鱼的大小	
		体重（克）	体长（厘米）
罗非鱼	0.8～1.5	1～10	3～6
	1.5～2.4	10～50	6～10
	2.5	50～500	10～23
	3.2～6.4	>500	>23

（2）整个试养殖过程中，饲料的投喂遵循“四定”原则：

①定时：每天的投喂次数、时间要确定，投喂的时间误差不得超过 30 分钟，便于鱼群形成良好的吃食习惯。

②定点：每次的投喂应坚持在固定的场所位置，投喂点设在池塘长边方向的中间位置，向池中伸出 2 米左右搭建 1 个投料台，这样有利于扩大投喂面积，便于罗非鱼的均衡摄食。如果池塘较大，可通过敲桶、击水、拍掌等声音，对罗非鱼进行驯化。

③定质：选择适口性好、营养均衡、不含抗生素及其他禁用药物，易于消化、吸收的优质饲料，不用劣质饲料或发霉变质的饲料以及其他粗饲料。

④定量：每天要保持适当的投饵量。除了下雨、闷热天气、鱼不正常活动等特殊情况外，每天的投饲量要相对稳定，随着鱼的生长，投饲量逐渐，不要相差很大。

（3）投喂量确定　目前，养殖的罗非鱼绝大多数为吉富品系，比较贪吃，投喂很长时间哪怕吃饱了也不游散，并还继续抢食，很难判断该投多少量，投饵量比其他品种罗非鱼难掌握。投多了浪费饲料，造成系数高、成本大，看到鱼还在抢食又怕鱼吃不够而长不快。

①方法一：投料率确定日投料量，可参照表 3-2。

表 3-2　投料率确定日投料量（%）

水温（℃）	鱼体重（克/尾）			
	＜50	50～200	201～500	＞500
15～17	1～2	1～2	0.5～1	0.1～0.5
17～20	2～4	2～3	1～2	0.5～1.0
20～25	4～6	3～4	2～3	1.0～1.5
25～30	6～8	4～6	3～4	1.5～2.0
＞30	4～6	3～4	2～3	1.0～1.5

②方法二：抽样检测确定投料量。

目前，大多数养殖户没有条件进行专塘培育鱼种，而是直接放养规格为 2～3 厘米的夏花养成成鱼。池塘从 2～3 厘米的夏花开始放养，放养密度为 1 200尾/亩（如果密度不同、饲料质量不同、水质状况较差的，则生长情况会有差别，数据仅作参考），平均水温在 28℃ 的情况下（测定水深 1 米处的水温），测定大规格罗非鱼的生长速度情况，以及根据生长体重计算出科学的投喂量。日投料比，参考了有关资料和大规格罗非鱼每天达到新增重所需的蛋白质水平确定。日投料比，是指每天投料量占鱼总体重的百分比（总量要按1 000尾的倍数计算）。通过试验得出大规格罗非鱼的生长及饲料投喂参考值（每1 000尾）（表3-3），不同水温下大规格罗非鱼实际饲料投喂量（表3-4）。

每周随机抽取30尾以上鱼，除了检查鱼体是否健康外，测量体重并计算平均尾重，得出平均尾重后，记录下以便观察鱼的生长情况是否和生长及饲料投喂参照值相符合。如果相符合，则以平均尾重乘以鱼塘里鱼种总数，计算出鱼总重量，然后再乘以该周期的投料比，再根据不同水温范围计算出实际投喂量，直至下周检测时间止。如生长时间与参照值表所达到的重量不相符合的，则以抽测的重量为依据，对照参照值表相近的重量档次来计算投喂量，并检查出现生长差异的原因，以便改进和总结经验。

每口池塘在塘边设一饲料台，饲料的投喂量以表3-3的数据为基础，并根据天气情况，水温、水质情况等做适当的调整。饲料的投喂不能太快也不能太慢，投得太快会导致饲料的浪费和过多的污物，投喂太慢会导致鱼之间的争斗，容易引起鳞片、鱼鳍和眼睛的损伤。另外，不适当的投喂方法会引起群体规格出现较大的差异。投喂开始时应快一点，然后减慢，并观察鱼的行为，一方面根据食欲适当增减饲料量，另一方面看鱼是否有异常行为（如摇头、浮头、游泳不正常等）。最好使用投饵机投喂，并有专人观察。每次投喂时间为1小时内，每次的投喂量以及鱼的吃食情况做好详细记录并保存。

表3-3　罗非鱼生长及饲料投喂参考体重与日投料率

养殖时间（周）	平均体重（克）	日投料率（%）	投喂次数（次/天）
1	5	5	4
2	8	5	4
3	12	5	4
4	18	4	4
5	25	4	4
6	35	3	4
7	50	3	4
8	70	3	4
9	90	3	3
10	120	3	3
11	150	3	3
12	180	3	3
13	220	2	3
14	260	2	3

（续）

养殖时间（周）	平均体重（克）	日投料率（%）	投喂次数（次/天）
15	330	2	3
16	380	2	2
17	440	2	2
18	510	2	2
19	580	2	2
20	660	2	2
21	710	1	2
22	760	1	2
23	790	1	2
24	840	1	2

表 3-4 不同水温下罗非鱼实际饲料投喂量

18～20℃	21～23℃	24～25℃	26～28℃	29～30℃	31～32℃	33～34℃	35～36℃
参考值×20%	参考值×50%	参考值×80%	参考值×100%	参考值×120%	参考值×80%	参考值×50%	参考值×20%

4. 水质管理 塘水的颜色最好保持墨绿色，透明度的理想范围是 30～45 厘米。透明度低于 25 厘米时，抽排掉部分塘水并注入新水；当塘水的透明度过大和水色较清时，相应地施放一定的生物肥等肥料，使其恢复到正常。平时尽量提高水位，增加养殖水体容量；在高温季节，坚持在晴天午后开动增氧机 1～2 小时，搅动水体。对于成鱼高密度养殖塘，在 21：00 至翌日 9：00 开增氧机，阴天增加开机时间。

5. 饲养管理 在高温季节，由于是罗非鱼生长旺盛期季节，也是鱼病多发季节，除了要加强巡塘，细心观察水质、生长等情况外，还要注意防止鱼病的发生，每个月每亩（1 米水深）用 15～20 千克生石灰兑水进行全塘泼洒；或用一次二氧化氯，对养殖水体和食物进行消毒，使用浓度为 0.25～0.3 毫克/升。整个养殖过程由于注意了鱼病的防治，因此，没有发生过明显的病害现象。

每天早、中、晚测量水温、气温，每周测 1 次 pH，测 2 次透明度，清晨、夜晚各巡塘 1 次。坚持生态养殖，按规程操作，严禁投喂违禁药物。

6. 收获与运输 大规格罗非鱼很容易应激，主要在捕捞和搬运等环境变化过程操作不当容易造成死鱼。第一次捕捞和搬运前停止投喂饲料 2 天，炼网（密集）1～2 次，第 3 天方可操作，这样基本上不会出现问题。但在高温季节，特别注意调节运输的水温和透明度不能突然变化过大，最好充 20%左右原塘水。若高温下运输，应把运输车内的水温用冰缓慢降温至 20～23℃。在捕捞过第 1 次后，基本上与其他罗非鱼一样操作。

二、大规格罗非鱼种池塘养殖

广西地区罗非鱼不能自然越冬，经过冬季保温越冬，才能培育出大规格罗非鱼种。

1. 池塘条件 宜选择避风向阳、水质清新、无污染的池塘。成鱼养殖鱼塘越大越好，以每口 10～50 亩最理想，至少有 5 亩以上，水深在 2 米以上，池塘底泥厚 20～30 厘米，不渗不漏，有方便的进、排水系统，每口塘配备1～2 台 1.5 千瓦以上的叶轮式增氧机。

2. 池塘准备 与上述池塘养殖相同。

3. 鱼种放养

（1）*放养规格* 放养越冬种的规格越大越好，最好在 0.2 千克/尾以上。这样能较快养成上市规格，并有较高的成活率。但规格越大，放养的成本会很高，占用的资金量也很大。一般情况也要放养 0.05 千克/尾以上的规格，否则放养越冬鱼种的优势不大。

（2）*放养密度* 放养大规格的越冬鱼种，一般放得较早，养殖时间相对充足，春季生长速度快，养殖周期不长，这样就为放足密度、提高产量创造了有利条件。因此，放养越冬鱼种，放养密度应达到2 000～3 000尾/亩，投放规格足够大（0.3 千克/尾以上）、换水和增氧条件较好的可达到3 500～4 000尾/亩，这样能极大地提高养殖效益。大规格越冬鱼种，一般养殖 100 天左右，即可达 600～800 克/尾以上规格。柳州地区 4 月中旬即可放养，可以赶在 8 月或之前上市，此时鱼的价格都比较高。

4. 饲养管理 与上面成鱼养殖相似。值得注意的是，水温较高、越冬种放养密度较大时，由于投料多，水质容易过浓。因此，水质调控是首要任务。主要是通过增加鲢、鳙的放养量（每亩可放鲢 100 尾、鳙 50 尾），增加换水量，增加增氧机的运转时间，提高水体溶解氧来解决。水质过浓而换水条件差时，可施放光合细菌、EM 菌等微生物制剂进行调节。

5. 收获 根据市场行情及已达上市规格的吉富罗非鱼数量，及时分批捕捞，以分稀密度，提高资金周转率。

三、罗非鱼池塘养殖病害综合防治措施

（1）使用无污染的水源，控制好养殖水质。

（2）严格选好健康鱼种放养，小心捕捞与运输操作，严格清塘消毒，鱼种下塘前进行严格消毒。

（3）定期对食台进行消毒。

（4）在越冬期间水温较低时，定期检查鱼体鱼鳃，发现有寄生虫病发生，及时泼洒鱼用杀虫药物进行治疗。

（5）高温季节，细菌性病和病毒病流行时期，每 20 天定期泼洒用二氧化氯泼洒消毒水体，可有效预防病害的发生和流行。

（6）严格执行无公害养殖病害防治制度和基地日常管理和环境卫生管理制度，选择 GMP 认证的健康药物。

（7）罗非鱼池塘养殖最常见的是细菌病，特别是近年来流行链球菌病，危害较大。其原因及防治措施如下：

【病原】无乳链球菌病。

【病症】病鱼眼球突出、混浊发白，眼眶、鳃盖内侧充血，鳍条基充血腐烂；体表乌黑或色浅，有时局部有白点或体部及尾柄处出现疖疮。剖腹，腹腔内含腹水，肠道充血、松弛，内含浅黄色黏液，肝、脾、肾脏肿胀，充血成暗红色。

【流行】一年四季均可发病，以春、夏季高温高发，病程长，可大面积暴发性流行，死亡率高。

【预防方法】彻底清塘，鱼苗种必须进行检疫后才能放养下塘。鱼种下塘前，用 1%～3%盐水溶液药浴 5～20 分钟，或浓度为 10～20 毫克/升的高锰酸钾水溶液药浴 15～30 分钟；加强饲养管理，严格控制投喂量，不能追求快长而过量投喂，保持优良水质，增强鱼体抵抗力。在高温季节，每月用二氧化氯 0.1～0.2 毫克/升全池泼洒 1 次防病。

四、典型模式实例

【实例 1】池塘主养实例

广西柳州市鱼峰区和柳城县 2 个养殖场，分别为主养 1# 池塘、主养 2# 池塘，面积共 45 亩。池塘除了放养罗非鱼外，只搭配适量的鲢、鳙滤食性鱼类，

罗非鱼放养密度为每亩2 000尾，合计亩平均利润为1 581元。

池塘主养放养情况，收获情况见表 3-5。

表 3-5　池塘主养放养情况

名　称	养殖场地址	品种	面积（亩）	放养时间	数量（尾）	规格（克/尾）	密度（万尾/亩）
主养 1# 池塘	鱼峰区洛维村	吉富	5	2013.05.02	10 000	100	2 000
主养 2# 池塘	柳城县四塘农场	吉富	40	2013.05.10	80 000	50	2 000

【实例 2】池塘混养实例

广西柳州市 5 个县 7 口池塘，面积共 124.6 亩。试验池塘除了混养 1# 池塘只配养鲢、鳙鱼外，其他池塘还混养有草鱼、淡水白鲳、斑点叉尾鮰、草鱼和鲤等，所有鱼类合计放养密度为1 000～3 000尾/亩，罗非鱼占比差别较大。在市场机制调节作用下，调整混养鱼类的比例，平衡供给，提高池塘养殖效益，这是市场经济自我调节发挥的作用。通过优化混养鱼类的密度和比例，适当降低了罗非鱼放养比例，并采用优良品种，加强了投喂和管理技术，强化了防控，没有发生链球菌病，养殖成活率有了较大的提高，鱼价格较高，效益较好。

收获情况：罗非鱼产量占 34.7%，其他鱼类占 65.3%；池塘平均产值 13 565.6元/亩，平均利润 4 103.0 元/亩（表 3-6、表 3-7）。

表 3-6　池塘混养放养情况

名　称	养殖场地址	面积（亩）	放养时间	放养品种	放养数量（尾）		规格（克/尾）	放养密度（尾/亩）
					罗非鱼	其他鱼类		
混养 1#	鱼峰区洛维村	5	2013.01.21	罗非鱼/鲢鳙	10 000	600	150/200	2 120
混养 2#	柳北区沙塘农场	6	2013.04.27	罗非鱼、草鱼	5 000	3 100	50	1 350
混养 3#	柳北区沙塘农场	4.6	2013.05.19	罗非鱼、草鱼、鲤	4 830	2 920	50/62.5	1 685
混养 4#	柳北区沙塘农场	6	2013.03.25	罗非鱼、白鲳	5 000	11 612	20/8.6	2 768
混养 5# 池塘	柳城县四塘农场	40	2013.04.09	罗非鱼、斑点叉尾鮰	38 000	80 000	25/20	2 950

（续）

名　称	养殖场地址	面积（亩）	放养时间	放养品种	放养数量（尾）		规格（克/尾）	放养密度（尾/亩）
					罗非鱼	其他鱼类		
混养 6# 池塘	鹿寨县寨沙镇	3	2013.04.20	罗非鱼、草鱼、鲤	2 000	1 080	15	1 026
混养 7#	鹿寨县寨沙镇	50	2013.04.28	罗非鱼、鲇、草鱼、鲤	20 000	74 000	20	1 880
合计		124.6			84 830	173 312		

表 3-7　池塘混养收获及效益情况

名称	养殖成本（元）	罗非鱼产量（千克）	其他鱼产量（千克）	规格（克/尾）	成活率（%）	产值（元）	利润（元）	利润（元/亩）
混养 1#	73 320	7 155	675	750～1 500	95.4	100 240	26 920	5 384
混养 2#	56 767	4 004	2 177	800～1 300	95～49	74 113	17 346	2 891
混养 3#	61 945	3 555	3 271	750～1 500	94.5～99.2	77 947	16 001	3 478.6
混养 4#	113 156	3 600	11 102	750～900	96～98	147 924	34 768	5 794.7
混养 5#	567 000	23 000	55 000	650～700	93～98	688 500	121 500	3 038
混养 6#	15 400	1 400	1 155	1 000～1 500	70～90	25 550	10 150	3 383
混养 7#	291 450	16 000	37 200	1 000～800	80～62.8	576 000	284 550	5 691
合计	11 79038	58 714	110 580			1 690 274	511 235	4 103

第三节　福建罗非鱼池塘养殖模式

池塘养殖是福建省罗非鱼养殖的主要方式，其养殖模式也因本地自然条件和市场需求而逐步完善。池塘养殖罗非鱼主要有单养和主养两种养殖方式，目前，福建罗非鱼池塘养殖主要以池塘主养方式为主导，即以罗非鱼为主要养殖品种，适当搭配少量的草鱼、鲢、鳙和淡水石斑鱼（或其他肉食性鱼类），以充分利用池塘的水体空间、天然饵料生物和人工配合饲料，提高饲料利用率，改善养殖水体水质，减少病害发生。福建省自然养殖条件下，一般有 5～8 个月的生长期。由于福建省地理气候条件等因素限制，闽南地区罗非鱼养殖生长期相对较长，6～8 个月当年的鱼种就可以养成商品鱼。闽南部分地区具备罗非鱼自然越冬的气候，通过配套标粗罗非鱼大规格鱼种，进行罗非鱼池塘两年三茬模式的养殖；而闽中、闽西北地区相对来说生长期较短，通过大规格罗非鱼越冬鱼种的配套供应，合理放养，加强饲养管理等措施，在较短的养殖周期内养成 500 克/尾以上的商品规格，平均每亩产量可达到 1 吨以上。

养殖池塘要求规格整齐，水源充足无污染，进、排水方便且独立分设，具有保水、保肥和透气性好。养殖面积以 3～10 亩为宜，水深一般要求 1.5～3.0 米，每 3～5 亩配备 1.5 千瓦的叶轮式增氧机 1 台。选择性成熟相对较晚的吉富、新吉富罗非鱼或奥尼杂交罗非鱼等品种。放养鱼种规格为 3～5 厘米的早春苗种，或大规格越冬鱼种。放养早春鱼种，苗种成本较低，当年放养可养成商品鱼，适合大规模成鱼养殖要求；越冬鱼种规格相对较大，体质好，成活率高，但苗种成本相对较高，合理放养，在当年 9 月可达到商品规格，或延长养殖周期，养成大规格商品鱼。罗非鱼鱼种的放养密度，应根据本地区气候条件，生长期的长短，池塘水源、养殖设备条件，管理水平以及计划单位产量，商品鱼出塘规格等因素综合考虑。一般早春鱼种的放养密度为2 500～3 000尾/亩，大规格越冬苗种的放养密度为2 000～2 500尾/亩。罗非鱼池塘单养模式，可适当提高放养密度；而以罗非鱼为主导养殖品种的主养模式，可适当套养 10%左右的鲢、鳙和草鱼鱼种。罗非鱼苗种放养 1 个月后，可适量放养淡水石斑鱼、乌鳢或淡水鲈鱼苗，以控制池塘罗非鱼繁育的子代。养殖过程投喂粗蛋白含量 30%的罗非鱼配合饲料，经 5～6 个月的饲养，平均产量可达到 1.2～1.5 吨。

罗非鱼池塘单养模式，养殖池塘面积较小，放养密度大，要求水源充裕，水质常年清新，适合向集约化、工厂化养殖方向发展；罗非鱼池塘主养模式的特点是，以罗非鱼为主导养殖品种，通过合理的滤食性等鱼类品种的套养和池塘生态环境调控，充分利用池塘水体容量，提高罗非鱼养殖池塘的产出率和效益。该模式适合福建省区域的标准化池塘、大水体池塘的罗非鱼养殖（图 3-1）。

图 3-1　罗非鱼主养池塘

一、池塘生态环境、生产条件和设施设备

1. 环境备件 交通方便，供电稳定，水源充足，无工业三废、农业废弃物、城市垃圾和生活污水等外围环境污染的地域，生态环境良好。环境条件应符合《无公害食品 淡水养殖产地环境条件》（NY 5361）的要求。

2. 生产条件 养殖池塘以长方形为宜，形状整齐规则，布局合理，进、排水方便且独立分设，进水口具有过滤设备，避免野杂鱼和敌害生物进入。池塘底质以壤土、沙壤土为宜，有利于保水、保肥，透气性好。养殖面积以3～10亩为宜，水深一般要求1.5～3.0米。

3. 养殖配套设施设备 养殖池塘应架设供电线路，达到塘塘通电，每3～5亩配备1.5千瓦的叶轮式增氧机1台，起到增氧、搅水作用，改良池塘水质。如排灌不便、加水困难的养殖池塘，需加大增氧机的配备密度，配备自动投饵机1台。投饵机的抛撒距离以5～8米为宜，节省人力，提高饲料利用率。养殖区需建设养殖用水及养殖污水净化处理设施，减少对环境的污染。

二、放养前的准备

池塘在放苗前必须清整消毒，放苗前半个月排干池水，清除过多的淤泥，池中水草、青苔以及池边杂草等，池塘曝晒5～7天后，用生石灰清塘消毒，生石灰的用量75～100千克/亩，生石灰加水化开后全池均匀泼洒。带水清塘消毒的养殖池塘，也可在池塘全部捕捞收获后，用生石灰或茶粕清塘消毒，消毒时尽量放低池水，每亩水面（1米水深）需要用生石灰125千克或茶粕40千克消毒。

三、鱼种放养

1. 鱼种质量 应选择有资质苗种场生产的苗种，要求放养鱼种体表光滑，体色鲜亮，并具有与成鱼相似的斑纹；体型正常，鳍条和鳞片完好无损；规格整齐；同一规格的鱼苗合格率不得低于90%；伤残率与畸形率均低于0.2%。

2. 放养时间 当池塘水温稳定在18℃以上时开始放养罗非鱼苗种，福建闽南地区一般在3月底至4月初放养，而闽中、闽西北地区一般在4月底至5

月初放养。配套放养的鳙、白鲢、草鱼等鱼种在池塘毒性消失后即可放养；而淡水石斑鱼、乌鳢或鲈等肉食性鱼类需在罗非鱼苗种入池1个月后再套养。

3. 福建省罗非鱼成鱼养殖的主要方式　目前，福建省罗非鱼成鱼养殖的主要方式，有放养3～5厘米的早春罗非鱼鱼种或8～12厘米的罗非鱼大规格越冬鱼种的一年一茬养殖模式，4～5月放养当年早春罗非鱼苗种，饲养到年底可达到500克/尾以上的上市规格；或放养罗非鱼大规格越冬鱼种，饲养到当年9月底可达到500克/尾以上的上市规格，提早上市，清塘后可用于大规格鱼种的培育，闽南养殖区域可转入越冬养殖，亦可直接饲养到年底养成750克/尾以上的大规格商品鱼。福建省罗非鱼池塘2年3茬养殖模式，配套大规格罗非鱼种的培育，通过前期密养标粗、分级分疏，在2年的时间内3次投苗饲养，3次清塘起捕罗非鱼商品鱼。可充分利用养殖池塘水体空间，缩短养殖周期，从而获得更高的养殖产量。闽西北地区罗非鱼池塘养殖，由于适宜生长期短，需要配套大规格越冬鱼种，通过合理放养，全程投喂罗非鱼配合饲料，饲养周期5～6个月，可达到500克/尾以上的商品规格。

4. 主要养殖模式罗非鱼的放养规格与密度　福建省主要养殖区域罗非鱼池塘养殖放养罗非鱼鱼种规格主要有两种，一种是由早春苗培育至4厘米以上的当年夏花苗；另一种为8～12厘米的罗非鱼大规格越冬苗种。各主要养殖模式鱼苗鱼种放养规格和密度详见表3-8至表3-11。

表3-8　罗非鱼池塘主养模式苗种放养规格与密度

放养品种	放养规格	放养密度（尾/亩）
罗非鱼	越冬苗种	2 500～3 000
	早春苗种	3 000～3 500

表3-9　罗非鱼池塘主养模式苗种放养规格与密度

放养品种	放养规格（厘米）	放养密度（尾/亩）
罗非鱼	越冬苗种	2 000～2 500
	早春苗种	2 500～3 000
鳙	14～16	30～40
白鲢	14～16	50～80
草鱼	12～14	20～30
淡水石斑鱼、乌鳢或鲈（1个月后放养）	5～8	20～30

表 3-10　罗非鱼池塘 2 年 3 茬养殖模式苗种放养时间、规格与密度

养殖茬次	品种	时间	规格（厘米）	密度（尾/亩）
第一茬	罗非鱼 鲢 鳙 淡水石斑鱼	4 月上旬	≥10 22～24 20～22 5～8	2 000～2 500 50 30 30
第二茬	罗非鱼 鲢 鳙 淡水石斑鱼	9 月下旬至 10 月上旬	≥14 22～24 20～22 5～8	2 000～2 500 50 30 30
第三茬	罗非鱼 鲢 鳙 淡水石斑鱼	翌年 6 月下旬至 7 月上旬	≥14 22～24 20～22 5～8	2 000～2 500 50 30 30

罗非鱼大规格鱼种的配套培育，是罗非鱼池塘 2 年 3 茬养殖模式中关键技术环节。大规格鱼种配套培育的具体时间、规格、密度等要求：第一茬养殖所需罗非鱼苗种，可在每年 11 月越冬前由全长 3～5 厘米的秋苗，按 6 万～8 万尾/亩入池培育，要求翌年 4 月出塘苗种规格全长 10 厘米以上。

第二、三茬养殖所需大规格罗非鱼苗种，可由当年早春苗或夏季苗培育而成，一般放养 3～5 厘米鱼苗 1 万～1.5 万尾/亩，培育至 14 厘米以上。

表 3-11　闽西北地区罗非鱼池塘养殖放养模式

品　种	放养时间	规格（厘米）	放养量（尾/亩）
新吉富罗非鱼	4 月下旬至 5 月上旬	15	1 800～2 000
鲢	2～3 月	15～20	100
鳙	2～3 月	15～20	50
草鱼	2～3 月	16～25	100

5. 饲料投喂　以投喂颗粒配合饲料为主，并经常添喂浮萍等青饲料，以促进生长，配合饲料粗蛋白含量要求在 28%以上。鱼种下塘 2～3 天后，开始投喂粉状配合饲料，投喂时间在每天 8：00～11：00 和 14：00～16：00。每天投喂 3～4 次，每次 30～45 分钟，开始时沿着池塘四周投喂，以后每天逐步向饵料台或饲料投喂区域靠拢投料，待 80%以上的鱼集中到饲料台或饲料投喂区域周围，即可定点投喂。罗非鱼规格达 50 克/尾以上时，改投颗粒饲料，投喂颗粒饲料的大小要适口，可人工投喂或采用自动投饵机的投喂，饲养过程

不同规格罗非鱼的投喂量、投喂次数见表3-12。

表3-12 罗非鱼规格、投喂量、投喂次数

规格（克/尾）	饲料要求	粗蛋白含量（%）	投饵率（%）	每天投喂次数（次）
50以下	粉状饲料	35	6～8	4
50～100	1.5毫米颗粒饲料	30	5～6	3
100～200	2.2毫米颗粒饲料	28	3～5	2～3
200～400	3.0毫米颗粒饲料	28	2～3	2～3
400以上	4.0毫米颗粒饲料	28	1.5～2	2

饲料投喂需做到“定时、定位、定质、定量”的原则，并根据鱼的摄食和活动情况以及天气、水温和池塘水质情况调整投喂量。天气晴朗，水温高，水质良好，鱼群食欲旺盛，可适当多投喂；阴雨天气，水温低，鱼群食欲不旺，应减少投喂量；雷雨天气或天气闷热，应停止投喂。使用的饲料必须符合《无公害食品 渔用配合饲料安全限量》的规定，饲料添加剂符合《饲料和饲料添加剂管理条例》的规定。

6. 水质调控 养殖过程中应对养殖池塘水质进行定期检测，及时掌握水质变化情况。通过不同方法调节水质，保持水体肥、活、嫩、爽，维持水体适宜透明度30厘米左右，保证丰富的溶氧含量，池塘溶解氧含量一般要求在4毫克/升以上，pH 7.0～8.5，氨氮小于1毫克/升，亚硝酸盐小于0.1毫克/升，分子氨浓度小于0.02毫克/升。罗非鱼池塘养殖过程应保持的水质指标见表3-13。饲养过程还需看水施肥，以增加水体中的浮游生物数量，补充人工配合饲料以外的营养成分，降低饵料系数。

表3-13 罗非鱼养殖应保持的水质指标

环境参数	适宜范围	最适范围
水温（℃）	20～35	26～30
透明度（厘米）	20～50	25～30
溶解（毫克/升）	3～5	＞5
pH	7.0～9.0	7.5～8.0
氨氮（毫克/升）	＜1	—
亚硝酸盐（毫克/升）	＜0.1	—

养殖过程应采取有效措施对池塘水质进行调控，稳定和改善养殖生态环境，水质调控主要措施有：

（1）使用生石灰、二氧化氯等进行水质调控　当池水氨氮含量较低时，可使用生石灰调节池水酸碱度。当池水氨氮含量高于1毫克/升时，慎用生石灰，以免加大水体分子态氨的毒性。一般情况下，水温和pH越高，氨氮毒性越强，这也是鱼类为什么在高温季节、当池水pH高于9时，容易发生氨中毒的原因。在水体pH小于7时，每亩（水深1米）泼洒生石灰7.5～15千克进行水质调节。另外，可根据池水水质情况适时泼洒0.3毫克/升二氧化氯，起到预防性消毒和改善池水水质的作用。

（2）科学合理使用增氧机　合理使用增氧机可增加水体溶氧量，消除水中有害气体，促进水体对流交换，改善水质条件。一般增氧机的合理使用要根据池塘的水质、天气变化等情况，正确掌握开机时间，做到“五开三不开”原则。“五开”：晴天时午后开机，一般在13：00～15：00开机，开机时间的长短以完成水层的垂直混合为原则，1～2小时为宜。此时开机的目的是通过搅水、喷水，打破水的热分层，消除水的氧债，提高整个水体氧的储备；阴天时翌日清晨开机，由于阴天光合作用较弱，一般在翌日3：00～5：00（黎明前）鱼就可能出现浮头，此时要及时开启增氧机。开机的时间长短，可根据增氧机的工作效率和鱼的活动情况等来确定，一般情况下一直开机到日出；阴雨连绵时半夜开机，连续阴雨天因池水中浮游植物光合作用很弱，池中氧债得不到缓解，鱼类较长时间处在低溶氧条件下，夜间浮头时间就会提前，因此，一般在半夜前后就要开机增氧，并且一直持续开机到日出或鱼不浮头时为止；下暴雨时上半夜开机，如傍晚前后出现暴雨，因表层水（雨水）较底层水比重大而下沉，打破了水的分层，使表层水和底层水发生上下垂直混合对流，这样底层的有机物就会上升到上层水体中，这些有机物的分解就会消耗该水层中的氧气（这时水中的植物又停止了光合作用），使中上层水中的溶氧量急剧下降，造成全池溶氧不足，从而就会引起鱼的浮头或泛塘。因此，在傍晚前后下暴雨时，一定要特别警惕和注意，一般在上半夜鱼浮头前就应开机增氧，否则，等鱼已出现浮头现象时再开机增氧，往往因开机太慢而来不及抢救，造成浮头缺氧死鱼情况；特殊情况下随时开机。出现天气突变和水肥鱼多等原因引起鱼类浮头时，可灵活掌握开机时间，防止严重浮头或泛塘发生。“三不开”：早上日出后不开机，日出后水中植物的光合作用在逐渐增强，溶氧在不断增加，此时开机虽说可使空气中的氧气溶于水中，但由于水的上下垂直混合，将表层的浮游植物带到光线很弱的深水层，使光合作用减弱，氧的生产量减少，其结果是事倍功半得不偿失；傍晚一般不要开机，通常傍晚水中溶氧比较充足，此时不但没有开机的必要，而且开机还会促使池水的提前垂直混合，加快中上水层氧的消耗；阴雨天白天不要开机，由于阴雨天光线不足，植物的光合作用较弱，水表层溶氧不会过饱和，因此，此时开机没有积极作用，相反还会将浮游植物带到底层，降低了浮游植物的光合作用，从而使氧的生产量减少。

（3）使用微生态制剂调节水质　通过使用EM复合菌、芽孢杆菌、光合细菌和硝化菌等微生态制剂，可有效降解池塘水体中有机质、氨氮和亚硝酸盐等有害物质，抑制有害藻类及致病菌等的滋生，保持良好的水质条件，提高养殖对象的抗病能力，既能提高养殖经济效益，又能确保水产品质量安全、保障生态安全，达到水产养殖过程节能减排的目的。

微生态制剂使用前应先净化水环境，杀虫杀菌以减少这些有益微生物的天敌和竞争者，以便其使用后能迅速成为优势种群；杀虫杀菌3天后再用微生态制剂，用后一般3天内不换水，或尽量少换水。各种微生态制剂主要作用及使用注意事项见表3-14。

表3-14　各种微生态制剂的作用与注意事项

微生态制剂名称		主要作用	使用时注意事项
光合细菌		可有效降低水体氨氮、硫化氢等净化水质；光合细菌本身营养丰富，可以促进动物生长和提高免疫力	应用注意在晴天上午用，且水温不能太低，一般要求水温20℃以上。避免与消毒剂同时使用，至少间隔3天以上
硝化菌	亚硝化单孢菌	可控制养殖池水自生氨浓度，除氨效果迅速	亚硝化单孢菌可将氨或氨基酸转化为亚硝酸盐，其生长不需有机生长因子，严格好氧和专性化能自养细菌。其生长pH为5.8～8.5，温度为5～30℃。避免与消毒剂同时使用，至少间隔3天以上
	硝化杆菌	可控制养殖池水自生氨浓度，除氨效果迅速	硝化杆菌将亚硝酸盐转化为硝酸盐，好氧和兼性化能自养，生长pH 6.5～8.5，温度5～40℃，在生产中普遍存在硝化杆菌转化不力现象，有必要定期少量补充硝化杆菌和长期保持较高的溶解氧。避免与消毒剂同时使用，至少间隔3天以上
芽孢杆菌		该菌为好气性细菌，当养殖水体溶解氧高时，其繁殖速度加快，分解大分子有机物的效率提高，因此在泼洒该菌的同时，须尽量同时开动增氧机，以使其在水体繁殖迅速形成种群优势	使用芽孢杆菌前须先活化，采用本池水加上少量的红糖或蜂蜜，浸泡4～5小时后即可泼洒，这样可最大限度提高芽孢杆菌的使用效率。避免与消毒剂同时使用，至少间隔3天以上

（续）

微生态制剂名称	主要作用	使用时注意事项
复合菌制剂	新型复合微生物制剂由光合细菌、乳酸菌、酵母菌等5种10属80余种有益菌种复合而成。菌液内包含有酵母菌、芽孢杆菌、乳酸杆菌等，能降低水中氨氮、硫化氢、亚硝酸盐和多种小分子有机物	使用时对光照要求不强（阴雨天可用），避免与消毒剂同时使用，至少间隔3天以上

（4）加注新水、换水　定期加水，维持池塘正常水位，池塘水质过肥时，可通过换水排放底层污水，保持池水透明度在30厘米左右，维持和稳定池塘水质条件。排放的养殖污水需经净化后才可排放。

（5）培育并保持养殖水体良好藻相　育藻肥水，是水产养殖中培养优良养殖水体环境的一个重要技术环节。通过合理施肥、科学使用微生态制剂、适时适量换水等措施，培育养殖水体良好藻相，既可稳定水质，增加水体溶解氧含量，降解有毒有害物质，又可在一定程度上抑制病原生物的繁殖，养殖水体中的浮游生物还可作为鱼类的天然生物饵料，提高养殖经济效益，又保护生态环境。

7. 日常管理

（1）按照国家及行业的安全生产管理要求，优化养殖生产条件，规范种苗、饲料、渔药、添加剂等投入品的使用，做好养殖生产管理工作。

（2）每天早、中、晚巡塘，观察鱼的活动情况、水色、透明度、水位变化，严防缺氧浮头，发现异常情况及时处理；检查进出水口设备和塘埂，防止渗漏、逃鱼。

（3）建立养殖生产日志和养殖档案，做好详细生产记录。

8. 病害防控　坚持以“预防为主、防治结合”的综合控制原则。主要措施有：一是在鱼种放养前用0.2%的食盐水浸泡30分钟消毒，苗种入池时细心操作，避免鱼体受伤；二是不投喂发霉、变质的饲料，提高鱼体自身对疾病的抵抗能力；三是通过使用微生态制剂和加注新水或换水等措施调控水质；四是在高温和鱼病易发季节，根据发病规律定期投喂添加维生素C等药物的饲料；五是定期进行水体预防，在病害多发季节，每15天使用漂白粉或生石灰进行水体消毒，使用剂量为漂白粉每立方水体1克或生石灰每亩水面20千克，全池泼洒。疾病发生时对应症下药，不滥用渔药，杜绝使用国家禁用渔药，严格遵守《无公害食品　渔用药物使用准则》的规定。

9. 起捕上市　按“捕大留小、轮捕上市”的原则，对达到上市规格的成鱼可先行起捕，做到均衡上市；当成鱼体重90%以上达上市规格时，即可全部起捕。水温低于15℃时，应及时清塘起捕。商品鱼捕捞前2～3天应停止投喂饲料，并适当降低水位，方便人工操作，同时，注意防止池鱼缺氧浮头。需长途运输的商品鱼在捕捞前1～2天应先拉网锻炼。出池成鱼休药期应严格按照《无公害食品　渔用药物使用准则》（NY 5071）的相关规定执行，质量应符合《无公害食品 水产品渔药残留限量》（NY 5070）、《农产品安全质量　无公害水产品安全要求》（GB18406.4）的规定。

四、典型模式实例

【实例1】南靖县靖城镇草前村林洪进养殖户，2012年在池塘主养新吉富罗非鱼，池塘面积21亩，平均水深2.5米，池底平坦，淤泥厚度小于20厘米；配置了1.5千瓦的叶轮式增氧机3台，自动投饵机1台，放苗前半个月清干池底，用生石灰100千克/亩消毒，曝晒塘底10天左右再放水，待水体毒性消失后开始放苗。放养10～12厘米规格的新吉富罗非鱼越冬鱼种，另搭配适量的配套家鱼品种。养殖过程以投喂罗非鱼专用配合颗粒饲料为主，按照罗非鱼池塘健康养殖标准规范的操作规则，投饲做到“定时、定点、定质、定量”。主要抓好池塘水质调控，养殖过程中定期对养殖池水水质进行检测，养殖过程始终保持水体肥、活、嫩、爽，控制水体透明度25～30厘米，溶解氧含量在4毫克/升以上。每隔15天定期加注新水1次，定期交替全池泼洒生石灰或漂白粉，改善池塘水质，每天清晨和午后各开启增氧机2小时左右，高温季节适当延长开机时间。在病害流行季节，定期内服大蒜素、维生素C等药物，拌料投喂进行预防，提高鱼体的抗病力。成鱼出塘前，按照渔用药物使用准则规定，严格遵守休药期。养殖期自4月7日至10月25日，共计饲养202天，养殖总产量37 183千克，平均产量1 770.6千克/亩，罗非鱼产量占总产量的79.4%，平均规格1 010克/尾，平均全长35.87厘米。放养、收获情况见表3-15。

【实例2】2011年4月至2013年4月，在漳州市龙文区黄东坡养殖场、南靖县宋月成养殖场开展了新吉富罗非鱼池塘2年3茬养殖。成鱼养殖池塘面积69亩，配套苗种培育池6亩。其中，黄东坡养殖场成鱼养殖池塘面积26亩，

表 3-15　2012 年新吉富罗非鱼池塘主养模式放养、收获情况

养殖户	面积（亩）	养殖品种	放养密度（尾/亩）	投苗量（万尾）	规格（厘米）	总产量（千克）	各品种产量（千克）	单产（千克/亩）	罗非鱼比例（%）	规格（克/尾）
林洪进	21	罗非鱼	2 190	4.6	10～12	37 183	29 530	1 770.6	79.4	1 010
		鳙	48	0.1	14～16		2 156			2 200
		白鲢	95	0.2	16～18		2 550			1 360
		鲫	95	0.2	5～6		516			310
		鲤	48	0.1	6～8		1 733			1 900
		草鱼	24	0.05	14～16		600			1 500
		石斑鱼	30	0.06	5～8		98			100～200

配套苗种培育池 2 亩；宋月成养殖场成鱼养殖池塘面积 44 亩，配套苗种培育池 4 亩。每1 000$米^2$ 水面配备 1.5 千瓦的增氧机 1 台，每口池塘均配有自动投饵机。投喂粗蛋白含量 30%以上的罗非鱼配合饲料，辅以青菜叶、浮萍等青饲料。早期投饲率为鱼总体重的 5%～6%，中期为 3%～4%，养殖后期为 1.5%～2%，并根据天气、池塘水质条件、鱼的摄食等情况灵活掌握。按“定时、定位、定质、定量”的原则进行投喂管理。做好池塘水质调控，定期使用 EM 复合菌 1.5 毫克/升浓度原菌液全池泼洒。通过微生态制剂的使用，增强水的活力，降低水中氨氮、亚硝酸盐等有毒有害物质的含量。第 1 茬于 2011 年 4 月开始，饲养至当年 10 月起捕；第 1 茬起捕清塘后开始第 2 茬养殖，饲养至 2012 年 6 月养成起捕；第 2 茬起捕清塘后开始第 3 茬养殖，饲养至 2013 年 4 月养成起捕。罗非鱼池塘 2 年 3 茬养殖模式鱼种放养时间、规格和密度见表 3-16，收获情况详见表 3-17。新吉富罗非鱼池塘 2 年 3 茬养殖模式平均产量达到1 637.7千克/亩，罗非鱼产量占总产量的 83.1%，罗非鱼平均规格达 665 克/尾，平均饲料系数为 1.38。

表 3-16　罗非鱼池塘 2 年 3 茬养殖模式鱼种放养时间、规格、密度

养殖茬次	放养品种	放养时间		放养规格（厘米）	放养密度（尾/亩）
		黄东坡养殖场	宋月成养殖场		
第 1 茬	新吉富罗非鱼	2011.05.10	2011.04.02	10～12	2 250
	鲢	2011.05.07	2011.04.01	22～24	50
	鳙	2011.05.07	2011.04.01	20～22	30
	鲤	2011.05.08	2011.04.02	10～15	60
	鲫	2011.05.08	2011.04.02	15～20	60
	淡水石斑鱼	2011.05.28	2011.04.20	5～8	30

（续）

养殖茬次	放养品种	放养时间		放养规格（厘米）	放养密度（尾/亩）
		黄东坡养殖场	宋月成养殖场		
第2茬	新吉富罗非鱼	2011.10.28	2011.10.19	14～16	2 400
	鲢	2011.10.26	2011.10.18	22～24	50
	鳙	2011.10.27	2011.10.18	20～22	30
	鲤	2011.10.28	2011.10.16	10～15	60
	鲫	2011.10.26	2011.10.16	15～20	40
	淡水石斑鱼	2011.11.22	2011.11.12	5～8	30
第3茬	新吉富罗非鱼	2012.06.27	2012.06.18	14～16	2 500
	鲢	2012.06.25	2012.06.18	22～24	50
	鳙	2012.06.25	2012.06.18	20～22	30
	鲤	2012.06.25	2012.06.18	10～15	50
	鲫	2012.06.25	2012.06.18	15～20	30
	淡水石斑鱼	2012.07.20	2012.07.09	5～8	30

表 3-17 2年3茬养殖模式成鱼收获情况

养殖茬次	养殖品种	黄东坡养殖场				宋月成养殖场			
		总产量（千克）	各品种产量（千克）	平均规格（克/尾）	单产（千克/亩）	总产量（千克）	各品种产量（千克）	平均规格（克/尾）	单产（千克/亩）
第1茬	新吉富罗非鱼	39 847	31 948	650	1 533	68 000	55 840	620	1 581
	鲢		2 778	2 136			4 329	2 064	
	鳙		2 295	2 940			3 529	2 680	
	鲤		2 172	1 415			3 327	1 485	
	鲫		495	315			713	385	
	淡水石斑鱼		159	210			262	205	
第2茬	新吉富罗非鱼	40 950	33 540	680	1 575	70 140	58 546	666	1 631
	鲢		2 703	2 120			4 032	1 880	
	鳙		2 301	3 200			3 608	2 800	
	鲤		2 113	1 450			3 361	1 410	
	鲫		183	240			356	260	
	淡水石斑鱼		110	195			237	200	
第3茬	新吉富罗非鱼	45 834	39 088	680	1 752	74 030	62 858	694	1 722
	鲢		2 514	2 000			4 158	2 200	
	鳙		2 260	2 900			3 736	3 000	
	鲤		1 690	1 550			2 801	1 350	
	鲫		137	225			227	215	
	淡水石斑鱼		145	200			250	215	

第四节　云南罗非鱼池塘养殖模式

自20世纪70年代罗非鱼引入云南以来，深受广大消费者喜爱，养殖面积也逐步扩大。自西双版纳州最先开始池塘养殖后，逐步推广到普洱市、德宏州、临沧市、红河州等多个州市。2011年以前，池塘养殖一直作为主要的罗非鱼生产方式，为省内消费市场提供商品鱼。

由于省内各州市自然条件的差异和消费习惯的不同，云南省罗非鱼池塘养殖模式也多种多样。从养殖品种看，从最早的莫桑比克罗非鱼，到现在以“吉富”、“新吉富”为主，多品种兼有；从养殖结构看，既有单养，也有套养。从原来的套养常规鲢、鳙、鲤、草鱼的方式，近年来套养丝尾鳠、笋壳鱼、淡水蓝鲨的养殖模式也有开展；从生产方式来看，1年养1造的方式仍然占据主流，但是在具备较好自然条件的景洪市等地，采用标粗大规格鱼种的技术，1年养1～3茬的养殖方式也得到推广应用；从养殖区域分布看，原来依靠平坝开挖池塘，现在已逐渐向山区、半山区转移；从技术手段看，由传统浅塘、密养、出塘规格小逐步向深塘、稀养、出塘规格大的精养方式发展。

普洱市、景洪市是云南最早进行罗非鱼养殖的区域，也是省内罗非鱼养殖水平较高的区域，省会昆明一带罗非鱼基本依赖于该区域的生产。目前，该区域主要以1年1造的方式养殖，养殖池塘因地制宜。但池塘通常开挖5米左右，成鱼养殖蓄水往往超过3米，于每年4月中旬后鱼种入池进行养殖，以罗非鱼为主适当搭配其他鱼类养殖，每亩年产商品鱼超过1.5吨。

一、池塘养殖

1. 池塘的选择　随着各地经济社会的发展和城镇化建设的推进，城市周边池塘逐步减少，大量养殖户迁往山区、半山区修建池塘，在景洪市和普洱市交界的大渡岗一带，甚至开始出现在原有山地茶场开挖鱼池的发展趋势（图3-2）。因此，只要气温、水温适合于罗非鱼生长，因地制宜地开挖池塘，都可以从事养殖生产。但是养殖罗非鱼的池塘一定要交通方便、水电充足、排灌方便，水源水质没有污染。池塘面积可大可小，一般来说以5～20亩为宜，要求池底平坦，塘基坚固，保水性能好，池塘水深最好在2.5～3米。

2. 配套设施　为保证溶氧充足，每口池塘都应该配备增氧机，数量根据

图 3-2　景洪市大渡岗山区正在开挖的池塘

面积确定。通常，每 8～10 亩池塘需配备 1 台 3.0 千瓦的叶轮式增氧机。

为保证均匀摄食，每口池塘至少应配备自动投饵机 1 台，架设于延伸到池塘中的食台上。

为避免临时断水、停电造成损失，还应配备发电机 1 台。

3. 放养前的准备　在鱼种放养前，必须充分进行清塘消毒。清塘的目的在于彻底灭杀塘中的病菌、寄生虫和混入养殖池内的凶猛鱼类。其步骤包括排水、晒塘、注水和消毒处理。采取生石灰清塘的方式较为普遍，方法是塘水保持 0.5 米左右水深，每亩放生石灰 150 千克，化浆全塘泼洒。清塘后 3 天内不要加进新水，以免影响清塘效果。鱼种入池前 1 周加注新水，初期不必灌满水，可逐步加注。

4. 鱼种放养与搭配

（1）放养时间　每年到 4 月中、下旬，当水温回升并稳定在 20℃以上时，即为鱼种的理想投放时间。

（2）放养密度　应该根据水源、水深以及养殖方式及养殖技术的高低而灵活掌握。目前，较为常见的做法是，主养池塘一般每亩放养 50～80 克/尾鱼种的越冬鱼种2 000～2 500尾，可以保证出塘时个体重 800 克以上的罗非鱼占出塘鱼总量的 80%以上，售价较高，养殖效益更有保障。

（3）合理套养　罗非鱼成鱼养殖时，适量混养其他鱼种，可以起到充分利用池塘空间和合理生态布局的作用。省内养殖户一般每亩成鱼池同时投放大规模的草鱼 30～40 尾、花鲢 15～20 尾、白鲢 40～50 尾，也有搭配少量的鲤、鲫等进行养殖。

2010年以来，部分养殖户尝试套少量养丝尾鳠（图3-3）、笋壳鱼、淡水蓝鲨等经济价值高的品种，取得不错的经济效益，也值得推广。

图3-3 用于套养的云南特有品种——丝尾鳠

5. 喂养与管理

（1）饲料投喂 鱼种进入成鱼养殖池第2天便可开始投喂，投喂时要使用自动投饵机，开始时少量投喂，经过几天适应期，鱼类逐渐集群抢食，再以正常需要量投喂。

在高密度精养条件下，应以投喂全价配合饲料为主，尽量使用罗非鱼膨化浮性饲料。进入成鱼养殖阶段，饲料蛋白以不低于28%为宜。注意根据鱼体生长情况适时调整投喂饲料的粒径，做到大小适口。

罗非鱼的最佳生长温度为25～30℃，在这个温度范围内，要尽可能地满足其对饲料的需求。通常每天开机投喂2次，9：00～10：00、15：00～16：00各1次。一般根据鱼体的规格来确定日投饵率，成鱼养殖阶段日投饵率为2%～4%，但要根据天气、水温、水质、鱼的食欲情况灵活调整。每10～15天，要根据存鱼量调整1次投喂量。

（2）水质调控 罗非鱼成鱼养殖的池塘，透明度要求保持在25～30厘米。鱼种下塘后可根据具体情况调节，方法有传统的施肥调水，也可选用市售光合细菌、硝化细菌和底改制剂等调节水质，可以有效降解水中的有害物质，使水质清爽，溶氧高，有利鱼类生长，同时减少鱼肉中的泥腥味。

养殖早期，由于塘中载鱼量少，可以少加水或不加水。在高温季节，要勤换水。尽量每周换水1～2次，每次换去池水的1/4～1/3，这也可以使池水保持良好的水质。养殖的中、后期及高温季节，早上极易发生浮头现象，还应定期开机增氧。

（3）日常管理 在日常管理中，坚持经常巡塘检查，注意观察鱼群活动、摄食情况及水色、水质等，除适时开机增氧和加换池水外，还需保持池塘清洁和安静，及时清除池中残饵和污物，创造良好的养殖环境，密切注意水温和气温的变化情况，每月用生石灰、二氧化氯、漂白粉等药物全池泼洒1～2次，有利于水质调节和消毒。

（4）鱼病防治 近年来，罗非鱼病害发生较多，以链球菌病为甚，虽然省内池塘养殖病害损失远远低于其他发达省份，但必须密切注意。病害防治要坚持“以防为主、防治结合”的原则，一旦发现病害，及早治疗，尽量减少损失。

二、典型模式实例

【实例】思茅区具有养殖罗非鱼传统，但多年来多数养殖户习惯采取一次投苗、统一出塘养殖的方式。2011年，昆明综合试验站与区水产站共同制订试验方案，进行培育大规格苗种再投放到成鱼塘养殖试验。

试验示范工作选取南屏镇整碗村李福敏鱼塘为示范塘（图3-4）。该示范塘共有4口，面积50亩。其中，苗种塘1口，约5亩；成鱼塘3口，分1号、2号、3号塘，1号塘面积20亩，2号塘10亩，3号塘15亩，池塘平均水深

图3-4 思茅区南屏镇整碗村李福敏鱼塘

2.5 米，塘主有 3 年成鱼生产经验。池塘水质良好，符合渔业用水标准。

试验示范工作从 2011 年 4 月初开始，利用苗种塘进行苗种培育，于 6 月 8 日，长至平均规格 31 克/尾转入成鱼塘养殖。至 2011 年 11 月 10 日，示范塘 1 号、2 号出塘销售完毕，养殖结果是：养殖 152 天，30 亩示范塘罗非鱼的平均体重 460 克。其中，450 克以上个体达 65%，最大个体 650 克，平均亩产罗非鱼1 375千克。两塘共收入510 190元，支出398 190元，利润112 000元，平均饵料系数 1.53。

第五节　北方地区罗非鱼池塘养殖模式

北方地区罗非鱼不能自然越冬，生长期在 4 个月左右，最好的商品规格在单尾重 600～750 克，均需选择规格在 50 克/尾以上的鱼种，亩产在1 300～1 800千克，个别地区池塘亩产能够达到2 500千克以上，拥有地热资源的地区，越冬温室方式养殖罗非鱼成鱼亩产可以达到 2 万千克以上，全程投喂配合饲料。除少数池塘搭养鲇、淡水白鲳外，基本为单养模式。北京批发市场是北方地区最大的罗非鱼成鱼集散地，是所有养殖户最主要的销售地，在很多地方，当地也有一定规模的零售市场，售价要远远高于批发价。

一、池塘养殖

1. 池塘

（1）养殖环境　选择生态环境良好、无或不直接受工业“三废”及农业、城镇生活、医疗废弃物污染的水域（地域）；并且周围方圆 5 千米范围内，没有对养殖区域环境构成威胁的工业“三废”及农业、城镇生活、医疗废弃物污染的水或污染源。

（2）池塘条件　北方地区罗非鱼养殖池塘面积大部分在 2～5 亩，池塘走向东西长、南北宽，一般比例在 5∶3，池壁修建护坡，坡度在 1∶2.5，池塘深度在 2.5 米左右，池塘做好防水，沙质底需铺设土工膜，非沙质底用三合土即可，进、排水分开设置。

2. 辅助设施　池塘需架设增氧机，2～3 亩池塘 1 个增氧机即可，5 亩以上池塘需 2 台增氧机，还需要有备用增氧机，以备出故障时及时替换；饲料投喂需配备投饵机，为保障生产安全，稍具规模的养殖场最好配备发电机。

3. 养殖前的准备工作

（1）养殖池准备　池塘使用前要消毒，消毒剂选用强氯精（三氯异氰脲酸）、漂白粉或生石灰，使用剂量分别为 1～1.5 千克/亩、10～15 千克/亩、100～120 千克/亩。使用方法是溶于水后全池泼洒，消毒 3 天后加水至 1 米，然后每亩施腐熟的粪肥 300～400 千克，加水 7 天后可放苗。

（2）鱼种选择　目前，养殖的主要品种为吉富罗非鱼、奥尼罗非鱼和吉奥罗非鱼，其他品种不推荐养殖，尽量采用经国家或省级认证的良种场苗种，以保证苗种质量。鱼种的规格选择也很关键，主要根据销售策略来选择。如果是准备把垂钓作为主要销售手段，就需要选择规格较大的品种，一般垂钓用户选择的规格都在 150 克/尾以上，经 2 个月左右养殖达到垂钓规格；如果把批发市场作为销售对象，选择的规格就较多了，可以选择较大规格提前上市获得较好的售价，也可以选择较小规格，降低鱼种成本。在 9 月中下旬集中上市，最小放养规格推荐在 50 克/尾以上的鱼种。

（3）鱼种放养　北方地区池塘养殖罗非鱼放养时间一般都在 5 月 20～30 日，温度已经稳定达到 18℃以上，放养前要用 3%～5%的食盐水浸浴鱼体5～10 分钟。放养密度在2 000～3 000尾/亩，养殖技术较好地区也有放养4 000尾/亩以上。由于罗非鱼雄性化率不可能达到 100%，为控制养殖中期产苗造成的饲料浪费，一般可根据地区情况，放养凶猛鱼类，北方一般以鲇为主，每亩放养 20～50 尾就可以满足需求。为调节水质，还需每亩放养 30～50 尾鲢。

4. 养殖期间的管理

（1）日常管理

①水质管理：保证养殖水体溶解氧在 3 毫克/升以上，夏季一般 21：00 至翌日 3：00 开启增氧机，阴天时根据溶氧情况择机开启增氧机；鱼种放养后逐渐加水至 2 米以上，并保持此水深至养殖季节结束，水源丰富地区每 20 天左右换水 20%，视水质情况可泼洒益生菌改善水质，一般选择枯草芽孢杆菌、光合细菌等，用量根据厂家说明使用。

②安全管理：在生产期间必须安排人 24 小时值班，停电 10 分钟内要及时发觉，30 分钟内必须启动发电机并开启增氧机。

（2）饲料投喂　主要采用投饵机，饲料选用经认证的全价配合饲料，最好选择临近的饲料厂，方便加工药饵且质量稳定。饲料注意保存好，不要使用发霉变质的饲料。鱼苗规格在 50 克/尾前每天投喂 6 次，之后每天投喂 3～4 次。投喂时不停开增氧机，投喂量根据吃食状况，50 克/尾以上为鱼体重 5%～8%，

50 克/尾以下逐渐降为 3%。膨化饲料使用投饵机，沉性饲料可选择人工投喂。

5. 病害防治

（1）疾病预防　鱼类发生疾病通常与水环境恶化和鱼体免疫力下降有关，最好的方法是保持池塘水环境稳定并增强鱼体免疫力。通用的措施是，每 7 天喂 1 次药饵，主要用大蒜素和渔用维生素 C、维生素 E，饲料中添加复合益生菌，主要为乳酸菌、纳豆菌和芽孢杆菌等。配比根据养殖阶段，按照厂家建议执行。

（2）常见鱼病防治

①运动性气单胞菌病：

【病原】为嗜水气单胞菌。该菌广泛存在于正常鱼肠道中和池塘水中，属于条件致病菌。

【症状与诊断】患病早期，从外观观察，病鱼的口腔、腹部、鳃盖、眼眶、鳍及鱼体两侧呈轻度充血症状。剖开腹腔，肠道内尚见少量食物。随着病情的发展，上述体表充血现象加剧，肌肉呈现出血症状，眼眶周围充血，眼球突出，腹部膨大、红肿。剖开腹腔，明显可见腹腔内积有黄色或红色腹水，肝、脾、肾肿大，肠壁充血，充气且无食物。鳃灰白色显示贫血，有时呈紫色且肿胀，严重时鳃丝末端腐烂。3～4 月，体表发炎充血显著，头、嘴、鳃盖、眼眶等部位以及体表两侧、腹鳍下和尾柄处为甚，有的病鱼可见突眼、鳃贫血、内脏器官伴有不同程度的发炎，有时也可见到肠道内充气肿胀。5 月后，病鱼体表呈现鳃盖下缘、鳍基和内脏充血发炎，有时口腔、肌肉也同时充血发炎。

【流行与危害】此病流行季节长，从 2 月底至 11 月，水温在 9～36℃均有流行，其中，尤以水温持续在 28℃以上及高温季节后水温仍保持在 25～37℃最为严重。6～10 月是该病的暴发流行季节，从鱼种到成鱼均易受到伤害，发病率高，流行期间发病率可达 50%～78%，发病严重时可达 100%；死亡率为 52%～100%。发病类型可分为急性和慢性。急性发病的罗非鱼多在 7 天之内死亡，慢性发病的罗非鱼则在 14～60 天后出现死亡。如遇到连续阴雨天后突然放晴，气温急骤升高，水体环境恶化，更易暴发此病。各种养殖方式的水域均有发病。

【预防与治疗方法】挖除过多淤泥，彻底清塘消毒，注意经常换水，保持水质良好；用漂白粉（含氯量 30%）进行全池泼洒，浓度为 0.3～0.4 毫克/升，每 3 天泼 1 次，连用 3 次。

②细菌性肠炎病：

【病原】为肠型点状气单胞菌。

【症状与诊断】生病时鱼体发黑，食欲减退，直至完全不吃食。病鱼离群独游于水面，反应迟钝。疾病早期剖开肠道，可见肠壁局部充血发炎，肠管内没有食物或只在肠后段有少量食物和淡黄色黏液，肛门红肿。严重时腹腔内充满淡黄色的腹水，整个肠壁因瘀血而呈紫红色，肠管内黏液很多，拎起病鱼的头部，即有黄色黏液从肛门流出。

【流行与危害】全国各地都有发生，从鱼种到成鱼都可受害。流行时间为4～10月，水温在18℃以上开始流行，25～35℃时为流行高峰，死亡率50%左右，严重时可达90%。主要是养殖过程中使用劣质饲料，引起鱼的食欲差，造成鱼体抵抗力下降，导致该菌大量繁殖，暴发鱼病。

【预防与治疗方法】鱼种放养前，用生石灰或漂白粉彻底清池消毒，养殖过程中不投喂劣质饲料；发病季节，每隔15天用漂白粉或生石灰在食场周围泼洒消毒；发病时，每千克鱼体重用大蒜10～30克或大蒜素0.2克拌饵投喂，连用4～6天。

③烂鳃病：

【病原】为柱状屈桡杆菌。

【症状与诊断】病鱼体色发黑，游动缓慢，对外界反应迟钝。病鱼鳃盖内表面的皮肤充血发炎，严重时鳃盖中间常常烂成一圆形或不规则的透明小窗；鳃丝上黏液增多，鳃丝肿胀，鳃的某些部位因局部失血而呈淡红色或灰白色，有的则因局部淤血而呈紫红色，甚至有出血小点；严重时鳃小片脱落，鳃丝末端缺损，鳃软骨外露，病变鳃丝周围常有淡黄色黏液。

【流行与危害】水温15℃以上开始流行，在15～30℃范围内，温度越高，越易暴发。4～10月为其流行季节，7～9月发病最为严重。该病致死时间短，死亡率高达80%以上。

【预防与治疗方法】彻底清塘消毒，鱼种下塘前用10毫克/升浓度的漂白粉或15～20毫克/升浓度的高锰酸钾水溶液，药浴15～30分钟；在发病季节，每月全池遍洒生石灰1～2次，使池水pH保持在8左右；每天每千克鱼体重用氟哌酸20～30毫克拌饲料投喂，连用3～5天。

④爱德华氏菌病：

【病原】为爱德华菌。

【症状与诊断】病鱼体色发黑，腹部膨大，肛门发红，眼球突出或混浊发白。此外，有的病鱼体表可见有隆起发炎的患部，尾鳍、臀鳍的尖端和背鳍的后端坏死发白。解剖观察，生殖腺腹水，特别是卵巢有出血症状，肠管内有水样物贮积或肠壁充血，肝、肾、脾、鳔等内脏有白色小结节样的病灶，并且发出腐臭味。

【流行与危害】本病流行于夏、秋季节，是罗非鱼中比较常见的一种细菌病，危害严重。有急性暴发引起大批死亡的病例，但多数是慢性死亡病例，持续时间较长。

【预防与治疗方法】池塘的养殖密度过高和池底污泥堆积，是发病的主要原因。因此，要特别注意保持养殖密度合理，池塘清理和消毒，经常换水，保持池水清洁；鱼种下塘前用10毫克/升浓度的漂白粉或15～20毫克/升的高锰酸钾水溶液，药浴15～30分钟；每天每千克体重用氟哌酸30～50毫克制成药饵，连续投喂3～5天。

⑤水霉病：

【病原】为水霉。

【症状与诊断】由于操作和运输不慎而导致罗非鱼受伤，以及低温造成冻伤，或因寄生虫和细菌等感染造成原发病灶的时候，水霉孢子乘机侵入鱼体，在受伤或病灶处迅速繁殖，长出许多棉毛状的水霉菌丝，伸入肌肉组织，并分泌一种酶分解鱼的组织，使病鱼的组织坏死。

【流行与危害】该病多发生在20℃以下的低温季节。水霉病菌寄生在鱼体表的伤口上，导致病鱼在水面缓慢游动，食欲减退，最后鱼体因消瘦而死亡。此病是罗非鱼的常见病害，越冬期间更易发生。

【预防与治疗方法】加强饲养管理，提高鱼体抵抗力，平时注意消毒，在捕捞、搬运过程中要尽量避免鱼体受伤，注意合理的放养密度；越冬池水温应保持20℃以上，做好保温、升温工作；罗非鱼入池前，用3%的盐水浸洗3～5分钟消毒鱼体，此法用于受伤的鱼，可促进伤口的愈合；发病时应用食盐和小苏打（碳酸氢钠）合剂（1∶1）全池泼洒，使池水药物浓度为400毫克/升，有治疗效果。

⑥小瓜虫病：

【病原】为多子小瓜虫。

【症状与诊断】小瓜虫寄生或侵入鱼体而致病，在病鱼的鳃部、体表，尤其背部形成许多肉眼可见的小白点。病鱼受虫体寄生刺激分泌大量黏液，小白点为虫体刺激鱼上皮细胞分泌而成的囊泡，因此也称“白点病”。严重感染时，形成一层白色的薄膜覆盖于病灶表面，同时病灶处出现腐烂。大量虫体寄生于鳃丝时，除鳃丝组织发炎外，鳃表面黏液大量增生，鳃丝端部贫血，受细菌感染而发生烂鳃，易并发细菌感染。虫体侵入鱼眼角膜，使鱼眼发炎、变瞎。病鱼体弱消瘦，游动迟缓，浮于水面，有时集群绕池游动。

【流行与危害】在全国各地都有流行。适宜小瓜虫繁殖的水温一般在15～25℃，流行季节为春秋两季。该病流行广，危害大，从苗种至成鱼均可发生，对越冬期的罗非鱼危害很大。大量寄生后会引起罗非鱼大量死亡。

【预防与治疗方法】放养前必须用生石灰清塘消毒。无水清塘一般用量为50～75千克/亩，带水清塘（水深50厘米）用量为125～150千克/亩；全池遍洒浓度为15～25毫克/升的福尔马林，隔天遍洒1次，共泼药2～3次；按每立方米水体用生姜（捣烂）3克、辣椒粉0.5克混合煮沸0.5小时后，全池泼洒。

6. 捕捞 以垂钓作为主要销售方式的渔场视垂钓出售情况，可在10月初国庆节过后清池整体卖出，或在9月底出售给越冬存储企业；以批发市场作为主要销售方式的渔场，在出售前需要进行拉网锻炼，计划好出售时间，拉网前必须停食3天，根据销售量可以选择局部拉网，避免反复拉网造成鱼体受伤。

二、典型模式实例

【实例】北京海曼水产养殖有限公司位于北京市昌平区小汤山镇，距离北六环出口2千米，交通便利，拥有养殖池塘面积16亩，越冬养殖温室4 500米^2，主要销售方式是批发市场，年产罗非鱼成鱼30吨（图3-5、图3-6）。

（一）养殖设施

1. 池塘 池塘为4个，每个4亩，池塘走向东西长、南北宽，比例在5∶3，池壁为水泥护坡，坡度在1∶2.5，池塘深度在2.5米，池塘防水为三合土，进、排水方便。

2. 辅助设施 每个池塘架设1台增氧机，有备用增氧机，以备出故障时及时替换；每个池塘配备1台投饵机；拥有出水温度53℃热水井1眼，出水温度23℃和28℃温水井各1眼；拥有水质监测与鱼病诊断实验室，配套仪器设备齐全；配备有发电机。

（二）养殖前的准备工作

1. 养殖池准备 池塘使用前进行消毒，消毒剂选用强氯精（三氯异氰脲酸），使用剂量为1～1.5千克/亩。使用方法是溶于水后全池泼洒，消毒3天后加水至1米，然后每亩施腐熟的粪肥300～400千克，加水7天后放苗。

图 3-5　罗非鱼养殖池塘

图 3-6　罗非鱼越冬温室养殖池

2. 鱼种选择　目前，养殖的主要品种为吉富罗非鱼，鱼种自己生产，放养规格 100 克/尾左右；放养数量为3 000尾/亩左右。

3. 鱼种放养　该场拥有地热资源，一般在每年的 4 月 20 日左右将鱼种转移到室外养殖，具体时间视气温条件而定。

(三) 养殖期间的管理

1. 日常管理

(1) 水质管理　保证养殖水体溶解氧在 3 毫克/升以上，夏季一般21：00至翌日 3：00 开启增氧机，阴天时根据溶氧情况择机开启增氧机；鱼种放养后逐渐加水至2米以上，并保持此水深至养殖季节结束，每20天左右换水20%，视水质情况泼洒益生菌改善水质，一般选择枯草芽孢杆菌、光合细菌等。

（2）安全管理　在生产期间安排人24小时值班，注意观察鱼类摄食和活动情况，发现鱼类活动异常，及时有针对性地采取措施。

2. 饲料投喂　养殖池塘主要采用投饵机，饲料选用经认证的全价配合饲料，饲料保存在专用饲料间，不使用发霉变质饲料。每天投喂3次，投喂时不停开增氧机，投喂量根据吃食状况而定，一般为鱼体重3%左右，选用膨化饲料。

（四）捕捞

在每年的9月20日左右进行起捕，部分销售到批发市场，其余转移到越冬温室内继续养殖。选择在12月初后，罗非鱼成鱼价格上涨到较理想价位后开始大批出售。

第四章
罗非鱼网箱养殖模式

罗非鱼是网箱养殖的主要品种之一，特别是在我国南方地区，在政策的支持下，通过项目或库区移民转产等多种形式，充分利用众多的水电站库区形成的大水面，发展罗非鱼网箱养殖，取得较好的效益。大水面罗非鱼网箱主要有江河网箱和水库网箱两种类型，基本上都是浮动式的，目前很少有固定式的。两种类型影响安全的最大关键控制点、共同点是要防病灾和冻灾；不同点江河网箱要防洪水冲击，而水库网箱要防水质变坏。

第一节　广东罗非鱼网箱养殖模式

网箱养鱼是近年来发展起来的一种养殖模式，它是将池塘密放精养技术运用到环境条件优越的较大水面而取得高产的一种高度集约化的养殖方式。它是利用网片装配成一定形状的箱体，设置在较大的水体中，通过网眼进行网箱内外水体交换，使网箱内形成一个适宜鱼类生活的活水环境，具有高产、高效益和高投入的特点。网箱养鱼之所以能获得高的产量，是因为水流、风浪和箱中鱼的游动使箱内外水体不断交换，带走箱内旧水，换进高溶氧的新水并带进水中的天然饵料；同时，网箱限制鱼体的活动，减少鱼体的能量消耗，加速鱼体的增长；网箱也减少敌害生物对鱼的危害，利用网箱可以进行高密度培养鱼种或精养商品鱼。网箱养鱼方法具有机动、灵活、简便、高产和水域适应性广等特点，在我国海、淡水养殖业中有广阔的发展前途。其具有五大优点：①可节省开挖鱼池需用的土地、劳力，投资后收效快。一般当年养鱼即可收回全部成本，而网箱在正常情况下可连续使用2～3年；②网箱养鱼能充分利用水体和饵料生物，实行混养、密养、成活率高，可达到创高产目的；③饲养周期短、管理方便，具有机动灵活、操作简便的优点，网箱可根据水域环境条件的改变随时挪动，遇涝可水涨网高不受影响，遇旱移坳网位不受损失，能实现旱、涝保收，达到高产稳产的目的；④起捕容易，收获时不需特别捕捞工具，可一次上市，也可根据市场需要，分期分批起捕，便于活鱼运输和储存，有利于市场调节；⑤适应性强，便于推广，网箱养鱼所占水域面积小，只要具备一定的水位和流量都可养。

罗非鱼适于网箱养殖，能适应高密度的生活，抗病能力比较强。罗非鱼网箱养殖具有流水、密放、精养、高产、灵活和简便等优点，已成为罗非鱼成鱼养殖的主要方式之一。利用网箱养殖罗非鱼，可大大提高饲料利用率，降低养殖成本，增加经济效益。

一、网箱的结构与设置

网箱的结构与装置形式很多，实际选用时要以不逃鱼、经久耐用、省工省料、便于水体交换、管理方便等为原则。养殖规模根据实际生产水平、经济实力、市场销售情况确定，网箱设置要根据罗非鱼的生物学特性进行科学选址和合理布局。

1. 网箱构成 由箱体、框架、浮子、沉子及固定设施等构成。

（1）箱体 由网片按一定尺寸缝合拼接而成。目前应用最普遍的是聚乙烯网片，它具有强度高、耐腐、耐低温和价格便宜等优点。

（2）框架 悬挂箱体用的支架，常用楠竹、木材、钢管和塑料管等材料构成。把箱体固定在框架上，可保持箱体张开、成型。

（3）浮子 使网箱浮于水上的装置。常用泡沫塑料和硬质吹塑制成的浮子，或用玻璃球、铁桶系在框架上作浮子。竹、木制成框架在支撑箱体的同时，也起着浮子的作用。

（4）沉子 使网箱箱底沉于水中的装置。一般选用瓷质沉子，也可用石块、水泥块等。有条件的可用直径 2～2.5 厘米的钢管，既可撑开底网，又可当沉子用。此外，还要用铁锚固定网箱的位置，或用水泥桩、树桩、竹桩等支撑固定网箱。

2. 网箱的形状 有长方形、正方形、圆柱形和八角形等。目前，生产上常用长方形和正方形，因其操作方便、过水面积大，制作方便。

3. 网箱的大小 最小的网箱面积 1 米^{2}左右，通常 1～15 米^{2}的网箱属于小型网箱，网箱面积在 15～60 米^{2}的为中型网箱，大型网箱面积在 60～100 米^2，更大的有 500～600 米^2。网箱的面积不宜过大，过大操作不便，抗风能力差；

但过小的网箱产量虽高，但造价高。罗非鱼网箱养殖面积以 20～40 米^{2}为宜，即5米×4米、5米×5米、6米×5米、6米×6米等规格。

4. 网箱高度 网箱的高度依据水体的深度及浮游生物的垂直分布来决定。目前，多用高 2.5～3 米。水体深亦可用高 2～4 米的网箱。但网箱底与水底的距离最少要在 0.5 米以上，以便底部废物排出网箱。

5. 网目大小 箱体网目的大小，应根据养殖对象来决定，以尽量节省材料，又达到网箱水体最高交换率为原则。网目过小，不仅使网箱成本增加，而且影响水流交换更新；网目过大，容易逃鱼。罗非鱼进箱最小规格应不低于 8 厘米，相应的网箱网目应在 1.8～2.0 厘米，成鱼网箱可用通用的 3 厘米网目。为了使水体交换通畅，减少网箱冲刷次数，最好随鱼种的长大，转换较大网目的网箱。

二、网箱的装置

1. 网箱装置的形式 按网箱装置的形式，可分为固定式网箱、浮动式网箱、沉下式网箱。广东大部分采用封闭浮动式投饵网箱（5 米×5 米×3 米），上面织网盖封闭，网盖上有 1 个 50 厘米×60 厘米的活口，平时封闭，捕捞时解开活口。

（1）浮动式网箱 箱体的网片上纲四周绑结在用竹竿或钢管等扎成的框架上，网片底纲四周系上沉子，框架两端用绳子与锚系在一起，上口用网片封住，框架缚上浮子，漂浮于水面。该种网箱结构简单，用料较省，抗风力较强，能随水位、风向、水流而自由浮动，一般设置在水面开阔、水位不稳定、船只来往较少的水面。

浮动式网箱又有单箱浮动式和多箱浮动式。单箱浮动式是单个箱体设置一个地点，用单锚或双锚固定，其水交换良好，便于转箱和清洗网箱，但抗风力较差；多箱浮动式是将 4、8、12、16、20、24……个箱体串联成一列，两端用锚固定，排与排之间用框架材料牢固链接，每列网箱间距离应大于 10 米，此法占用水面少，管理相对集中，适用于大面积发展，但生产效果不如单箱浮动式。

（2）固定式网箱 一般为敞口式网箱，由桩和横杆连接成框架，网箱悬挂在框架上，上纲不装浮子，网箱的上下四角连接在桩的上下铁环或滑轮上，便于调节网箱升降和洗箱、捕鱼等。网身露出水面 0.7～1 米，网身水下 2～2.5

米。通常箱体不能随水位升降而升降，此法只适用于水位变动小的浅水湖泊和平原型水库。优点是成本低，操作方便，易于管理，抗风力强；缺点是不能迁移，难于在深水区设置，而且网箱内鱼群栖息环境随水位变化而经常变动，如不注意及时调节会影响饲养效果。

（3）沉下式网箱 整个网箱沉没在水下预定的深度。网身不受水位变化影响，网片附着物少，受风浪、水流影响小，适用于海水网箱养鱼以及风浪大的地点使用。缺点是操作不便，鱼群生长速度和生产水平低。

2. 网箱排列的方式和密度 网箱排列的方式应考虑保证每个网箱都能进行良好的水体交换、管理又方便为原则，网箱间应尽可能稀疏错开呈一或品字形排列。

网箱的密度应根据水质条件和管理条件而确定，要根据水域本身的水流情况、水质肥度、溶氧量高低而定。若水流动好、肥度适中、溶氧高则可以多设置网箱，反之则少。

3. 网箱设置的水层 网箱设置的深度，一般不超过 3 米。因浮游生物的分布，在 2 米以内的水层中占 58.7%，而 2～4.2 米占 41.3%。特别是透明度小的水体，浮游植物最丰富，而水深 1 米以内的水层中，浮游动物数量小于 1～2 米的水层；尤其以 2～3 米处密度最大。所以，凡水质肥、浮游植物丰富的水域，网箱应设置在较浅水层；在水质较瘦的水域，可酌情设置在较深一点的水层内，但不宜过深。

三、网箱设置水域的选择

网箱养鱼依靠箱内外水体交换，保持网箱内有一个良好的生态环境，因此，网箱设置地点环境条件好坏，与网箱养鱼成败攸关。网箱多设置在有一定水流、水质清新、溶氧量较高的湖、河、水库等水域中。通常具有以下特点：

（1）水面宽阔，水位稳定，背风向阳，日照条件好的湖泊、水库或百亩以上的大池塘。

（2）环境安静，水质清新、无污染，酸碱值为中性偏碱的水域为好。

（3）水流速度一般最好是 0.05～0.20 米/秒，以保证氧气的供应。水流过急，常使箱内鱼类顶流游动，消耗体力，影响生长；水深 4 米以上，水位终年变化不大，有利于残饵、代谢物以及粪便的排出。

（4）水温在 18～32℃，且养殖水体的水温变化速度较慢。

四、鱼种放养

罗非鱼网箱养殖所需鱼种数量大、质量高，因此，要选择体表光滑、无损伤、无病和规格整齐的优质罗非鱼种。为缩短养殖周期，提高养殖效益，适合投放大规格鱼种。

1. 鱼种放养前的准备 认真检查网箱，看有无破损、脱节、断线，并在鱼种进箱前10天提前下水，让网衣上长满青苔等附着物。旧网箱要提早清洗、检查，加固、消毒。鱼种提前经过2～3次捆箱锻炼，以适应高密度的网箱环境。采取药物对鱼种浸泡消毒，以预防疾病，可用2%～4 %的食盐水或小苏打浸泡5分钟。

2. 鱼种放养时间 罗非鱼适宜生长的水温为20～32℃，广东通常在3～4月即可放养。在合适的温度早放养，有助于提高商品鱼规格和产量。

3. 鱼种放养规格 罗非鱼的放养规格与商品鱼的养成关系密切。若要求养成规格大，则鱼种规格就要求大。通常30～50克/尾，效益最好。同一个网箱放养的鱼种规格尽量整齐，一次放足。

4. 放养密度 罗非鱼网箱养殖的特点就是高密度集约化生产，放养密度同时影响着罗非鱼的生长速度和产量，合理的高密度养殖，可增加养殖的经济效益。当水中溶氧高、水质肥沃、饲料充足时，可加大放养量。如果放养50～80克的奥尼罗非鱼，每平方米适宜密度为200～400尾；5～7厘米的罗非鱼，每立方米水体可放养1 000尾，再搭配10%左右的鲢、鳙。水交换量小、水质较肥的水域，放养密度不宜过大。

五、饲养管理

网箱养鱼是高密度的养鱼方式，严格的饲养管理是成功的根本保证。罗非鱼网箱养殖，饲料成本比池塘略高，占了整个养殖成本的75%～80%。因此，饲料质量的好坏，投饲方法的正确与否，如何保证罗非鱼在规定的养殖周期内达到商品规格并出箱销售，是决定养殖成败的关键。

1. 饲料投喂 罗非鱼饲料要求粗蛋白含量在28%～32%，营养成分的配比合理，粉碎要细，最好选用膨化料，才能促进其消化、吸收和利用，提高生长速度，降低生产成本。罗非鱼虽然是耐粗饲料的杂食性鱼类，但在小苗阶段应选用蛋白质含量不低于30%的膨化料投喂，促使其快速生长，长好骨架。

投喂过程中坚持“四定”，即定时、定质、定量、定位；坚持少吃多餐的原则：罗非鱼肠道细小，能吃、贪吃、边吃边拉，生长快，因此要勤投，一般每天投喂次数应不少于3次；罗非鱼养殖周期最适生长期是4～10月，要想在短时间内达到理想的出箱规格，必须依靠加大投喂量，提高投饵率。罗非鱼的投饵率在生长旺季可提高到6%～8%，生长实践中通过认真观察鱼的摄食和生长情况灵活掌握；罗非鱼网箱养殖在11月后，随着水温下降，摄食能力明显减弱，生长速度减缓，体内开始沉集脂肪准备过冬，因此在这一阶段，应加强投喂，特别是要抓住晴天、气温高、表层水温上升的时机进行投喂，确保成鱼出箱前不退膘；禁止使用劣质饲料和违禁药物。

2. 日常管理　日常管理工作应围绕防病、防逃、防敌害工作而进行，日常管理工作的好坏，不仅影响产量，而且直接关系到网箱养鱼成败。为此，应有专人负责经常巡视，观察鱼的吃食及活动情况，发现鱼病及时治疗，鱼病流行季节，要着重做好预防工作。

（1）定期检查网箱　网箱养鱼最怕网破逃鱼，一般每周检查1次，一般在风浪小的天气，上午或下午进行检查，要特别注意水面下30～40厘米的网衣。该处因常受漂浮物的撞击，以及水老鼠等敌害侵袭，很容易破损逃鱼。检查网身后，再检查底网及网衣与网框连接的各点，这些地方的网衣容易磨损或撕裂而形成漏洞，凡缝合接线处都要仔细检查，防止发生松结。遇洪水冲击、障碍物牵挂或发现网箱中鱼群失常，要及时检查网箱，发现漏洞，及时补好。

（2）防风防浪　在暴风雨汛期洪水来临之前，要检查框架是否牢固，加固锚绳、木桩，防止网箱沉没和被洪水冲走，防止被漂浮物撞击。

（3）适时移箱　干旱时，水位下降，网衣有搁浅的危险，要把网箱往深水位移动；洪峰到来之前，要把网箱往缓流处移动，避开洪水冲击，如遇到污染水质入箱，应及时将网箱移至安全适宜场所。

（4）坚持勤洗箱　网箱下水后，易着生青泥苔等藻类黏附堵塞网目，影响水体交换，增加网箱体重，腐蚀网片材料，潜伏鱼类病原体，严重影响养殖效果，因此，必须及时捞出网箱中的残渣剩饵和死鱼，坚持定期清洗网箱。

（5）日常管理　要防止有毒污水流入网箱区，还要防止偷窃、人为破坏等。平时做好生产记录，详细记载每箱鱼种投放时间、数量、重量、规格、饲料用量、水温、气温及天气情况、鱼病用药种类及用量、产量、出箱规格等原始资料，便于生产总结，进行成本核算。

3. 病害防治 网箱中的罗非鱼比较密集，一旦发病就容易传播蔓延。因此，除在饲养管理方面科学投喂、细心操作、加强观察、防止鱼体受伤、减少病原体的传播、搞好日常管理等措施外，还要切实抓好药物的预防，以防为主，治疗为辅。鱼种入箱前，用3%～4%的食盐水浸泡5分钟；或用1∶1的小苏打和食盐溶液浸泡5～10分钟。鱼种入箱后，用漂白粉或硫酸铜挂篓，在发病季节来到以前用磺胺类药物、大蒜等制成药饵投喂，结合拉网检查，用药物浸洗鱼体。发现鱼病要对症下药，及时进行治疗。平时加强水质管理，加强鱼体自身体质，定期配合用药，提高鱼体抗病力，就会减少疾病的发生，降低养殖风险，获得更好的养殖效益。

（五）出箱收获

出箱前2～3天停止喂料。先把网箱一头提起，逐步收拢，把鱼赶到另一端捞取。

六、典型模式实例

惠州博罗县有一养殖户在水库网箱养殖罗非鱼，据调查走访，其共有4米×5米×2米网箱100口，放养吉富罗非鱼，规格为30克/尾，密度为150尾/米^2。全程投喂澳华罗非鱼膨化料，养殖200天，养殖过程中防病措施得当，未有发病，于11月中旬起捕，平均规格680克，成活率约为96%。平均每个网箱产鱼1 958千克，单价12元/千克，每个网箱收入23 496元；扣除鱼种2 000元，饲料17 622元，网箱折旧400元/年，渔药、人工和塘租900元，平均1口网箱净利润2 574元。

罗非鱼网箱养殖投入较大，养殖风险相对较高，技术要求也比较高。因此，此模式只适合资金比较雄厚并且有一定技术的养殖户。

第二节 海南罗非鱼网箱养殖模式

一、鱼排式罗非鱼网箱

1. 养殖网箱的架设与要求

（1）网箱框架制作 网箱最主要部分是框架，用于制作框架的材质要求结实、牢固、耐腐蚀、不易断裂，并在此基础上要求价格便宜，易购置。目前，用于制作网箱框架的材质主要有钢管和角钢两种。其中，使用镀锌钢管较好，用普通钢管和角钢需喷涂防锈漆做防腐保护。框架一般制成长方形或正方形且只有水上一层，在结构上有单架结构和双架结构两种，双架结构多用于机械投饵或栈道式作业。单架结构网箱框架材料要求用直径 5 厘米以上、双架直径 4 厘米以上的钢管或角钢，焊接牢固成框架。较大规模的网箱应焊接形成一排排的整体，单个网箱面积不超过 50 米^2，每排框架长度江河中不超过 200 米，面积较大的水库中可达 500 米。中间做双架栈道，左右两边各 1 个单架网箱，这样的结构既牢固又节约材料，操作也方便；也可全部用双架结构。框架下面用旧金属（塑料）油桶或泡沫作浮子。浮子数量必须足够，且安装均衡，并用铁线或绳索捆绑固定。每排网箱的头部（顶水流方向前端）做成 1 个立体型的三脚框架箱，向水下延至 2 米深，大小与整排网箱相当或稍大于网箱，三脚架中面向水流、深入水中的两面，用较密钢材或钢网固定在框架上，用于分流洪水期间上游流向网箱的漂浮物，减少网箱受冲击的阻力，防止漂浮物冲破箱体。

（2）网箱的固定　网箱与江河平行摆放，只要水深满足要求，较急的河流应离岸边 30～40 米，水交换不好的库区则要离得更远些。网箱采用抛锚定位，锚缆长为水深的 2～4 倍，离岸近的也可用缆绳固定于岸上的固定物（树木、大石头）或桩柱上，缆绳连接网箱组一端置一浮筒、浮桶或同等浮力的浮子。离崖较近且崖边土质较硬的，也可以在崖边倒注混凝土桩作为一边的固定桩，每个桩深 1.5 米以上、边长或直径 50 厘米以上。铁锚和网箱框架通过缆绳（直径大于 3 厘米）捆绑，锚绳铁锚靠重量作用，人工抛于水底中勾住河底泥固定。网箱框架两边分别抛锚，每隔 30～40 米框架长度向左右各抛 1 个重量大于 20 千克的锚，箱头左右两个锚重量要大于 50 千克。网箱框架上对应锚数量和位置处，安装绞盘，用于绞缆绳，更能固定网箱框架。

（3）网箱设置密度　根据《淡水网箱养鱼 通用技术要求》（SC/T 1006—92），在静水水域中，饲养吃食性鱼类的网箱总面积应少于水域面积的 0.25%。为保障大水面网箱养殖水质安全和水体不被污染，罗非鱼网箱设置密度应控制在 0.20%以内。

（4）网箱体安装　养殖罗非鱼的箱体一般用聚苯乙烯塑料网片制作成敞开式网箱，由边网和底网构成。网箱的箱体采用双层网箱，外网箱的网目可比内网箱稍大些，更利于水体交换。网目大小以箱内饲养鱼不能逃逸为度，网目大小与罗非鱼全长的关系参照以下公式：$a<0.105L$。公式中 L 为放养罗非鱼的全长（厘米）；a 为网目单脚长度（厘米）；网目大小允许误差为 1 毫米。网

高（深）一般为2～3米。

箱体四角用10～20千克重的水泥块或沙袋（饲料袋河沙）作沉子，用绳子绑牢水泥块或沙袋，沉入网箱内四角的底部，绳子上部绑牢网箱框架上，收网箱时先把水泥块或沙袋用绳子拉起。洪水较急的位置，在网箱边沿可多放置水泥块或沙袋，不让网箱被水冲起。

2. 鱼种的准备 鱼苗选购自取得水产种苗生产许可证、群众普遍反应养殖效果好的罗非鱼制种单位。鱼苗质量要求必须规格整齐，色泽鲜艳，体质健壮，游动活跃，无伤、无带病原。

如果要求养成的规格大而生长期短，则放养的鱼种规格就要大；反之，鱼种规格可小一些。一般放养的鱼种规格体长不能小于6厘米，因为鱼种过小，网目就要小，也就影响箱内外水体交换，不利于鱼的生长。放同一个网箱的鱼种规格要尽量整齐一致，一次放足。

3. 鱼种的放养与密度 鱼种放养时间一般在水温稳定在18℃以上，网箱设置好15天后进行。鱼种放养前，必须重新检查网箱有无破损，安装是否牢固。鱼种放养前要过秤计数，并用3%～5%的食盐水浸泡鱼体5～10分钟，进行消毒后小心地放入网箱中，防止鱼体受伤和水霉病等疾病的发生。

一般每立方水体放养尾重20克以上的鱼种100～200尾，具体情况视商品鱼规格要求、养殖环境条件和饲养管理水平灵活掌握。

4. 饲料投喂 养殖全程选择人工配合饲料。沉性饲料撒在网箱中央让鱼集中抢食，每次撒入少量饲料，等鱼吃完后再投料，务必让鱼在上层水面立即抢吃完饲料，防止饲料流散入水中；浮性饲料的投喂，可将饲料一次性投在浮性饲料框内。

一般每天投饲2次，8：00～10：00、16：00～18：00各投喂1次。日投喂量为鱼体重的3%～8%，每天投饲量要根据鱼的吃食情况、水温、天气和水质掌控，天气好、水温适宜和水质良好的情况下可喂足，低压、阴雨天气、水质不良时少喂或不喂。投喂饲料要坚持做到“三看”（看天气、看水色、看罗非鱼活动摄食情况），“四定”（定质、定点、定时、定量）和“七分”（鱼喂七分饱）。

5. 养殖管理 网箱的养殖管理，一要做到勤查箱（至少每周1次），检查网衣有无破损，网箱底部及四周网衣缝合处是否牢固，并及时维修，敞口网箱要加盖网，做好防逃、防敌害生物和防偷工作。二要勤理箱，每月定期清洗网衣1次，清除附着物，以防网眼堵塞；清除水面漂浮物和死鱼，并根据水位变化，及时调整网箱的位置，特别是农田灌溉水位下降和汛期水位猛涨时要及时调整网箱的位置，防止搁浅或淹没，确保网箱养殖环境良好。三要细观察勤记录，认真观察和记录鱼的活动情况、摄食生长情况和天气、水温水质等情况，及时调整生产措施。四要重防病，鱼种进箱后1周内，要进行漂白粉挂袋1次，以后每月挂袋1次，同时，做好用具的清洗消毒工作。

6. 病害防治 鱼种入箱后每20天泼洒1次生石灰水或强氯精，另外，每口网箱可挂两只漂白粉药袋，每袋装100～200克漂白粉，药袋入水1米左右，每隔5～10天添药1次，可减少鱼病的发生。

具体病害防治可参考相关章节。

二、浮绳式罗非鱼网箱

1. 养殖网箱的架设与要求

（1）*浮绳式养殖网箱结构* 网箱箱体由3×3或3×4网线编结的聚乙烯网片缝制而成。外层网衣网目为3.5～4.5厘米，内层网衣网目为2.5～3.5厘米，水面上的盖网由内层网衣向上延伸的单层网衣封闭而成，网目大小与内层网衣相同。网箱固定在正方形毛竹架上，毛竹架的边长要比网箱宽60～120厘米，以保证网衣充分张开。网箱底部四角吊挂沉子，使网箱的底部和四壁平整地撑开后沉入水中，以利于网箱内外的水体交换，箱内的鱼类游动自如。

（2）*网箱设置* 凡无污染、水质清新，透明度大于1米、溶解氧大于5毫克/升的江河水库都可进行养殖。网箱应放置在风浪较小、水交换良好，水流小于0.2米/秒、通风向阳、交通方便的地方，最好避开大型水库的主航道。网箱捆扎在2条聚乙烯粗绳或钢丝索上串成一排，绳、索两端固定在库岸的大树或水泥桩上，框架上再加上泡沫塑料浮子，增加浮力，也可在水面上抛锚固定。网箱的排列不宜过密，在水面较开阔的水域，网箱的排列可采用品字形、梅花形或人字形，网箱之间距离保持5米以上。

（3）*料台设置* 投喂沉性饲料的投饲系统由投饲管和水面下的食台组成，在其箱底有1个由40目聚乙烯网布缝制成的食台。食台与网箱底部和四壁缝合相贴，上口高于箱底30厘米。饲料投放在漏斗中，由长为1.9米、直径为12厘米的塑料圆管送到网箱底部的食台上，其下口包裹网目大小与内层网衣相同材料的单层网衣，离开箱底5～10厘米，既有利于防止饲料散失，又可防止罗非鱼钻入饲料管中。投喂膨化（浮性）饲料的可不设底部的食台，但要在水面设置浮性食台。浮性食台用钢筋或者 PVC 管、网片等材料做成边长 80 厘米的浮性方框或直径为 1 米的圆台，固定在网箱的中央。其高度为 50 厘米，上口与网箱盖网相贴，下口浸入水下 30 厘米，饲料就投放在食台内，防止浮性饲料漂出箱外。

2. 鱼种的准备 可根据上市时间及自身养殖条件，于正规罗非鱼制种单位购买鱼种或自行培育鱼种。一般放养的鱼种规格体长不能小于 6 厘米，因为鱼种过小，网目就要小，也就影响箱内外水体交换，不利于鱼的生长。放同一个网箱的鱼种规格要尽量整齐一致，一次放足。

3. 鱼种的放养与密度 鱼种放养前做好筛选、计数、消毒等工作后小心地放入网箱中，防止鱼体受伤和水霉病等疾病的发生。

一般每立方米水体放养尾重 20 克以上的鱼种 80～150 尾，具体情况可视商品鱼规格要求、养殖环境条件和饲养管理水平灵活掌握。

4. 饲料投喂 饲料采用手撒式投饲，将船插在网箱的中央，轮流向网箱抛撒入饲料。饲料撒在网箱中央让鱼集中抢食，每次撒入少量饲料，等鱼吃完后，再投饲料，务必让鱼在上层水面立即抢吃完饲料，防止饲料流散入水中。膨化饲料的投喂可将饲料一次性投在浮性饲料框内，沉性饲料投喂在饲料管的漏斗中，由饲料管将饲料送到底部的食台上。

5. 养殖管理 参考“鱼排式罗非鱼网箱”一节。

6. 病害防治 参考“鱼排式罗非鱼网箱”一节。

三、HDPE 圆形浮式罗非鱼网箱

1. 养殖网箱的架设与要求

（1）网箱结构 网箱由主浮管、副浮管、工字架、踏板、配重砣及网衣等组成。网箱主体先在陆地安装好后，再运输至水库固定并安装网衣及遮盖网等。根据资金及养殖水域面积、水质等条件，选择安装周长为30～80 米的网箱主体。网衣高度根据养殖水域实际深度选择 5～8 米，网衣网目为4～5 厘米，也可根据饲养鱼体规格选择合适的网目，水面上的盖网网目为 1～2 厘米，固定在扶手架上面并下延水下 10 厘米左右，其主要目的是防止罗非鱼逃逸和阻挡投喂膨化饲料时流失。网衣底部均距放置 4 个配重砣，以保证网衣充分平整伸张，以利于网箱内外的水体交换，箱内的鱼类游动自如。

（2）网箱设置 选择水体无污染、水质清新、正常养殖期水深大于 8 米、水体透明度大于 1 米、溶解氧大于 5 毫克/升的 20 公顷以上的大型水库进行养殖。网箱设置在水库水体交换良好，水流小于 0.2 米/秒、通风向阳、交通方便的地方，最好避开大型水库的主航道。网箱可用打桩或抛锚方式固定。为了便于投喂及养殖管理，网箱可设置 2 口一组或 4 口一组，排列不宜过密，网箱之间距离保持 8 米以上。

2. 鱼种的准备 由于网箱网目较大，必须投放大规格鱼种。养殖企业可在水库边沿设置简单网箱自行大规格鱼种培育，也可在 HDPE 圆形浮式罗非鱼网箱中挂小网目网箱进行标粗养殖，获得大规格鱼种后投放网箱进行养殖。放同一个网箱的鱼种规格要尽量整齐一致，一次性放足。

3. 鱼种的放养与密度 一般每立方米水体放养尾重 20 克以上的鱼种 100～250 尾，具体密度可根据养殖商品鱼的规格要求、养殖环境条件和饲养管理水平灵活掌握。

鱼种放养前必做好筛选、计数、消毒等工作后小心地放入网箱中，防止鱼体受伤和水霉病等疾病的发生。

4. 饲料投喂 整个养殖过程使用罗非鱼专用膨化饲料，将船停靠在网箱四周，根据天气、水温、养殖密度及规格等具体因素计算每一次投喂量，投喂量按鱼体重的 3%～5%，可根据具体情况增减，饲料一次性投入网箱内，每次投喂量保证七分饱即可。

5. 养殖管理 参考“鱼排式罗非鱼网箱”一节。

6. 病害防治 参考“鱼排式罗非鱼网箱”一节。

第三节 广西罗非鱼网箱养殖模式

一、地点和位置选择

（1）选择网箱地点和位置的首要条件是安全和方便，并且安全第一，方便第二。江河的优点是风浪较小、水质好、水交换好；最大的风险是易受洪水冲击，造成鱼类死亡或网箱受损，甚至鱼和网箱全部被冲垮。而水库的优点是水面积开阔，不受洪水冲击，但风浪大、水流动性差，最大的风险是网箱密度过大，水质容易败坏，引起整个库区死鱼。以前网箱被洪水冲垮的例子很多，但近年来，因水质变坏引起死鱼的事故越来越多。所以选择网箱的地点，一定要反复调查和了解清楚当地的水情、水质和网箱密度等情况，特别是50年一遇和最近几年的洪水，以及水库对养殖网箱的承载量和水质变化的情况。设置地点必须选择在水源充足、水交换好、水位相对稳定、常年落差不宜太大的河段或库区，最好选择在有水电站拦河坝的大面积江河库区，但必须离电站大坝2千米以上的安全距离。尽量不要在库区面积不足200亩的小河或淹没区内设置网箱，因面临水质不稳和暴雨形成洪水冲击造成损失的双重风险。

（2）在选择地点上还要考虑交通、供电和生活上的方便，特别是规模较大的网箱，大量的饲料和鱼等物资需要运输，所以通路最为重要。

（3）位置的选择同样重要。不能选择在航道范围内设置，以免影响船只航行和发生碰撞事故；不能在急流的河段设置，选择的位置要求水流应小于0.2米/秒，当水流大于0.2米/秒时，迎水面应有金属网等挡水设施，如水流中带有草木和其他漂浮物时，还应有拦渣设施。选择设置网箱的水域水质应清新无污染、符合渔业水质标准、溶氧丰富、背风向阳、水底平坦、水位相对稳定，还应尽量远离工矿企业的排污口，注意养殖地区周边的治安环境良好、鱼种及饲料来源方便、鱼产品的销售顺畅等。

（4）网箱设置处水深应大于4米，网箱底部与水底的距离大于1.5米。水域的水体透明度大于1米时，适宜放养吃食性鱼类；透明度小于1米，且浮游生物量湿重大于4毫克/升时，只适宜放养滤食性鱼类。即用于设置罗非鱼网箱养殖水域的水体透明度应大于1米以上。

二、网箱框架制作

（1）网箱最主要部分是框架。用于制作框架的材质要求结实、牢固、耐腐蚀、不易断裂，并在此基础上要求价格便宜，易购置。目前，用于制作江河网箱框架的材质主要有钢管和角钢两种。其中，使用镀锌钢管较好，用普通钢管和角钢需喷涂防锈漆做防腐保护。

（2）框架一般制成长方形或正方形且只有水上一层，在结构上有单架结构和双架结构两种。双架结构多用于机械投饵或栈道式作业；单架结构网箱框架材料要求用直径5厘米以上、双架直径4厘米以上的钢管或角钢，焊接牢固成框架。

（3）较大规模的网箱应焊接形成一排排的整体，单个网箱面积不超过50米²，每排框架长度江河中不超过200米，面积较大的水库中可达500米。间做双架栈道，左右两边各1个单架网箱，这样的结构既牢固又节约材料，操作也方便；也可全部用双架结构。

（4）框架下面用旧金属（塑料）油桶或泡沫作浮子。浮子数量必须足够，且安装均衡，并用铁线或绳索捆绑固定。

（5）每排网箱的头部（顶水流方向前端）做成1个立体型的三脚框架箱，向水下延至2米深，大小与整排网箱相当或稍大于网箱，三脚架中面向水流、深入水中的两面，用较密钢材或钢网固定在框架上，用于分流洪水期间上游流向网箱的漂浮物，减少网箱受冲击的阻力，防止漂浮物冲破箱体。

三、网箱的固定

（1）网箱与江河平行摆放，只要水深满足要求，较急的河流应离岸边30～40米，水交换不好的库区则要离更远些。

（2）网箱采用抛锚定位，锚缆长为水深的2～4倍，离岸近的也可用缆绳固定于岸上的固定物（树木、大石头）或桩柱上，缆绳连接网箱组一端置一浮筒、浮桶或同等浮力的浮子。

（3）离崖较近且崖边土质较硬的，也可以在崖边倒注混凝土桩作为一边的固定桩，每个桩深1.5米以上、边长或直径50厘米以上。

（4）铁锚和网箱框架通过缆绳（直径大于3厘米）捆绑，锚绳铁锚靠重量作用，人工抛于水底中勾住河底泥固定。网箱框架两边分别抛锚，每隔30～40米框架长度向左右各抛1个重量大于20千克锚，箱头左右2个锚重量要大于50千克。网箱框架上对应锚数量和位置处，安装绞盘，用于绞缆绳，更能固定网箱框架。

四、网箱设置密度

在静水水域中，饲养滤食性鱼类的网箱总面积应少于水域面积的1%；饲养吃食性鱼类的网箱总面积应少于水域面积的0.25%。为保障大水面网箱养殖水质安全和水体不被污染，罗非鱼网箱设置密度应控制在0.2%以内。

五、网箱体安装

（1）养殖罗非鱼的箱体一般用聚苯乙烯塑料网片制作成敞开式网箱，由边网和底网构成。网箱的箱体采用双层网箱，外网箱的网目可比内网箱稍大些，更利于水体交换。

（2）网目大小以箱内饲养鱼不能逃逸为度，网目大小与罗非鱼全长的关系参照以下公式：$a<0.105L$。式中 L 为放养罗非鱼的全长（厘米）；a 为网目单脚长度（厘米）；网目大小允许误差为±1 毫米。网高（深）一般为 2～3 米。

（3）箱体四角用 10～20 千克重的沙袋（饲料袋、塑料瓶子）作沉子，用绳子绑牢沙袋，沉入网箱内四角的底部，绳子上部绑牢网箱框架上，收网箱时先把沙袋用绳子拉起。洪水较急的位置，在网箱边沿可多放置沙袋，不让网箱被水冲起。

六、鱼种放养

网箱提前 7 天下水浸泡。放鱼前应仔细检查检查网箱有无破损，发现破洞、开缝，立即进行修补。大水面网箱主要以成鱼养殖为主，应放养大规格鱼种。放养规格为 50～150 克/尾，密度为 100～150 尾/米^2，出箱规格为 600～800 克/尾。进箱鱼种可以用 10～20 毫克/升高锰酸钾溶液浸浴 15～30 分钟；也可以用质量浓度为（1%～3%）的氯化钠+（1%～3%）的碳酸氢钠混合溶液浸浴 5～20 分钟。

七、饲养管理

（1）鱼种进箱后 1～2 天开始投饵，初期投饵少量多次，7～10 天后再按正常要求投饵。进箱鱼种若来源于网箱培育，则无需投饵训练。

（2）投喂罗非鱼专用配合饲料，最好使用浮水性饲料（喂浮水料时，为防止饲料散出箱外，应在网箱内沿四周加网片，高度为水上下各 40 厘米，网片也可安装在 2 层网箱中间夹牢）。

（3）根据鱼的估计增重倍数和饵料系数估算饲养期间的饵料量，若饲养期间的饵料量已知，即按水温高低逐月逐旬分配投饵量、投饵率。

（4）投饵还应根据鱼群抢食情况，灵活掌握投饵次数及投饵持续时间。定期抽样检查网箱内鱼群的增重量，参照池塘养殖的方法和投饵率，调整投饵量。每次投饵量以 70%～80%的鱼不抢食为度。

（5）随时观察鱼群情况，防止网箱破损逃鱼，7 天检查 1 次网箱。遇洪水、大风浪时应注意网箱位置的变动，根据鱼的大小分化程度及时换箱、分箱。

（6）在静水水域养殖时间超过 1 年以上时，适时移动箱体 30～50 米，有条件的也可移更远的水域。养殖罗非鱼的网箱比较干净，不会产生附着物，不用清洗，做好水温、鱼病防治和投饵等日志记录。

八、病害防治

防止鸟类伤害网箱内的鱼群；水温低于 20℃时，放养、运输等操作应细心，防止鱼体受伤；病鱼、死鱼及时捞出；体表消毒可用漂白粉挂篓或硫酸铜挂袋，生石灰水全箱泼洒，但要注意尽量少使用，以免过多使用后造成水体的污染；防治罗非鱼链球菌病，可通过控制投喂量、注射疫苗、投喂药饵等措施减少发病率；在水温低和洪水期间，注意避免鱼体冲网受伤，容易感染水霉病。

九、典型模式实例

广西柳州洛维养殖户，2013 年利用 8 口面积共 256 米^{2}的江河网箱养殖罗非鱼。5 月投放 100 克规格的吉富罗非鱼种 3.2 万尾，每平方米放养密度为 125 尾。投喂蛋白质含量为 30%的罗非鱼浮水颗粒料，人工撒料，每天投 2 次。至 9 月底，罗非鱼平均规格达到 750 克，成活率 98.5%，收获23 640千克罗非鱼，上市销售价 14 元/千克，产值 33 万元，成本 29.5 万元（鱼种 3.2 万元＋饲料 24.8 万元＋人工 1.5 万元），利润 3.5 万元。

第四节　福建罗非鱼网箱养殖模式

福建罗非鱼网箱养殖主要以水库网箱为主，全省共有大中型水库 93 座，小型水库2 856座。2012 年福建省水库总库容 189.37 米^3，多建于山涧河谷，以山谷型水库为多；其次为丘陵型，水较深，水库多为分支形，岸线曲折度大；库湾和港汊雨量充沛，来水量大，水交换较快；水体透明度大，一般为25～330厘米，平均190厘米，年水温变化一般为11.8～33.0℃，平均水温23℃，为大规模发展罗非鱼网箱养殖提供了得天独厚的条件。至2008年，全省水库罗非鱼网箱养殖数量增加迅猛，比2005年增加近1倍。近年来，福建省开展重点流域水环境综合整治工作，各重点流域禁止投饵类、施肥类网箱养殖，削减重要库区及水源地上游水域网箱的养殖规模。目前，福建省罗非鱼水库网箱养殖规模大幅减少，仅内陆地区一部分山谷型水库、河道型水库如龙溪街面水库、水口库区等开展罗非鱼水库网箱养殖。

福建省罗非鱼水库网箱养殖模式，网箱设置在背风向阳和阳光充足、水流缓慢、水体较深的水域，具有方便的水陆交通条件。并以4个网箱为1个整体，外套1个网目稍大的网箱，并在内外层间套养少量的花白鲢等鱼类，可对养殖网箱起到保护作用，避免水库内的凶猛鱼类对内层网箱的干扰，增加网箱产量和经济效益。而且，通过套养滤食性鱼类，减少罗非鱼投饵性养殖对养殖水域水质的影响。养殖水域水温应有8个月的时间能保持在20℃以上，使养殖周期内能完成商品鱼生产，有大规格鱼种配套条件，网箱养殖一般选择放养大规格罗非鱼越冬种，规格为30～50尾/千克。鱼种放养时间一般在4月清明过后，养殖水域水温稳定在18℃以上时即可放养，争取早进箱，以延长生长期，才能在有限的生长期内，保证足够的产量和商品规格。养殖品种主要为吉富品系罗非鱼或奥尼杂交罗非鱼，养殖过程全程投喂罗非鱼膨化颗粒配合饲料，日投喂量一般为鱼体重的3%～6%。根据养殖鱼的规格、摄食活动和天气等情况灵活掌握，小规格鱼种阶段日投喂量为5%～6%，每天投喂4～5次；成鱼养殖阶段日投喂量为3%～5%，每天投喂2～3次。投喂时采取“慢-快-慢”和“少-多-少”的方法，减少饲料流失，以提高饲料利用率。养殖过程定期检查鱼体生长情况，及时调整投喂量，定期清洗网箱，保持网箱清洁，使网箱内外水体交换畅通。经常进行安全检查，严防逃鱼，汛期期间，水位变化急剧，需及时调整网箱位置，防止漂移淹没，台风前后要检查加固网箱的牢固性。定期进行鱼体病虫害检查，及时防病治病。一般经过5～7个月的养殖，产量能达到30～40千克/米^3，罗非鱼商品鱼规格可达到600～1 000克/尾。

罗非鱼水库网箱养殖特点是，利用水库大水体良好生态环境，进行网箱小水体内密放精养达到高产，管理方便，收获容易，相对池塘养殖投资小，具有设施简单、不占耕地、易于操作、商品鱼土腥味少等特点。该养殖模式适合福建省内陆地区山谷型水库、河道型水库网箱罗非鱼养殖。

一、水库网箱养殖

水库网箱罗非鱼养殖，充分利用了内陆山区水电站建设形成的山谷型水库、河道型水库的水域资源，高密度精养的养殖模式。

1. 水域条件 适宜开展网箱养殖的水域，应为无水草、漂浮物少、风浪较小、水流缓慢、底质积淤少、水体较深的地方。网箱设置在背风向阳和阳光充足的水域，才能维持良好的水质条件，并要求环境安静，非航道区水面开宽，以利于养殖鱼的正常生长。此外，考虑鱼种、饲料和成鱼等运输，还需要有方便的水陆交通条件。水库库湾、湖汊、河道等都是设置罗非鱼网箱的理想场所。

(1) *养殖水域面积和水深* 罗非鱼网箱养殖区的水域总面积至少在97.5亩以上。网箱设置区域的水深在枯水期最低水位应保持在6米以上。足够的水深有利于箱内残饵、鱼的代谢产物和粪便等有机物的排出，这些有机物下沉水底后，距离网箱底部较深而不至影响网箱内水质。

(2) *水温* 罗非鱼属热带鱼类，水温18～38℃范围内都能生长，低于15℃易冻伤。罗非鱼网箱养殖水域水温，应有8个月时间能保持在20℃以上，使养殖周期内能完成商品鱼生产，有大规格鱼种配套条件，可适当拓展温度的时间限制条件。

(3) *溶解氧* 养殖区水体溶解氧应在5毫克/升以上，由于鱼的呼吸，还有鱼的排泄物和残饵等分解都要大量耗氧。一般山谷型水库、河道型水库水域，承雨面积大，水交换量大，水体溶氧充足，能够满足网箱养殖的要求。但养殖区域不宜过度设置网箱，以免造成局部缺氧的后果。为了改善网箱中的溶解氧条件，网箱设置和养殖中应注重改善网箱内外水体交换的条件，选择水流良好水域设置网箱，合理布置网箱排列方式和网箱密度，养殖过程掌握合理放养密度等。

(4) *透明度* 网箱养殖水域透明度应大于70厘米，最好在100厘米以上。透明度大的水体，溶解氧较丰富且昼夜变幅小，能保持罗非鱼良好生长所需的稳定而充足的溶解氧量。

(5) *水流流速* 网箱养殖区应有微流水，流速以每分钟0.1～0.2米为宜。

微流水既利于箱内外水体交换，保持网箱内清新的水质，又不会因流速过大而消耗鱼类体力，影响饲料效率导致生长缓慢，加大养殖成本。

除以上指标外，其他水质指标还应符合《渔业水质标准》。

2. 网箱规格与设置 养殖罗非鱼网箱的结构、规格、设置，与其他淡水养殖品种如草鱼、鲤等基本一致。

（1）网箱结构 网箱一般由框架、箱体、浮子和沉子及固定设施等构成。

①框架：悬挂箱体用的支架，由毛竹、木料、钢管、塑料管等材料构成，用于固定箱体的上纲和人行通道，支撑柔软的箱体，使其张开具有一定的空间形状。

②箱体：由网片按一定尺寸缝合拼接而成，通常由四周的墙网、底网和顶部盖网缝合为1个封闭的箱体，也有不加盖网的敞口网箱。网线材料有尼龙线（锦纶）、聚乙烯线（乙纶）和聚丙烯线（丙纶）等几种合成纤维或钢丝网等，目前应用最广的是聚乙烯线。

③浮子和沉子：浮子安装在框架下面，使网箱浮于水上。浮子的种类很多，常用泡沫塑料和硬质吹塑制成。竹或木制成框架在支撑箱体的同时，也起着浮子的作用。沉子安装在墙网的下纲，使网箱能在水中充分展开，保持网箱的有效容积。沉子一般采用瓷质沉子，铅、水泥块、卵石和钢管等均可用作沉子。以钢管作沉子，还能将底网充分撑开，使网箱保持良好的形状和有效空间。

④固定设施：浮动式网箱用锚固定网箱的位置，锚有铁锚、混凝土块或石块等，锚绳长度应超过水深的3倍，使网箱能随水位变动而自由升降；固定式网箱用水泥桩或竹桩支撑固定。

（2）网箱形状与规格

①网箱形状：网箱的平面形状有长方形、正方形、多边形和圆形等多种。罗非鱼养殖网箱常用长方形和正方形，这种形状制作方便，过水面积大。

②网箱大小：大多使用10～40米^{2}的网箱，即7米×5米、6米×6米、5米×5米、5米×4米、4米×4米和4米×3米等规格。面积过大操作不便，抗风力差；过小的网箱产量虽高，但造价高，管理也不方便。

③网箱高度：高度依据养殖水体的深度、水质条件及溶解氧的垂直分布来决定。目前多采用高2.0～2.5米的网箱，在水质条件好、水位较深的养殖区亦可用高3～5米的网箱，但网箱底与水底的距离最少要保持0.5米以上，以便废物排出网箱。

④网目大小：网箱网目的大小由放养鱼种的规格所决定，以不逃鱼、节省材料和箱内外水体交换率高为原则选择网目。放养不同规格罗非鱼鱼种的参考网目见表 4-1。养殖生产过程中要随着鱼种规格的增长，适时改用网目较大的网箱，以利箱内外水体交换，充分发挥网箱的效能。

表 4-1　罗非鱼放养规格与网目大小参考

放养规格（厘米）	3.5	4.0	4.5	4.9	5.4	5.8	6.2	6.6	8.0	9.5	11.0	13.0
网目（厘米）	1.0	1.1	1.2	1.3	1.4	1.5	1.6	1.7	2.0	2.5	3.0	3.5

（3）网箱设置

①网箱设置方式：罗非鱼养殖网箱设置，有浮动式网箱和固定式网箱两种方式：

浮动式网箱：其特点是网箱随水位变化而自动升降，可使网箱内的体积不因水位升降而变化。根据是否加盖盖网，又可分为封闭框架式、敞口框架式。浮动式有单箱单锚（或双锚）固定法和串联固定法两种。单锚固定（或双锚）的网箱可随着水位、风向和流向变化而自动漂动与转向，但抗风浪能力较小；串联固定法由多个网箱以一定间距串联成一行，两端抛锚固定，抗风浪能力较强，人员操作方便。

固定式网箱：网箱固定在四周的桩上，通常在桩上安有铁环或滑轮，通过绳索与网箱上下 4 个角连接。调节铁环位置或滑轮上绳索长度，网箱可随之升降，箱体入水深度也随之变化。适用于水位比较稳定的山谷型水库，具有成本低、操作简便、管理方便和抗风力强等特点。

②网箱的排列方式和密度：网箱排列应保证每个网箱都能进行良好的水体交换，根据水域条件、培育对象、操作管理及经济效益等方面进行设置。设置方式既要考虑管理的方便，把网箱相对集中于一个区域，又要保持一定间距，不影响水流交换和鱼类生长。网箱排列应尽可能使每口网箱迎着水流方向，一般呈品字形或梅花形，箱间相互错开位置，以利箱内外水体交换。

网箱设置的密度，应根据水质条件和管理条件而确定。若水流动好，水质条件良好，溶解氧高则可以多设置网箱；反之则少设。

3. 鱼种放养

（1）鱼种放养前的准备工作　网箱下水前应仔细检查网衣是否有破洞、开缝，经清洗、修补和消毒后方可使用。鱼种入箱前 7～10 天，提前将网箱安装好，放入养殖水域，一般采用双层网，以4个网箱为一个整体，外套1个网目稍大的网箱，以加大安全系数。鱼种入箱前5天，应在苗种培育池内对鱼体进行2～3次拉网锻炼，这是保障入箱成活率的关键措施之一。

(2) 放养时间　当养殖水域水温稳定在20℃以上时即可放养，争取早进箱，以延长生长期，提高商品鱼规格和产量。

(3) 放养规格　放养的罗非鱼鱼种规格宜大不宜小，一般不小于3.5厘米。同一个网箱的鱼种要一次放足，规格尽量整齐一致。小规格鱼种培育网箱深度一般不大于2米。放养的鱼种要求体质健壮，体色光亮，体表无损伤。为防止操作损伤而感染鱼病，鱼种入箱前必须进行消毒。消毒方法可用3%的食盐水浸浴5分钟或用0.002%的高锰酸钾溶液浸浴15～30分钟，然后分筛，将不同规格种苗分箱放养。

(4) 放养密度　网箱中载鱼量的多少，主要受网箱养殖区水体溶解氧条件的制约。可参考下列公式计算放养密度：

放养鱼种数/米^3＝生产能力/米^3÷计划养成规格(千克/尾)÷成活率

在水质条件好的水域，网箱养殖罗非鱼产量能达到30～40千克/米^3。全长11～13厘米大规格鱼种，可放养40～60尾/米^3；3～4厘米的小规格鱼种，在水质优良、溶解氧高和饲料充足的条件下，放养量可达1 000尾/米^3。

4. 饲料投喂　网箱罗非鱼养殖投喂的饲料一般为膨化浮性配合颗粒饲料，养殖过程的饲料费用一般占总成本的65%～70%。要实现降本增收的目标，应在保证饲料质量的前提下，改进投喂技术，以提高饲料的利用率和转化率。投饵应注意以下几个方面：

(1) 投饵率　投饵率是指每天所投饲料量占养殖鱼体重的百分数，又称日投饵率。不同规格的罗非鱼，在不同水温条件下的投饵率不同。投饵率乘以网箱中的载鱼量，即为日投饲量，载鱼量随每天摄食生长而变动，每月抽样调查箱鱼总重，以便准确地调整投饲量。网箱养殖罗非鱼在不同温度条件下投饵率(%)可参考表4－2。

表4-2　罗非鱼在不同温度条件下的投饵率(%)

水温(℃)	鱼重量(克/尾)				
	50～100	100～200	200～300	300～700	700～800
18	3.0	2.3	1.9	1.7	1.3
20	3.4	2.7	2.2	1.9	1.5
22	3.9	3.1	2.5	2.2	1.7

（续）

水温（℃）	鱼重量（克/尾）				
	50～100	100～200	200～300	300～700	700～800
24	4.5	3.5	2.9	2.5	2.0
26	5.2	4.1	3.3	2.9	2.3
28	5.9	4.7	3.8	3.3	2.6
30	6.8	5.4	4.4	3.8	3.0

网箱养殖罗非鱼日投喂量，应根据鱼类的摄食、天气和活动等情况灵活掌握。天气晴朗水温较高时应多投，闷热下雨时少投；鱼体健壮、活动正常时多投，发病期少投或不投。

（2）投饲次数　每天的投饲次数不但影响饵料转换效率，也是控制饵料散失的重要措施。小规格鱼种阶段，每天投喂4～5次；成鱼养殖阶段，每天投喂2～3次。投喂时间从7：00～8：00开始至17：00～18：00结束。

（3）投饲方法　在一般情况下，罗非鱼刚放入网箱的1～2天后，就可以开始投饵驯食。必须让鱼养成浮到水面成群摄食的习惯，罗非鱼一般翌日就能养成集群摄食。如果不能集群摄食，可停止投饵1～2天后，再进行投饵训练。

网箱养殖罗非鱼，一般用人工手撒或用自动投饵机投料。投喂时采取“慢-快-慢”和“少-多-少”的方法。因为开始投喂时，鱼尚未集中，这时要少喂、慢喂；在中间阶段，鱼集中并激烈抢食，这时就要多喂、快喂；待鱼吃到八分饱，应该少喂慢投直至停止投喂。

5. 日常管理

（1）定期检查网箱　网箱养鱼最怕破网逃鱼，每天早晚应各检查1次，要特别注意水面下30～40厘米的网衣，该处常受漂浮物的撞击，以及水老鼠等敌害侵袭，容易破损逃鱼。遇到洪水冲击、障碍物拦挂或发现网箱中鱼群失常，要及时检查网箱。

（2）防风防浪　在暴风雨或汛期洪水来临之前，要检查框架是否牢固，加固锚绳或木桩，防止网箱沉没或被洪水冲走。

（3）适时移箱　干旱时，水位下降，要将网箱往深水位处水域移动；洪峰到来之前，要把网箱往缓流处移动，避开洪水冲击。

（4）勤洗网箱　网箱下水后，易附着污物黏附堵塞网目，影响水体交换，严重影响养殖效果，因此，必须定期清洗网箱。将网衣提起，使用竹片等材料抽打网片，以掸掉附着物，或用人工搓洗干净，有条件的可采用高压喷水枪冲洗。

（5）*定期进行养殖水域水质检测，注意水质变化情况* 每天检测水温1～2次，每隔5～7天检测网箱内外水体溶氧量1次。控制投饵量，减少对养殖水体的富营养化污染，做好网箱缺氧时的应急措施。

6. 鱼病防治 网箱设置在微流动的水体中，一般均可获得比池塘高的成活率，但是网箱中的鱼群比较密集，一旦发病就容易传播蔓延。因此，除在饲养管理方面做到科学投喂、细心操作、做好日常管理工作外，还要抓好鱼病的预防工作。

罗非鱼网箱养殖发生的病害与池塘养殖相似，但网箱是设置在大水体中，因此，不宜照搬套用池塘静水环境中防治鱼病用药的方法。网箱养殖中鱼病防治用药通常采用以下几种方法：

（1）*全箱连续泼药法* 将药物按一定浓度进行全箱泼洒，由于网箱的水体在流动，所以，这种用药方法必须隔一定时间（数分钟）追加1次药物，连续进行数次。全箱泼洒由于用药量大，使用效果也不理想，故此法较少使用。

（2）*浸浴法* 浸浴法有三种：①将网箱四周用彩条布围起，然后根据鱼病情况对症下药，浸浴一段时间后拆除围网；②将鱼群密集到网箱一边，用彩条布制成的大袋从网箱底穿过，将鱼和网衣带水装入袋内，注意不要过分密集，计算水体量，根据鱼病使用药液浸浴；③将网箱内的鱼群拉起放到另外的密眼网箱中，并将密眼网箱放置在原来网箱中，然后根据鱼病情况对症下药，进行浸浴。由于密眼网箱仍会因浸洗时间延长而使药物浓度下降，故仍需在经过一段时间后追加药物，维持药液浓度。

（3）*挂篓、挂袋消毒法* 每半个月一次定期给网箱挂袋，挂袋药物一般为强氯精、硫酸铜及硫酸亚铁合剂、敌百虫和驱虫剂等。挂袋方法为每个网箱对角挂2包药物即可，每包重量100克，用塑料袋或纱布袋等包扎，然后在上面用细铁丝扎几个小孔。

（4）*药饵投喂法* 网箱挂袋同时结合投喂药饵，对鱼病防治效果更为显著。将药物溶于水后喷洒到饲料吸收后，选择每天吃食最旺盛时投喂药饵，连续投喂3～5天为一个疗程。

7. 起捕上市 起捕前应停食2～3天，为提高运输成活率，将网箱一角底网提起集中鱼体再放开，锻炼鱼体。起捕时先把网箱一角的底网提起，用竹竿插在底网之下垫起网底，把鱼赶到网箱另一端集中，用抄网捞取。可一次上市，也可根据市场需要，分期分批起捕，商品鱼上市时应遵守休药期。

二、典型模式实例

【实例】福建省尤溪县水东水库是以防洪、发电为主，兼有供水、养殖等功能的大（二）型水库，2008年开展水库网箱奥尼罗非鱼养殖，网箱为有盖聚乙烯有结或无结网箱，单个网箱长宽高为6米×4米×4米，网目大小为1.0～4.0厘米，网目大小随鱼体的增大及时进行更换，框架采用钢管焊接或条木，浮子采用油桶或泡沫，框架和浮子用铁线捆绑制成浮动式框架。网箱系在框架上，入水深度为3.5米，网箱底部用砖块或沙袋作沉子，网箱水体为84米^3；并以4个网箱为1个整体，外套1个网目稍大的网箱，并在内外层间套养少量的花白鲢等鱼类；网箱设置于水库中下游的库湾、库汊。在一个整体四角系4根锚绳，其中，2根系于库湾、库汊两岸；另2根系于沉于库底的锚石上，其锚石固定在框架边缘向库区中心30～40米的位置，以便水位变化时，松或紧锚绳来移动网箱排位。网箱整体布局采取品字形结构。鱼苗放养前5～7天，提前将网箱放入水中浸泡，避免鱼体擦伤。2008年4月16日，共放养奥尼雄性罗非鱼鱼种14万尾，平均规格为27克/尾，搭配规格100克/尾的鲢、鳙鱼种2 550尾。放养的鱼种体色鲜艳，规格整齐，体质健壮，无病无伤；鱼种放养前，先用1%～2 %的盐水消毒15分钟左右。投喂罗非鱼专用膨化饲料，粗蛋白含量为30 %；采用人工投喂，每天投喂3次，日投喂量为3%～4%，投洒过程采取“慢-快-慢”的投喂方式，严格按照“四定”原则，每次投喂量视天气、水温、鱼体摄食等具体情况灵活掌握，防止鱼体摄食过饱而影响鱼体生长发育。严格参照罗非鱼养殖的相关标准规范操作，指定专人负责日常管理工作。定期清洗网箱，并随着鱼体的生长，定期更换相应网目的网箱，保持水流畅通；经常检查网箱是否破损，特别是在大风暴雨后加强检查和维修，确保网箱完好无损；做好生产日常记录。病害防治方面，采取以防为主、防治结合。如苗种入箱前，进行严格的消毒处理，采用1%～2%盐水等浸泡15分钟，防止外来病菌入侵；分选、移箱等操作时，动作轻快，防止鱼体受伤，每次操作后，及时采用高锰酸钾或含氯消毒剂等药物在网箱内泼洒消毒；在高温季节采用硫酸铜、敌百虫、二氧化氯等含氯消毒剂进行交叉挂袋，每10天1次；定期在饲料中添加土霉素等抗菌药物进行投喂，3～6天为1个疗程，每月1～2个疗程，并遵守相应的停药期。2008年10月26日开始陆续出售，共出售商品鱼145.8吨，平均体重达1 062.5克，最大个体达1 175克，最小个体达950克，平均成活率98.0%。共投喂饲料247 800千克，饲料系数1.7，产值119.5万元，扣除各项支出78.5万元，获纯利41.0万元，投入与产出比为1∶1.52，平均单产盈利244元/米^2。

第五节 云南罗非鱼网箱养殖模式

金沙江、珠江、怒江、澜沧江、红河、伊洛瓦底江六大水系流经云南省，丰富的水能资源带来了水电工程的大量兴建，与此同时也形成了巨大的宜渔库区。2005年以来，以罗非鱼为主的网箱养殖在各大库区蓬勃发展。据农业厅渔业处统计，2011年云南省内电站库区网箱养殖面积达1 508亩，网箱罗非鱼养殖产量达到7.1万吨，占全省罗非鱼总产量的57.7%，首次超过池塘养殖产量，成为全省商品罗非鱼的主要生产来源。2013年，网箱养殖面积达到2 500余亩，罗非鱼产量超过11万吨。

网箱养殖的快速增长，离不开养殖技术水平的不断提高。除了借鉴其他省区网箱养殖经验外，各级技术人员和广大养殖户的共同努力，摸索出了很多行之有效的实用技术，总结出了适合于云南大部分库区推广应用的网箱养殖模式，双层网箱套养技术就是其中的代表。

该模式是在养殖罗非鱼的网箱外套挂大规格网箱，外箱中放养鲢、鳙、青鱼等鱼类，不投饵、放养鱼类主要以养殖罗非鱼的残饵粪便及网衣附着物为饵料来源，在增加鱼产量的同时，减少了罗非鱼网箱养殖废物向环境的排放。国家罗非鱼产业技术体系昆明综合试验站2011年在罗平县万峰湖库区小范围网箱试验成功后，逐步推广到省内其他电站库区，成为网箱养殖的主要模式。

一、水域选择

罗非鱼网箱养殖一般选择在风浪较小、电力通讯交通便利、管理方便的开阔水域处，也可选择在光照条件好、水体交换好的库湾一带架设。水深通常10米以上为好，利于水体交换，同时，底部污物不易泛起影响养殖生产。省内库区多为峡谷型电站库区，坡陡水深，但是易受电站放水发电影响，往往落差较大，选址时注意观察枯水期及洪水来临时的水位变化情况。

二、网箱设置

1. 网箱结构　网箱由木板、汽油桶、钢管和接头等组合而成。汽油桶作为浮力设施，圆筒形，规格为长 1.2 米×直径 0.9 米；钢管为建筑脚手架钢管，规格为长 6 米×直径 0.05 米；杉木板规格为 0.60 米×0.05 米×0.01 米，2 根钢管平衡设于浮筒上，利用钢管围成的空间安装网箱，在钢管上铺设木板，方便行走、操作。

2. 网箱材料　内层小网箱材料使用聚乙烯无节或有节网片制成。通常，苗种阶段使用无节网片，网目为 0.5～1.2 厘米；成鱼阶段使用有节网片，网目规格为 3 厘米、5 厘米较为常见。

外层大网箱采用尼龙网片较为常见，一般常用网目 6 厘米。

网箱箱体的网目大小根据养殖鱼类规格来确定，以养殖鱼类不逃逸为目的，尽可能使用最大网目，保证水体正常交换。养殖罗非鱼一般制作敞口式即可，若养殖易跳跃的鱼类，加上盖网，制作成封闭式网箱。

3. 网箱规格　内层小网箱规格一般为 5 米×5 米×4 米，近年来，也有部分养殖户尝试使用 5 米×10 米×4 米规格的网箱作为内层主养网箱，取得不错效果。但是内层网箱为高密度养殖箱，在架设时不宜过大，否则不方便操作管理，会给用药、起捕带来困难。

外层大网箱根据箱内套养的小网箱只数而定，一般常用规格为 10.6 米×10.6 米×10 米或 10.6 米×16.0 米×10.0 米或 21.6 米×10.6 米×10.0 米（图 4-1）。

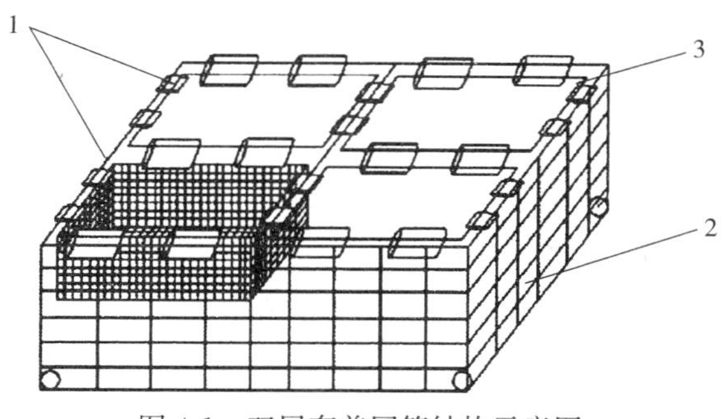

图 4-1　双层套养网箱结构示意图

1. 内层小网箱　2. 外层大网箱　3. 浮筒

4. 网箱安装 小网箱安装在浮力装置框架内，箱体敞口向上。箱体上纲系于支撑钩上，使箱体高出水面 0.5 米以上。箱体底部四角绑上沉子（如砖块、石块等），或者放置钢管框架、毛竹片框架，使箱体尽量撑展。箱体吃水深度 3 米以上。每 4、6、8 只小网箱合为 1 组，外层加挂 1 口大网箱；大网箱规格依据小网箱规格、组合数量而定，吃水深度一般要求在 8 米以上（图 4-2）。

图 4-2 罗平万峰湖网箱上的网箱

5. 网箱排列 架设方式多种多样，较为常见的是 2 列网箱顺水流方向平行排列成 1 排，每排长度根据养殖水域确定（一般以便于管理为宜），中间以杉木板铺设通道。以 2 只小网箱宽度为组合 1 排，排与排由浮力装置连接，管理人员可在排上自由行走、操作。

每组排间距不小于 10 米。用绳索抛锚和岸上固定物来固定方位，并保证网箱组排能随水位升降而上浮和下沉。

三、配套设施

随着电站库区养殖规模的不断扩大，养殖技术也不断创新，一些原来仅用于池塘养殖的技术、设备不断移植到网箱养殖中。如自动投饵机已广泛用于生产成为网箱养殖必要设备，不但有效节约人工成本，也有助于提高商品鱼规格一致性。养殖户在购买该类设备时要考虑一箱一台，同时要注意购买网箱专用型号。另外，由于养殖密度过高导致水质的改变，微孔增氧设备也有应用于网箱养殖的实例，养殖户可根据自身养殖水体实际情况添加（图 4-3）。

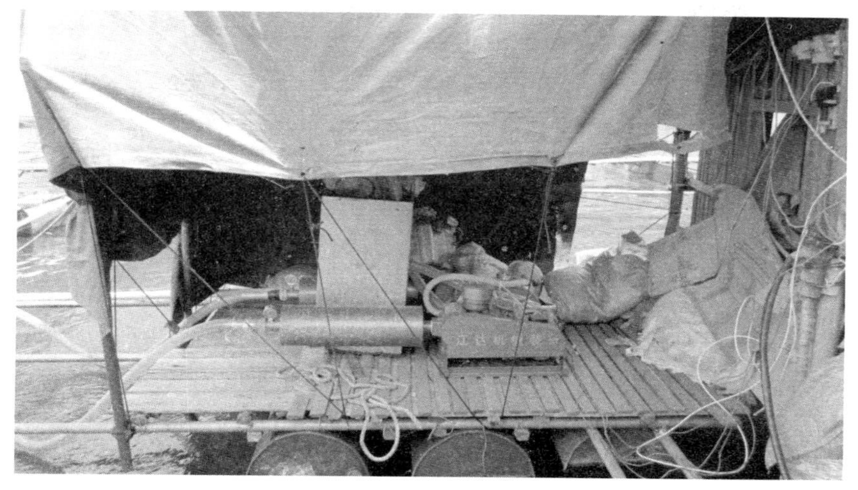

图 4-3　网箱上架设的罗茨鼓风机（用于微孔管增氧）

四、苗种放养

1. 放养时间　采用双层网箱套养时，内层小网箱分别安装苗种培育箱和成鱼养殖箱，随着养殖鱼类不断生长，适时分箱。通常 4 月中旬左右苗种入箱，培育至 6 月底，进入成鱼养殖箱中继续养殖。

外层大网箱可从 4 月初内层网箱苗种入箱时，按比例搭配投放适宜的大规格苗种。

2. 苗种规格和密度　每年 6 月下旬至 7 月上旬，内层网箱苗种培育到 30 克/尾以上时，即可进入成鱼箱中养殖。该阶段放苗密度为 150 尾/米^2，俗称“定箱”，意即从此时起不再分箱，直接养到商品鱼上市。

外层网箱通常需提前培育大规格套养鱼类，品种以鲢、鳙常见，也可适当搭配青鱼、鲤等品种养殖。套养密度以不超过 10 尾/米^{2}为宜。

五、投饵

网箱养殖主要依赖于投喂全价配合饲料，养殖户在选择饲料时应尽量选择大品牌、质量符合国家相关要求的产品，最好选用膨化饲料投喂。罗非鱼苗种阶段应选择蛋白含量32%以上的饲料，成鱼养殖阶段饲料蛋白含量以不低于28%为宜。

网箱养殖的饲料投喂，应以少量多次为好，通常每天不少于3次投喂，苗种阶段日投饵率为5%～10%，成鱼养殖阶段为2%～4%，随天气、风浪、来水等具体情况灵活调整。

六、日常管理

网箱养殖的日常管理与池塘养殖有很多共同之处，主要是注意加强巡箱检查，观察鱼类摄食活动情况，发现异常及时处理。同时，要注意检查网衣有无破损，并经常清洗网衣附着污物及藻类。通常，每半个月使用二溴海因、漂白粉等药物挂袋防治鱼病。

七、出箱销售

经过7～8个月的养殖，每年11月底，网箱中大部分罗非鱼达到800克/尾以上，就可以出箱销售了。因云南省内网箱养殖罗非鱼越冬期会遇到低温天气，通常年底前需要出清网箱养殖。罗非鱼出箱销售尽量整箱销售，避免因捕捞造成的机械损伤导致鱼体感染。

八、典型模式实例

2012年万峰湖库区选择60口网箱，共计3 600米^{2}网箱进行网箱套养试验，取得较好的经济效益。具体实施情况为：2012年3月26日，先投放90万尾“新吉富”苗种于内层苗种网箱培育，同时，搭配鳙、青鱼于外层网箱养殖（外箱鳙9尾/米^2、青鱼1尾/米^2，放苗规格为鳙0.4千克/尾、青鱼0.3千克/尾）。内层网箱养至当年5月3日转入60口成鱼箱，共投放大规格苗种54万尾，放苗规格分别为“新吉富”罗非鱼规格31克/尾，放苗密度为内箱罗非鱼150尾/米^2（表4-3）。

养殖前期使用广东佛山永胜牌罗非鱼3号膨化配合饲料；后期使用昆明新希望奇佳牌123鲤鱼青成配合饲料。

表 4-3　双层网箱套养罗非鱼收获情况

	面积（米²）	品种	单产（千克/米²）	平均规格（克/尾）	饵料系数	总重（千克）
内箱	3 600	新吉富	106.4	495	1.85	383 130
外箱	3 600	鳙	10.3	1 200	0	36 936.0
		青鱼	1.67	1 700	0	5 997.6

从养殖结果看，内层网箱罗非鱼成鱼单产 106.4 千克/米²，不亚于库区其他单养网箱，且结合几年养殖试验看，套养网箱往往病害损失率低于其他单养网箱；外层网箱养殖鳙和青鱼，不需要单独投喂饲料，其产量为净增产。按照万峰湖库区当年收购价鳙 10 元/千克、青鱼 20 元/千克粗略估算，每平方米网箱净增产值 135.9 元，扣除苗种成本，每平方米网箱净增利润也可达 100 元左右。

同时，双层网箱的设置给网箱养殖增加安全保证，往往在内层网箱破损逃鱼后，由于有外层网箱的保护，减少了损失。

第五章
罗非鱼山塘水库养殖模式

第一节　广西罗非鱼山塘水库养殖模式

山塘水库以及利用水库库区围栏形成的围栏水面，数量众多，水源充足，水质清新，天然饵料丰富，可利用的养殖空间大，可生产出大规格、优质的商品鱼。通过利用各地众多的山塘水库规模化养殖罗非鱼，可极大地拓展罗非鱼养殖空间，促进罗非鱼产量增长。利用山塘水库养殖罗非鱼，应抓住与池塘养殖的一些不同特点，趋利避害，才能取得好的经济效益。山塘水库养殖罗非鱼优点是，充分利用其水面大、水深的特点，可低密度养殖，加快生长，提高规格，降低饲料系数，节约管理人员成本等；缺点是清塘、捕捞难。

一、塘库选择

一定要选择适合养鱼的山塘水库：一是参考养殖场条件，基本的基础设施如交通、电力、通信应具备；二是水源丰富，水位相对稳定，无旱灾、洪灾害影响，在枯水期除保证灌溉用水外，仍能保持一定的适于养鱼的水位，能按需要进水、排水的水面更好；三是要求水深度适中，最深处最好超过10米，水质良好，符合养鱼用水水质标准，生物饵料丰富；四是面积适中，水面面积最好1 000亩以下，最好每年能排干池水，便于管理和捕捞；五是进、排水口拦鱼设施良好，池底尽量平整，无阻碍拉网作业的大石头、大坑和树根等杂物。如果条件达不到要求的，必须进行改造好后才能进行养殖。

二、清塘除野

山塘水库野杂鱼虾较多，一些水库还有大型凶猛鱼类，自繁能力强的鲤、鲫以及在南方地区罗非鱼也会大量留存库中，有条件放干水的，应彻底清除，改善养殖环境，减少野杂鱼对饲料与水体空间的争夺，防止大型凶猛鱼类对养殖鱼种的伤害。最好排干池水曝晒 10 天以上，尽量使池底干裂，基本上可达到除野要求；可用生石灰或茶枯（饼），参照池塘用法，清塘除野效果都很好；如果水源差、排水难的山塘水库，可以在冬季最低水位时，带水清塘，尽量降低水位到 1 米以内，再施用药物。清塘杀死的鱼要及时捞起深埋，以免影响水质。

三、水质调节

利用山塘水库适当地肥水养殖罗非鱼，可大大降低养殖成本。前期应利用有机肥培育水质，后期以投喂饲料为主，肥水与投喂饲料相结合。罗非鱼能很好利用水中生物饵料，可以在尾重 0.2 千克以前，通过肥水培育适口的基础饵料生物解决。肥料包括各类有机肥粪（禽畜粪便、绿肥等），施入山塘水库之前都必须经过发酵腐熟，也可使用一些生物肥水剂进行肥水。后期投喂饲料增多后，鱼自身产生大量的粪便会使水质变肥，停止施入有机肥，水源好的山塘水库多注换新水，鱼密度大、水质较肥的情况，要配备增氧机增氧，避免水质变坏。

四、鱼种放养

罗非鱼是一种自繁能力极强的鱼类，山塘水库养殖罗非鱼，不同于一般的池塘养鱼，由于水面大、底层情况复杂，一般的养殖技术较难控制。如罗非鱼的自繁控制就是一个重要的技术关键，因为目前还没有大规模全雄性罗非鱼种苗，生产中雄性率达到 98%已经是质量很好的种苗了，要选用雄性率高的良种放养。少量的雌性罗非鱼混杂入在山塘水库中养殖，如果每年不能清塘除杂，翌年后自繁的仔鱼数量足以使养殖密度难以控制，影响到山塘水库养鱼的成败。因此，选准良种、合理放养是成功的关键因素之一。经良种场选育后的吉富系列罗非鱼和杂交奥尼罗非鱼以生长快、雄性率高等优点，可选择成为山塘水库养殖的优良罗非鱼品种。应到省级以上罗非鱼良种场选购良种放养山塘水库。

五、放养密度

山塘水库放养罗非鱼，要掌握好密度，并且尽量放养大规格鱼种，当年达上市规格，一般要放养不小于50克/尾规格的罗非鱼，密度要比精养池塘低，放养500～1 000尾/亩即可，另外，搭配50克/尾以上规格的鳙50～100尾/亩，易捕情况下，可适当套养少量南方大口鲇。实际生产表明，疏养产量并不比密养产量低，疏养后许多山塘水库的亩产都达到1吨以上，产品规格达1千克/尾。

六、饲料投喂

山塘水库养殖罗非鱼，前期一般以肥水培育生物饵料为主，中、后期应投喂配合饲料，粗蛋白含量≥26%。投饵量根据罗非鱼的数量、气候及水质状况等灵活掌握。一般每30～50亩或设计生产2万～3万千克产量，配套1台自动投料机，按定位、定时、定质和定量的“四定”投料方法投喂。南方地区在4～10月、水温在22～30℃、天气晴朗、水质良好时，可按罗非鱼体重的3%～5%分上、下午2次投喂。水温低于20℃时，按鱼体重量的2%以下投喂，日投喂1次；水温低于15℃或水质恶化、气候恶劣时，不宜投料。

七、日常管理

日常管理主要内容为；一是每天早、晚巡查水面区，观察鱼生长和活动情况，定期检测水温和检查鱼体，发现有异常情况及时采取措施处理；二是检查水位、水质是否正常，堤坝、泄洪闸和拦鱼设施是否完好；三是检查防止缺氧浮头措施是否落实；四是气候变化情况及时掌握，洪水季节要有人专门值守，防止洪灾发生；五是做好生产管理的日常记录。

八、捕捞收获

目前，罗非鱼池塘主要采用拉网捕捞的方法，需用专用的比池塘宽度更长的拉网，需6～10人、甚至更多专业捕捞人员才能完成，且网具贵昂，耗费很大人力和耗时间；并且在连续捕捞第二、第三网以后，罗非鱼的起捕率非常低，鱼体也受伤严重。在水面积较大或者是池底不平的池塘或山塘水库，用拉网很少能捕起罗非鱼。罗非鱼最低生存水温必须高于12℃，在我国除海南省外绝大部分地区都不能自然过冬，到冬季前不能起捕，罗非鱼就会冻死造成损失。许多山塘水库因起捕困难而不敢养殖罗非鱼。

山塘水库养殖起捕收获是难点。与池塘相比，山塘水库宽阔，难用拖网起捕，捕鱼操作上有一定的困难，一次起捕数量太大也难销售，必须利用网箱诱捕多次收获。

罗非鱼网箱诱捕可采用下列方法：

（1）在水库边设置若干个固定的饲料投喂点，最好设置投料台，投喂点大部分区域水深3米以上，越深越好，并定时进行投喂，使罗非鱼习惯到投料台抢吃饲料。

（2）在靠投料台岸边，以鱼抢食密集区为中心设置1个无网盖的方形网箱，在岸边或池中设置固定桩，再用绳子或钢绞线固定成型，也可做成浮于水面的框架网箱。

（3）使用聚乙烯网片缝制成双网纲的普通养鱼网箱，形状为正方形，箱高（深）度3米；网箱规格根据养殖水面大小和每次可销售数量确定，规格为12米×12米×3米，或规格为20米×20米×3米，100亩以上的水库可设置多个长宽为20米×20米的网箱。

（4）网箱网目大小根据鱼大小确定，用于捕鱼种的网箱，以起捕的最小鱼种出不去为宜。用于捕0.5千克/尾规格以上成鱼网箱网目为10～13厘米；用于捕1千克/尾规格以上成鱼网箱网目为13～15厘米（鱼品种和肥满度不同有差别）。或三面用3～6厘米小网目、一面用13～15厘米网目制作网箱，减少收集时鱼的受伤；也可以四面统一用3～6厘米小网目网箱起捕后，用筛子或人工分出不同种类和达到上市规格的鱼。

（5）网箱安装时箱面高出水面50～100厘米；拉绳通过小滑轮与网箱面纲相连，拉绳连接除靠岸一面外的其余三面网箱面纲，两端留够网箱下沉和起网用的长度，以网箱下沉后留2米以上绳端可固定到岸边为宜。拉绳为聚乙烯或尼龙等材料，直径大于1厘米，坚韧耐用；滑轮使用铁制或硬塑料的单轮，直径为4～8厘米。

（6）使用空矿泉水或可乐瓶灌满细沙作网箱沉子，在网箱内的四周和中间位置抛放8～20个瓶（收网时收集好可重复使用），以底网完全下沉为宜；在上纲每隔3～5米绷1个瓶，以使上下纲和纲及底网和边网一起下沉（靠岸边的一面不用下沉）。

（7）网箱安装好并下沉后，在网箱内投料约1周，鱼便习惯在网箱内，即使投喂少量饲料也能引诱罗非鱼入箱内区域抢食。当要捕鱼时，捕鱼前一天起至结束当天，停喂饲料。起捕时用少量料投入网箱诱食，鱼密集后，在拉绳两端各1～2人在岸上迅速拉收绳子至网箱上纲浮起水面基本拉直，紧贴固定的钢绞线，来抢食的大部分鱼被围在网箱内，此时，大量的鱼往外蹿跳，此时把拉绳绷紧暂时固定，等待30～60分钟鱼便安静下来。在大网箱内放置2～4个增氧曝气盘或安置1～2台增氧机，可以用网箱挂鱼密集1～2天，等待销售，可利于长途运输。短途的或上加工厂的，可以收网后直接装运。

（8）网箱拉起后，由2～4人用小船或浮排下水，用较粗的绳子或浮于水的毛竹、PVC空管，拦起网箱底部，把鱼赶入小网箱中，进行分筛、捞鱼、选鱼和装鱼。若起网的鱼不够，重新安装好网箱，投喂少量饲料继续起捕。一般连续拉网2～3次后，需停拉1周，另起一处网箱，轮流操作。

利用网箱诱捕收获必须在水温适宜季节（最适25～30℃），罗非鱼抢食时间才能进行。一般情况下，山塘水库每年起捕可达80%以上的罗非鱼，有的起捕率甚至达到95%。不能用网箱起捕的罗非鱼，应在冬季水温下降到18℃以前，放水干池或用其他有效方法捕捞，避免因冻死造成损失。

九、典型模式实例

广西宜州东坝水库面积110亩，每年4月放养不小于50～100克/尾规格的吉富罗非鱼10万尾，搭配150克/尾的鳙8 000尾。投喂罗非鱼配合饲料，粗蛋白含量前期30%，后期28%。投饵量根据罗非鱼的数量、气候及水质状况等灵活掌握。配套2台自动投料机，按定位、定时、定质和定量的“四定”投料方法投喂。水温在22～30℃、天气晴朗、水质良好时，按罗非鱼体重的3%～4%分上、下午2次投喂，共用饲料11万千克。10月分批诱捕上市，至11月中旬大部分捕完，放水干塘。上市规格平均780克，产量76吨。亩均产值8 360元，亩均利润1 090元。

第二节 福建罗非鱼山塘水库养殖模式

福建省以丘陵山地地形为主，山塘水库众多，全省拥有小型水库 3 462 座、山塘 1 万多座，在防汛抗旱、改善人民生产生活条件、保障地方经济发展等方面发挥着重要作用。福建省水源丰富，水质好，水产养殖业基础好，5 万多公顷水库发展罗非鱼养殖潜力极大，位处闽南地区的近 1.5 万公顷的小型水库、小山塘水库，更是发展罗非鱼精养的好地区。近年来，闽南山区各地通过对小山塘水库水域养殖生产条件的改造提升，并配备设施设备进行以罗非鱼为主养品种的精养模式养殖。

用于实施罗非鱼精养模式养殖的小山塘水库一般为农灌用类型，面积在 5～15 公顷，平均水深 10 米以上。在春耕、夏种生产的农田用水高峰期内，小山塘水库水源直接引至灌溉农田，或结合小山塘水库冲注新水、换水排污，养殖排放水用于灌溉农田，用水高峰期或枯水期最低水位不低于 6 米，其余时间可保持稳定水深，进行小山塘水库改造，建立进排水设施和防逃设施，防止养殖鱼类逃逸和野杂鱼、敌害生物进入小山塘水库。进行库底平整和消毒清野，重点杀灭凶猛肉食性鱼类。选择奥尼罗非鱼、吉富罗非鱼等优良品种，苗种雄性率要求达到 95%以上。一般采用放养大规格罗非鱼种，放养密度 2 000～2 200 尾/亩，养殖产量可达到 1.5 吨左右，全程投喂膨化配合颗粒饲料，日投饵率为鱼体重的 3%～5%，经 6～7 个月的养殖，罗非鱼商品鱼规格可达到 600～800 克/尾。对于闽南部分区域具备罗非鱼自然越冬条件，可在 4～5 月放养 4～6 厘米/尾规格的夏花鱼种或在 7～8 月放养大规格罗非鱼鱼种，通过罗非鱼放养规格和起捕收获时间调整，改变传统的年底收获的方式，改为轮捕上市，对库底较平坦的小山塘水库，采用围网设置定点捕捞。也可在投喂点设置地网捕捞装置，捕大留小，最后在翌年 4～5 月或 5～7 月清塘起捕完毕。不仅缓解了 7～8 月罗非鱼生长旺季存在着与农田灌溉用水的矛盾，还达到大规格罗非鱼养殖的目的，促进了罗非鱼均衡上市。

小山塘水库罗非鱼精养模式的特点是，养殖面积大、水体深，养殖容量大，通过适宜密度放养，采用立体式套养鲢、鳙、草鱼、鲫、淡水石斑鱼等品种搭配，充分利用水体空间，有效提高了水体产出率，解决了福建省小山塘水库传统的肥水养殖模式存在的罗非鱼生长速度慢、病害多、产量低、商品鱼规格小等问题。通过良种更替、合理套养和全程配合饲料饲养，实施水质调控、增氧技术和地网捕捞技术等的优化配套，技术成熟度较高，极大地提高了小山塘水库罗非鱼养殖产量和效益，增加渔农收入。而且小山塘水库精养后的排放水用于农田灌溉，其水中有机、无机残留物可被农作物吸收利用，减少了对环境的污染，生态效益明显。

该养殖模式适合福建省山区非饮用水水源的山塘、小型水库罗非鱼养殖，并且小山塘水库在4月初水温能达到18℃以上，至11月底水温还能保持在14℃以上。

由于受工业发展与城镇建设的影响，水产养殖发展空间被严重挤占，通过利用小山塘水库水源充足、水质清新、天然生物饵料相对丰富的优势，来充分开发山塘水库资源，拓展水产养殖空间，保障罗非鱼产业增长后劲。同时，山塘水库养殖空间大，水质优良，可生产出大规格的优质商品鱼，提高罗非鱼国际市场竞争力。该模式在福建省得到迅速发展，并取得了较好的养殖效益。

一、小山塘水库条件

选择以农业灌溉为主的小山塘水库，面积在5～15公顷，平均水深10米，要求库底较为平坦，四周植被好，堤坝牢固，水源充足，常年有山泉水流入，周边无“三废”及其他外来污染。具有完善的防洪、排水设施，防逃设施完好，排灌自如，供电正常，冬天枯水期可排水干塘。

1. 进排水设施 小山塘水库水源进水口、库底排水口应建节制涵闸（图5-1）和防逃筛网，网目大小以养殖放养的鱼种不逃逸为依据，一般为

图5-1 库底排水口节制涵闸

0.7～1.5厘米，以防止养殖鱼类逃逸和野杂鱼、敌害生物进入小山塘水库。水源进水渠应与灌溉农田的出水渠相连接，以便在春耕夏种等用水高峰期直接将水源灌溉农田，不影响小山塘水库的清理、消毒和维持稳定的水位，避免农田种植与水产养殖用水的冲突。

2. 巡塘通道及泄洪沟　小山塘水库周围应建有环塘（水库）通道，便于巡塘、投饵和捕捞等管理，四周应建有泄洪沟，防止山洪冲入小山塘水库。

3. 塘底平整　在干库时全面清理库底，清理底部石头、树根和其他杂物等，用推土机平整库底，以储水养殖后不影响拉网捕捞为准。

二、清塘消毒

清塘消毒应选择在冬季枯水期，养殖品种起捕后，干塘清淤并将库底曝晒，清除小山塘水库周围的杂草、杂物，清整周围基面，加固堤坝护基。死库容（有水）部分用100～150千克/亩生石灰化浆全塘均匀泼洒，3天后用经浸泡的茶籽饼40千克/亩彻底清野消毒，其他库周边无水区用50～75千克/亩生石灰化浆均匀遍洒。1周后加水至1～1.5米，7～10天后消毒药物毒性消失后，经试水安全后就可进行苗种放养。

三、鱼种放养

1. 罗非鱼放养品种与质量　应选择生长速度快、抗病力强的罗非鱼优良品种，以雄性率高的奥尼杂交罗非鱼或新吉富罗非鱼苗种，是小山塘水库养殖的一个重要环节。如果放养的罗非鱼苗种雄性率不高，放养1.5～2个月后就会自繁产仔，造成养殖密度膨胀，大量仔鱼抢占饵料和养殖水体空间，导致生长速度下降，养殖周期内难以达到商品规格，影响养殖效益。实际生产中罗非鱼苗种的雄性率都难以达到100%，存在雌鱼繁育产仔的情况，在罗非鱼苗种放养结束后1个月，再套养少量淡水石斑鱼、乌鳢或鲈等肉食性鱼类。其目的在于清除罗非鱼养殖过程中自繁出的小苗及野杂鱼，以免其争夺饲料及空间，影响商品鱼的产量和规格。因此，罗非鱼苗种应选择具有资质的良种场、苗种繁育场生产的苗种，要求规格整齐，健壮无伤病。

2. 放养时间　罗非鱼苗种在水温稳定在18℃以上时可放养，福建地区一般在4月开始放苗；套养的大宗淡水鱼苗种在池塘毒性消失后即可放养；在混养淡水白鲳时，水温应稳定在20℃以上时，才可放养淡水白鲳苗种。

3. 放养规格与密度 山塘水库罗非鱼养殖主要有主养和混养两种模式。苗种放养情况见表5-1、表5-2。

表5-1 小山塘水库罗非鱼主养模式苗种放养情况

放养品种	放养规格（厘米）	放养密度（尾/亩）
罗非鱼	8～12（越冬苗种）	1 800～2 200
	或4～6（夏花苗种）	2 000～2 500
鳙	14～16	30～50
白鲢	16～18	50～80
鲤	6～8	30～50
鲫	5～6	30～50
淡水石斑鱼、乌鳢或鲈	5～8	30～40

表5-2 小山塘水库罗非鱼混养模式苗种放养情况

放养品种		放养规格（厘米）	放养密度（尾/亩）
罗非鱼		8～12（越冬苗种）	500～1 000
		或4～6（夏花苗种）	800～1 200
鳙		14～16	50～80
白鲢		16～18	50～80
鲤		6～8	30～50
鲫		5～6	30～50
淡水石斑鱼、乌鳢或鲈（1个月后）		5～8	20～30
可选草鱼、斑点叉尾鮰、淡水白鲳中的其中一种	草鱼	14～16	800～1 200
	或斑点叉尾鮰	10～12	1 500～2 000
	或淡水白鲳	10～12	1 500～2 000

4. 大规格罗非鱼苗种配套培育 由于小山塘水库不同于池塘，面积大而水深，直接放养小规格罗非鱼苗成活率低，应经过苗种培育成大规格鱼种再进入成鱼养殖。小山塘水库在高温期投放所需的大规格罗非鱼种，由当年的早繁苗，经苗种培育，至4月初培育成4～6厘米的鱼种进行粗苗放养，或再经过分疏标粗，至7～8月罗非鱼鱼种规格达到30～50克/尾，即可供小山塘水库进行成鱼养殖。

四、饲料投喂

由于小山塘水库精养模式养殖密度加大，质量安全管理要求逐步规范，养殖全程以投喂膨化配合颗粒饲料为主，适当搭配部分青饲料，以提高饲料利用率和增强鱼体抗病力。膨化配合饲料的粗蛋白含量，应根据罗非鱼不同生长阶段的需求调整，投喂次数、投饵量等可参照池塘主养模式。饲料投喂时应掌握“定时、定位、定质、定量、适口、灵活”十二字投喂准则。

投喂方法：在苗种放养1～2天后，可用小木船人工投喂粉状饲料，先按水库面积的50%投喂，以后每天缩小投料面积，逐步向饲料台集中，待鱼群基本集中在饲料台周围后，改用投饵机投喂颗粒配合饲料。饲料台设定在池底平坦、水深2～3米的位置，一般每30～45亩配置1台投饵机。饲料投喂应遵循“慢、快、慢”的原则，投喂时间一般以1.5～2小时为好，并根据鱼的生长、摄食、水质和天气等情况灵活调整。若遇到暴雨或台风等恶劣天气，可少投喂或停喂。

五、水质调控

在养殖前期，应逐步加深水位，至2个月后水位应加深至8～10米；养殖中、后期，视具体水质情况，定期按25～30千克/亩泼洒生石灰，或加注新水10～15厘米，保持塘水透明度在25～30厘米，pH稳定在7.5～8.5。雨季或台风来临时，可视雨量大小适时开启底部装有防逃拦鱼设备的排水孔，排泄有机质含量较高的底层水。在农田用水高峰期内，结合小山塘水库加注新水，进行底部换水排污，底部污水引入农田灌溉。如水质过清，水体透明度过大，应及时施放适量的复合肥和过磷酸钙，进行培水，促进罗非鱼自然生长；如水质过差，可投放光合细菌等有益微生物制剂，保持水质稳定。养殖期间每天适时开动增氧机，阴雨天酌情增加开机时间；在高温季节的清晨和午后适时开动增氧机，均衡上下水层水温，增加底层水的溶氧量，保证水体溶氧充足。

六、日常管理

小山塘水库养殖罗非鱼是大水体高密度精养模式，养殖过程的管理应仿效罗非鱼池塘养殖的各项管理措施。

（1）每天早、中、晚巡塘，发现异常情况及时采取措施处理。定期检查溢洪道是否畅通，拦鱼设施及排水孔是否安全，做好防洪工作。气候不良时夜间应多次巡塘，及时开启增氧机，严防缺氧浮头。

（2）定期检测鱼体的生长状况，每天都注意观察罗非鱼的摄食、活动状况，及时调整投饵量。

（3）定期水体消毒，根据水质变化，定期施用1毫克/升的漂白粉或0.7毫克/升的硫酸铜、硫酸亚铁合剂（5∶2），全池泼洒消毒。

（4）建立完整的养殖生产日志。对每天的养殖情况和投入品的使用进行归档登记，按时认真填写《养殖生产记录》《养殖用药记录》，建立内容详细完整的台账，以备质量追溯。

七、病害防治

（1）鱼种消毒。小山塘水库由于水体大，不同于池塘养殖，鱼种放养前，都应对鱼体进行药物浸浴消毒和驱虫，切断病原随鱼种进入小山塘水库的途径。一般用于鱼种浸浴消毒的药物，有食盐、高锰酸钾和福尔马林等。食盐浸浴消毒的浓度为2%～3%，药浴时间为15～20分钟；高锰酸钾或福尔马林的浸浴消毒的浓度为8毫克/升或20毫克/升，药浴时间为5～10分钟。

（2）注意疾病的预防工作。病害防治坚持“以防为主、防治结合、综合治理”的原则，定期使用生石灰消毒食场，高温季节在饲料中添加10%的氟苯尼考1～2克/千克或土霉素1～2克/千克拌饲投喂，也可在食场周围挂杀虫剂、含氯消毒剂等进行杀虫和消毒。全池泼洒药物时应准确计算水体体积，水位超过2米以上时，一般按2米深度计算，以防药物过量导致鱼类中毒死亡。渔药使用符合《无公害食品　渔用药物使用准则》（NY 5071）的相关要求。

（3）定期进行鱼体镜检，发现鱼体有寄生虫时，应及时泼洒杀虫剂进行驱杀。罗非鱼小山塘水库养殖过程中，主要的寄生虫病有指环虫病、车轮虫病和斜管虫病等，可采用晶体敌百虫0.3～0.35克/米^{3}的浓度全池泼洒；或硫酸铜、硫酸亚铁合剂（5∶2）0.7毫克/升的浓度，全池泼洒消毒。

（4）高温季节，增加增氧机开机时间，保持水体充足的溶氧；采取水质调控措施改善水质，保持良好的水环境。减少饲料投喂，适当使用含氯消毒剂进行水体消毒，控制病原菌数量。一般二氧化氯使用量为0.3毫克/升，或强氯精0.2～0.3毫克/升，或溴氯海因0.3～0.4毫克/升，或聚维酮碘（有效碘1%）0.3～0.5毫克/升，全池泼洒。

八、起捕

小山塘水库精养模式，养殖面积大，可分次捕捞，对达到上市规格的商品鱼可先行起捕上市；放养大规格越冬种至9月时，大部分罗非鱼规格长至700克/尾左右时，即可在食场周边安装地网，分批起捕，捕大留小；也可多次拉网起捕，在起捕前需停止投喂饲料1～2天，以便将鱼引诱集中，增加起捕率。放养当年苗种或在7～8月放养大规格鱼种的养殖模式，则要饲养到翌年2月罗非鱼才可长至700克/尾以上规格，可与其他套养品种一起起捕。起捕前放低水位，采用拉网围捕将部分商品鱼分次起捕后，在翌年4～5月或5～7月清塘起捕完毕。对于不具备越冬条件的小山塘水库，在水温低于14℃时，应将所有罗非鱼起捕上市。

九、典型模式实例

【实例1】福建省龙海市九湖镇内寮水库是小二型农用水库，水库面积200亩，池底平坦，交通便利，具备罗非鱼自然越冬条件，近年来开展了小山塘水库大水面精养模式养殖，实施的小山塘水库新吉富罗非鱼主养模式试验示范。按照新吉富罗非鱼小山塘水库养殖技术规范，进行了水库的清理和清塘消毒，清除小山塘水库周围的杂草、杂物，建好拦鱼设施，疏通进、排水口。于2012年4月5日，放养了规格40尾/千克的新吉富罗非鱼越冬种34万尾，套养了草鱼1万尾、鲢1万尾、鳙8 500尾、鲤和鲫0.5万尾；2012年5月10日，套养了规格90尾/千克的淡水石斑鱼1万尾，鱼种投放前在鱼篓用2%食盐水浸泡消毒5～10分钟。投喂粗蛋白30%的膨化颗粒配合饲料和浮萍等青饲料，养殖过程采取了调水措施，夏季高温或秋冬温度太低没有浮萍投喂时，在饲料中添加1克/千克的渔用多种维生素或100毫克/千克维生素C。饲养至年底开始起捕，采用拉网分次捕捞、捕大留小方法轮捕上市，至2013年3月初清塘起捕完毕，总产量为298 258千克。其中，罗非鱼产量234 491千克，草鱼产量23 750千克，鲢产量18 226千克，鳙16 523千克，鲤和鲫4 568千克，其他品种700千克。平均总单产1 491.3千克/亩，其中，罗非鱼单产1 172.5千克/亩，占总产量的78.62%，平均规格达750克/尾。充分发挥了小山塘水库的养殖潜力，达到高产高效，提高养殖效益。

【实例2】福建省南靖县靖城镇草坂水库是山塘农用水库，水面面积80亩，平均水深5米，水源为山涧水，进、排水设施完善。地处内陆山区，海拔较高，冬季气温、水温较低，罗非鱼自然越冬存在风险。近年来，该小山塘水库开展新吉富罗非鱼混养模式养殖，取得较好的养殖效果。苗种放养前进行清塘消毒，采用50～60千克/亩的茶籽饼，经浸泡后全池泼洒，进行彻底地清塘消毒。在清塘消毒7～10天后，就可进水至水位1.5米左右，消毒药物毒性消失，经试水安全后，进行适当培水即可放苗。每7～8亩配备1.5千瓦的叶轮增氧机1台，增氧机装在投饵区附近。2013年4月放养了新吉富罗非鱼早春苗种，混养了草鱼、鲢、鳙、鲫等苗种，放养数量详见表5-3。鱼种投放前，在鱼篓用2%食盐水浸泡消毒5～10分钟。养殖过程全程投喂精蛋白28%的混养配合饲料，主要抓好水质调控措施，控制水体透明度25～30厘米，水体溶氧量保持在4毫克/升以上。养殖期内，每隔15～20天冲注新水1次，每次注水20～30厘米。高温季节，每月全池泼洒30毫克/升的生石灰或1毫克/升的漂白粉，两者交替使用。养殖中、后期，定时开启增氧机，每天清晨和午后各开机1次，每次1.5～2小时，天气不好时适当延长开机时间。饲养至11月开始分批起捕，至12月7日全部清塘起捕完，共收获商品鱼158 651千克，平均产量达1 983千克/亩，其中，罗非鱼达到793千克/亩，详细产量见表5-3。饲养期间共投喂配合饲料228 237千克，饲料系数为1.52。通过合理品种搭配，充分利用水体空间，减少养殖过程病害发生，提高产出率，增加养殖收入。

表5-3　新吉富罗非鱼小山塘水库混养模式放养与收获情况

放养品种	放养日期	苗种规格（厘米）	放养数量（尾）	收获时间	产量（千克/亩）
草鱼	2013.04.20	14～16	40 000	2013.12.07	1 006
鲫鱼	2013.04.20	5～6	5 000	2013.12.07	31
红鲢	2013.04.26	14～16	4 000	2013.12.07	76
白鲢	2013.04.26	12～16	6 000	2013.12.07	78
新吉富	2013.04.28	5～6	100 000	2013.12.07	793
合计					1983

第六章 罗非鱼流水养殖模式

南方很多地区属喀斯特地貌，有着丰富的地下温泉水资源，利用自然流出或抽取方式开展冬季罗非鱼养殖，配套培育大规格越冬鱼种或养殖成鱼，十分有利于罗非鱼的反季节流水养殖。比如，广西南宁、柳州、宜州等地形成了比较特色的利用自然温泉水开展流水罗非鱼养殖模式，效益非常好。采用水库坝下流水养殖罗非鱼，也是一种效益较好的流水养殖模式。排出水用于农田灌溉，不但不会造成污染，还对农田增加一定的有机肥。发展水库流水养殖，能促进罗非鱼的健康高产高效模式发展。

流水养殖模式独具一格，取得产量效益双丰收，相比池塘或其他养殖模式，效益非常突出，成为罗非鱼养殖的一个亮点。罗非鱼流水养殖模式，主要有地下温泉水和水库流水两种，前者主要是反季节（冬春季）养殖，后者主要是夏季养殖。如广西宜州市刘三姐乡流河村、柳江县成团镇白露村两个基地具有代表性，每个流水池养殖面积不大，但一个基地每年生产优质罗非鱼500吨以上。广西有众多的中小型水库，以浇灌为主，常年有流水。如水库流水养殖代表点宜州六坡水库坝下流水基地，年产优质罗非鱼600吨以上。流水养殖只要流量足够，流水池面积不用太大也能取得较高产量，适合广西广大有温泉水的地区应用。

第一节 温泉水流水养殖模式

一、场地选择和建设

选择地下温泉水常年水温稳定在20～23℃，流量大，水质好，有一定的场地，有路能通运输车，水体经一定的落差或直接流入鱼池，不用抽取，排水方便。流水池一般要用片石头、砖头或水泥砌砖，防水流冲垮。同时考虑是否可能受洪水淹没，以便建设时加高池堤或用较高钢网围绕。池子形状以节省成本、便于水交换和排污为原则，依据地形而建设，以圆形或长方形为好，面积1～5亩，水深1.5米以上，最好达3米。出于高密度养殖安全考虑，为便于管理水源，场地选择离水源越近越好。若能依地形建设使水流形成瀑布式入池更好，因泉水一般缺氧，经曝气后氧气充足，更利于养殖。若水源无法经曝气流入，或要超高密度养殖，每亩要安装3千瓦的增氧机对水体进行增氧。

二、养殖前的准备工作

放养前先检查好进出水口、拦鱼栅是否通畅牢固，进、排水是否正常。放鱼前放足水到正常养殖水位，调节水流到稍慢，1周后再慢慢调节至正常流速，以便鱼入池后有个适应的过程。以大部分鱼群不常到入水口抢水的流速为宜，能有每小时交换完1～2次水的流量就很好，水流速过大鱼易消耗体力，流速过小水交换不畅和排不出污物。

三、鱼种放养

流水养殖应放养每尾50克以上的大规格鱼种，最好放养150克以上规格。以每亩可产出30～40吨罗非鱼成鱼（出池规格750克）的高产池设计，放养大规格鱼种成活率一般可达98%以上，因此放养密度可以达到每亩4万～5万尾。高密度放养每亩要安装3千瓦以上的增氧机，流水池条件差或无法安装增氧机的放养密度要降低至每亩2万尾以内，否则容易造成事故损失。

收购或搬运罗非鱼操作要轻快，尽量减少外伤，因温泉水水温较低，水温在22℃以下，罗非鱼最容易因外伤严重感染水霉病，无法治疗造成大批量死亡。入池前用浓度20毫克/升高锰酸钾浸浴20～30分钟，可在运输车厢中浸浴后下池，对鱼体体表伤口有收敛作用，促进伤口愈合，对预防感染水霉病有一定作用。放养时温差也不宜超过3℃，若温差过大，应先抽部分温泉水入车厢内，慢慢调节水温相近才入池。

四、饲料投喂

高密度流水养殖需要大量的优质饲料，全程投喂蛋白质含量为28%的罗非鱼配合饲料，日投喂量为2%～3%，每天投喂2～3次。用自动投料机投喂，比用人工投喂鱼长得更均匀。

五、日常管理

（1）定期检查进、排水口和水交换是否通畅，排污是否干净，发现问题要及时检修好。

（2）每天观察鱼的活动和吃食是否正常，每周定期抽样检查鱼体的健康状况，发现不正常则进一步送检分析，及时发现鱼病，及时防治。

（3）定期检查水质和流量情况是否正常，及时发现问题及早解决。

（4）有计划安排饲料供应，保证饲料供给。因饲料用量大，有些养殖场常有供应不上料的情况出现。因鱼在流水停食比在池塘中更容易消瘦，因此不能长时间停料。

（5）洪水季节要注意防洪灾。一些温泉水虽是从溶洞中流出，但其上游可能是地表河，受地表水洪水涨水冲击，要了解水源的水情，才能避免洪灾造成的损失。

（6）防止人为因素造成的损失。因养殖池鱼密度高，一旦水源遇到人为破坏，损失较大，因此要保护好养殖水源，有专门人员负责管理。

六、鱼病防治

温流水养殖，主要是低温下容易感染寄生虫病和细菌病。减慢水流情况下，用硫酸铜全池泼洒2～3次，每次浓度0.5～0.7毫克/升，可防治鱼体表和鳃的寄生虫病；用二氧化氯全池泼洒，浓度0.1～0.2毫克/升，严重时0.3～0.6毫克/升，可防治细菌病。

七、捕捞上市

一般上年9～10月入池的大规格鱼种，经过6～8个月的养殖，达到上市规格的及早捕捞上市；在3月就可陆续上市，至7月基本出池完毕，9月停止水流检修和消毒鱼池，能排干水的池可曝晒10天池底；10月又可进入下一季节养殖。

八、典型模式实例

广西宜州、柳江罗非鱼温泉水养殖 3 口流水鱼池，面积共 8.9 亩，每口鱼池安装水管直接引温泉水入鱼池，流水池塘建设有进、排水设施，排出水流到小河，下游水用于灌溉农田。流水池除了投放罗非鱼外，还投放 30%的大规格草鱼和青鱼进行混养。每亩产值 14.8 万元/亩，利润 4.0 万元/亩。

第二节 水库坝下流水养殖模式

一、场地选择和建设

选择较大型水库，库容越大越好，常年有足够流量，最好是大型水库，并建设有小型水电站，水流经水电站后注入流水鱼池。水库流水与地下温泉水水温完全不同，温泉水主要利用冬季水温较高进行反季节养殖，而水库水与自然池塘水一样，一年四季水温温差大，最南方一般冬季低温至 6℃，高温达 35℃，主要在夏季养殖。但由于水流量大，水质也好，只要有场地，交通方便，最好鱼池能设计成流水有落差流入鱼池，形成瀑布更好，不用抽取，同时排水也方便。

水库坝下流水池一般也用片石、红砖或水泥砖砌成池塘，并且要比温流水池的更加宽大牢固，要能抵御大洪水的冲击。池子形状依据地形而建设，以长方形为好，面积 5～20 亩，水深 2 米以上。水库水质有一定的肥度，浮游生物消耗溶氧，因此，每亩要安装 2 台 3 千瓦的增氧机或使用 1.5 千瓦鼓风机对水体进行曝气增氧。

二、养殖前的准备工作

参照上述温泉水流水养殖模式。

三、鱼种放养

水库流水养殖应同样应放养每尾 50 克以上的大规格鱼种。以每亩可产出

10～20 吨罗非鱼成鱼（出池规格 750 克）的高产池设计，放养大规格鱼种成活率一般可达 95%以上，放养密度可以达到每亩 1 万～3 万尾。高密度放养，每亩要安装 3 千瓦以上的增氧机；流水池条件差或无法安装增氧机的放养密度要降低至每亩 1 万尾以内，否则容易造成事故损失。

收购或搬运罗非鱼注意事项，参照上述温泉水流水养殖模式。

四、饲料投喂

水库流水因在夏季养殖，高水温持续时间较长，投喂蛋白质含量为 30% 的罗非鱼配合饲料生长较快，日投喂率为 3%～4%，每天投喂 2～3 次，用自动投料机投喂。

五、日常管理

参照上述温泉水流水养殖模式。

六、鱼病防治

参照上述温泉水流水养殖模式。

七、捕捞上市

一般年初 4 月入池的大规格鱼种，经过 4～6 个月的养殖，达到上市规格的及早捕捞上市。在 8 月就可陆续上市，至 11 月基本出池完毕，冬季停止水流检修和消毒鱼池。

八、典型模式实例

广西宜州六坡水库坝下罗非鱼养殖鱼池 8 口，水面面积 28 亩，每口鱼池安装 2 台 3 千瓦的叶轮增氧机。水库流出的水先经 1 个水力发电站，鱼池建设有 2 米落差，使流水入第一个鱼池时形成瀑布，其他鱼池建设安装多根塑料管冲水入池。排出的水流到小河，下游水用于灌溉农田。流水池只放养罗非鱼。

每亩产值8.1万元/亩，利润1.97万元/亩。

第三节　工厂余热水流水养殖模式

一、场地选择和建设

工厂余热水大多是电场和工厂排出的冷却水，以旧火力发电厂为多，热水排出量大，很多电厂都建设有热水养殖场。热水鱼池可以是普通池塘改造而成或建造成标准水泥池。鱼池要求水流畅通，不能有漏水现象，配备增氧机、水泵和气泵等设施。

二、池塘准备

工厂余热水水温经常处于30℃以上高温，并常有变化，特别是停机检查维修时会停水。为了保险，需建1个混合调温池，或挖深水井应急备用，用于鱼种越冬时更有必要。当水温升高时，及时加注冷水降温。停机停热水时，取备用水源应急解救。

放养前必须进行彻底清理和消毒，安装供氧机械，每亩要安装3千瓦以上的增氧设备。

三、鱼种放养

工厂余热水流水养殖同样应放养每尾50克以上的大规格鱼种。一年中除了冬季外，其他时间均能放养。以每亩可产出40～60吨罗非鱼成鱼（出池规格750克）的高产池设计，放养大规格鱼种成活率一般可达95%以上，放养密度可以达到每亩5万～8万尾。

四、饲料投喂

工厂余热水水温一般较高，投喂蛋白质含量30%的罗非鱼膨化配合饲料，日投喂率一般为3%～5%，日投喂3～4次，饲养周期比池塘养殖缩短1～2个月。

五、日常管理

参照上述温泉水流水养殖模式。

六、起捕上市

根据市场需求可全年进行轮捕上市，达上市规格的鱼分批起捕出售。

第七章 罗非鱼咸淡水养殖模式

罗非鱼为广盐性鱼类，不仅能在淡水中养殖，也能在咸淡水、甚至海水中养殖。我国有面积广阔的浅海、滩涂、海边鱼塘，均可进行罗非鱼养殖。20世纪70年代起，我国水产科技工作者对罗非鱼半咸水、海水养殖进行了大量的实践与经验摸索。90年代，由于对虾养殖遭受了暴发病困扰，大批半咸水虾池闲置，一度造成了资源浪费，而罗非鱼养殖弥补了虾池的废弃利用。另外，由于淡水池塘养殖的罗非鱼土腥味重，品质不高，一定程度上也影响了罗非鱼价格与销售；而半咸水养殖罗非鱼无土腥味、品质高，深受养殖户和广大消费者的欢迎，经济效益也十分显著。目前，我国海南、广东、广西、江苏、山东、河北、辽宁等沿海地区均开展了罗非鱼咸淡水养殖。未来，推广罗非鱼咸淡水养殖，对提高罗非鱼产量、提升罗非鱼品质、扩大罗非鱼市场份额都具有重要的积极意义。

目前，罗非鱼咸淡水养殖的主要品种有尼罗罗非鱼、尼奥罗非鱼、红罗非鱼、吉丽罗非鱼、莫荷罗非鱼等。不同品种的耐盐性能不同，其中，尼罗罗非鱼可在盐度15以下养殖，红罗非鱼、吉丽罗非鱼、莫荷罗非鱼可在盐度20或更高盐度下养殖。

由于罗非鱼养殖所需的苗种，大多取自淡水繁育苗种，若将鱼种直接移入高盐度咸淡水中养殖，会因其不能耐受高盐度的刺激而产生应激反应，引起不适、病变，甚至死亡。因此，与淡水养殖不同，罗非鱼鱼种下塘养殖前需进行盐度驯化，经过一个由低盐度到高盐度的慢性适应过程，最后才能在适宜盐度环境下正常生长。为提高苗种成活率，盐度驯化时应注意几点：①应选择健壮、无外伤鱼种作驯化对象，受伤的鱼种在驯化过程中易因伤口引起脱水而死亡；②驯化前在淡水中停食1～2天；③驯化中不能投喂饲料，因鱼种摄食时海水会伴随饲料进入鱼体，造成鱼内脏脱水，且海水的pH较高，吞食后胃肠中的酸性消化液会被中和，降低消化机能，引起食物消化不良；④长途运输的苗种，应先在低盐度（盐度<5）中暂养2～3天后，方可开始驯化；⑤在驯化过程中，不能急于求成，应掌握从低盐度向高盐度逐步提升的原则，以保证驯化成活率。

罗非鱼咸淡水养殖模式多样，可以池塘单养，也可以与其他鱼类或虾、蟹、贝等混养。①池塘单养，可放3厘米左右的鱼种3 000～5 000尾/亩；②罗非鱼与对虾混养，一般应以养殖对虾为主，罗非鱼为副，当对虾长到5～6厘米后，再放养罗非鱼鱼种，以避免虾苗弱小而被罗非鱼蚕食；③罗非鱼与鲻、梭鱼等混养，应根据混养鱼类的食性和栖息水层，科学搭配，以达到充分利用水体空间，节约饵料，增加效益的目的。

第一节　广东罗非鱼咸淡水养殖模式

一、池塘主养

1. 池塘条件　池塘建于沿海地区。池塘面积一般以5～10亩为宜，水深1.5米以上。塘底平坦，以泥底或沙泥底质为宜。池塘有较好的进、排水设施，配备增氧机2～4台。

2. 水源　淡、海水水源充足，水质无污染。

3. 池塘处理　新开挖的池塘或池底为水泥建筑的池塘可直接放苗。若是老塘，需进行清淤处理，塘底淤泥不超过20厘米。清淤结束后，曝晒池底，并用生石灰等进行消毒处理。

4. 鱼种放养

（1）*放养时间*　放养时间一般在4月上、中旬，水温稳定在18℃以上时即可放养鱼种。

（2）*盐度驯化*　盐度驯化有两种方法：

①先将从淡水养殖区运回的鱼种放在盐度5以下的暂养池（网箱）中暂养2～3天，然后逐步加大池水盐度进行鱼种驯化，每天提高盐度2～4，直至达到养殖水体盐度，此时可以把鱼种移入到咸淡水池塘中进行养殖。

②有充足淡水水源的池塘，则先可注入60～80厘米深的淡水，把鱼种直接放入池塘中养殖。在养殖过程中人工控制池水盐度，由低到高逐步添加海水，直至加满及换水，在养成期间最终达到适宜盐度。此法可简化罗非鱼盐度驯化程序，有利于提高鱼种的成活率。

（3）放养密度　投放全长9～11厘米规格的过冬鱼种2 000～3 000尾/亩，或全长3～5厘米规格的当年鱼种3 000～5 000尾/亩。在投放罗非鱼过冬鱼种20～30天或当年鱼种50～60天后，适当搭养10～15克/尾的鲻、梭鱼苗种300～400尾/米^2，或全长10厘米规格的鲈鱼种350尾/亩。

5. 投喂　在整个养殖过程中，投喂饲料坚持做到“三看”、“四定”的原则。一般在鱼苗下塘2天后开始投喂饲料，投喂蛋白含量30%的罗非鱼鱼种配合颗粒饲料，投饲率为6%～8%，投喂时间为每天8：00和17：00。当鱼生长到100克/尾以后，投喂蛋白含量28%的罗非鱼成鱼配合颗粒饲料，投饲率为4%～6%。并根据天气变化情况、水质和底质条件、鱼的生理状况与摄食情况等因素灵活调整。养殖初期，池水较肥，水中浮游生物十分丰富，也可酌情减少投饵。投喂时，采取“慢-快-慢”和“少-多-少”的投饵方法，每次投喂持续30分钟左右，避免投喂浪费。

6. 养殖管理　在鱼苗投放后10天内，保持水位不变，以后每天增加水位5厘米左右，直至水深达1.5米以上。以后，每隔15～20天换新水10%～20%，以保证水质的相对稳定及清爽，透明度保持在25～30厘米。当池水中浮游生物减少、水颜色变浅时，可适当追加肥料。每隔15～20天施放生石灰1次，以调节池水酸碱度，使池水pH始终保持在7.8～8.5。有条件的地区，还可通过投放光合细菌、硝化细菌、EM液等有益菌种达到调控水质的目的，减少养殖池塘用水的排放，使整个养殖过程水质符合鱼体的生长要求。

每天早、中、晚各巡塘1次，了解水质变化以及池鱼的吃食、生长和活动情况，做好养殖日常记录，详细记录每天天气、水温和投饲等。

7. 实例　广东湛江市遂溪县海尚水产科技有限公司养殖基地位临北部湾，占地面积133公顷。罗非鱼苗经过分步养殖、合理调控盐度和密度，最后能够在盐度18的海水里生长。一般投放6朝苗，按13 000尾/亩密度养殖。养殖1个月，规格达到8～10克/尾时，第一次分塘；养殖4个月，规格达到400克/尾，第二次过塘，养殖密度减少至6 000尾/亩；养殖到平均规格750克/尾时，过第三次塘，养殖密度降为3 000尾/亩；养殖到平均规格1.5千克/尾时，第四次过塘，盐度也逐步调整到18左右。实践证明，采用分步养殖、逐步驯化，可进行罗非鱼高密度海水养殖，平均产量可达5 000千克/亩。养成的罗非鱼不仅没有泥腥味，还具有海水鱼鲜味。海水养殖罗非鱼平均出池价格为26元/千克，高品质罗非鱼可以用来做刺身，现在主要供应商为珠三角地区。

二、罗非鱼与南美白对虾池塘混养

1. 池塘条件　池塘建于沿海地区。养殖池塘面积一般为 5～10 亩，水深 1.5～2.0 米。进、排水渠通畅，配备增氧机 2～4 台。

2. 水源　淡、海水水源充足，水质无污染。罗非鱼经适当盐度驯化后，一般可在盐度 15 以下的半咸水中进行养殖。

3. 池塘处理　放养前，对池塘进行清淤，清淤后池底曝晒。对塘底和进出水口彻底消毒，可用 100～150 千克/亩的生石灰进行消毒。

4. 苗种放养　先投放南美白对虾虾苗，放养密度为 1～2 厘米虾苗 2 万～4 万尾/亩；15～20 天后，再投放罗非鱼鱼苗，放养密度为体长 4～5 厘米的罗非鱼鱼苗 30～50 尾/亩。

5. 饲喂　若以南美白对虾为主的鱼虾辅情况下，投喂按对虾单独养殖进行，无需再投喂罗非鱼饲料。若以罗非鱼为主的鱼虾混养情况下，南美白对虾养殖阶段不需投喂人工饵料，放养罗非鱼鱼苗后投喂罗非鱼全价配合饲料，日投喂量按罗非鱼体重的 3%～6%计算，每天分早、晚 2 次投喂，并根据天气、水质及鱼摄食情况适当增减。

6. 养殖管理　养殖过程实行增氧，使池塘水体溶解氧保持在 7 毫克/升以上。养殖过程中每 20～30 天用生石灰进行水体消毒，浓度为 10 毫克/升。

养殖 3～4 个月后，南美白对虾平均规格 25 克/尾，用地笼捕抓上市，也可以根据市场供求情况提早起捕上市。养殖 5～6 个月后，罗非鱼平均规格达 0.6 千克，此时干塘起捕，并将残留的南美白对虾一起起捕上市。

7. 典型模式实例　广东省电白县冠利达科技生物养殖有限公司利用1 005 亩盐度为 20～25 的对虾养殖池塘，开展吉丽罗非鱼与南美白对虾混养。每年 5 月 10 日，放养南美白对虾苗，虾苗放养密度为 6 万尾/亩。待虾苗情况稳定以后，5 月 25 日开始投放吉丽罗非鱼种，放养前先进行盐度驯化，驯化到养殖盐度后，再投放到对虾池塘中，放养密度一般为 30 尾/亩。养殖期间，投喂南美白对虾饲料，日投饲量与相同放养密度的南美白对虾专养塘正常投饵量一样，其他日常管理不变，保持养殖期间盐度变化不要剧烈变动。9 月下旬捕虾，罗非鱼可继续养殖。生产表明，吉丽罗非鱼与南美白对虾混养，对虾平均产量 500～600 千克/亩，回捕率 60%～80%；吉丽罗非鱼平均产量为 35 千克/亩。鱼虾混养不仅有效地降低了对虾病害发生，提高了对虾养殖效益，而且海水养殖罗非鱼肉质鲜嫩、口感独特，售价远远高于普通养殖罗非鱼。

第二节　海南罗非鱼咸淡水养殖模式

一、海水罗非鱼养殖

1. 养殖池塘要求　避风条件好，波浪不大，不受台风袭击，潮流畅通，冬季水温不低于18℃，盐度在5～22，水质清新，符合《无公害食品　海水养殖用水水质》（NY 5052—2001）标准要求，面积在3～6亩，水深在1.5～2.0米，淤泥厚度在20厘米以下，池堤坚实不漏水，有独立的进、排水系统，每口池塘配备1～2台1.5千瓦的叶轮式增氧机。

2. 养殖前池塘的准备　养殖前，对池塘进行必要的修整。加固堤坝，检修闸门等设施，并进行清淤、曝晒，然后每公顷用1 500～2 250千克的生石灰或60～75千克的漂白粉加水溶解后，全池泼洒进行消毒，1周后纳入海水，纳水时用60目筛绢网过滤，以防野杂鱼或敌害生物进入。

3. 鱼苗放养

（1）将选购自罗非鱼良种场的规格整齐、无病、无伤的优质种苗，按30 000～37 500尾/公顷的投放密度放养于池塘。养殖5～6个月后，罗非鱼平均规格达到500克以上即可拖网捕捞上市。

（2）驯化

①海水罗非鱼品种（如吉丽罗非鱼）不需要经过驯化，但要进行海水盐度调节才能投入到池塘中养殖。

②淡水罗非鱼品种（如吉富罗非鱼等）需驯化后再入养殖池塘：开始可直接放入盐度5以下的水中，暂养1天后，以每天提高2～3的梯度逐渐提高盐度至养殖要求的海水盐度为止。驯化前2～3天，即应停止饲喂，防止驯化时摄食和排便，并严防鱼体受伤，以免海水从口、肛门和伤口处进入鱼体，造成内部器官脱水而死亡。

4. 饲料投喂　饲料投喂要注意，饲料颗粒的大小与鱼口裂大小一致。吉丽罗非鱼其口列比吉富罗非鱼的口裂小，挑选饲料时要区别对待。在整个养殖过程中，投喂饲料坚持做到“三看”（看天气、看水色、看罗非鱼活动摄食情况）和“四定”（定质、定点、定时、定量）。全程选择人工配合饲料，一般每天投饲2次，上、下午各1次，一般在8：00～10：00、16：00～18：00投喂。日投喂量为鱼体重的3%～5%，每天投饲量要根据鱼的吃食情况、水温、天气和水质掌控，天气好、水温适宜和水质良好的情况下可喂足，低压、阴雨天气、水质不良时少喂或不喂。

5. 养殖管理

（1）水质调控

①水位控制和换水：放养前期，保持水位1米左右，以利于提高水温及增加底层光照；高、低温期和放养后期将水位升至1.5米以上。小潮添水为主，5～7天1次；大潮尽量纳潮换水，日换水量在20%～30%，做到多次少量，避免温差或盐度差过大影响罗非鱼生长，在大暴雨过后及时换水，防止盐度突变，造成罗非鱼应激反应。

②养殖水体的消毒：水体采用含氯消毒剂进行消毒，每15天消毒1次。

③生物制剂投放：水体每15天投放生物制剂1次。

④底质改良剂投放：水体每30天投放底质改良剂1次。

（2）日常管理　每天坚持早、中、晚巡塘。观察水色、水质变化和鱼的活动、摄食情况，观察有无残饵和浮头征兆。检查闸门是否破损，尤其是雷雨、台风季节更应加强巡查，发现问题及时采取相应措施。养殖过程严格把关使用品，避免罗非鱼成品鱼产生化学物或渔药残留，影响销售。做好养殖生产日志、池塘养殖生产记录、渔药使用记录等各项记录。

6. 病害防治　整个养殖过程中，自始至终坚持“以防为主、防治结合、无病先防、有病早治”的原则。海水养殖模式常见疾病有链球菌病、小瓜虫病和车轮虫病等，其防治方法与淡水养殖相同。

二、半咸淡水罗非鱼养殖

1. 养殖池塘要求　淡、海水水源充足，进、排水方便，池塘通风向阳。淡水水源水质应符合《渔业水质标准》（GB 11607）的规定；海水水源水质符合《无公害食品　海水养殖用水水质》（NY 5052—2001）的规定。养殖池塘面积在3～6亩，水深在1.5～2.0米。池底平坦，底质要求壤土或沙壤土。淤泥厚度≤20厘米。每口池塘配备1～2台1.5千瓦的叶轮式增氧机。

2. 养殖前池塘的准备　养殖前，对池塘进行必要的修整。加固堤坝，检修闸门等设施，并进行清淤、曝晒，然后每公顷用1 500～2 250千克的生石灰或60～75千克的漂白粉加水溶解后全池泼洒进行消毒。1周后向池塘注入淡水，并用细绢网过滤；然后逐渐纳入海水，纳水时用60目筛绢网过滤，以防野杂鱼或敌害生物进入。

3. 鱼苗放养 先向消毒处理后的池塘内注入60～80厘米深的淡水，选购规格整齐、健壮、不携带病原菌的健康苗种投于塘中，放养罗非鱼30 000～37 500尾/公顷，一年养殖两茬，第一茬3～7月，第二茬8～12月，每茬罗非鱼规格可达每尾500～600克。在养殖过程中人工控制池水盐度，从低到高逐步添加海水，直至加满及换水，在养成期间最终达到盐度10左右。驯化前在淡水中停食1～2天，因鱼种摄食时海水会伴随饲料进入鱼体，以致造成鱼的内脏脱水，且海水的pH较高，吞食后胃肠中的酸性消化液会被中和，降低消化机能，引起食物消化不良。

4. 饲料投喂 选择全价配合饲料，采用投饵机投饵，确保罗非鱼摄食均匀。每天投喂2次，8：00～9：00、15：00～17：00各1次。每天投喂量为鱼体重的3%～5%，投喂量和次数还要根据天气情况、鱼体规格、水质情况、水温和鱼体摄食情况进行适当调整，并坚持“四定”原则。

5. 养殖管理 养殖过程中定期检测池塘水质各项指标，如溶解氧、氨氮、硝酸盐和亚硝酸盐等，根据水质检测结果、池水颜色、罗非鱼摄食情况对水质进行综合调节，包括使用含氯消毒剂消毒水体、使用微生物制剂改善水质和利用底质改良剂处理底质。适当开增氧机，保持池水溶解氧。

每天早、中、晚巡塘，捞取水中杂物和死鱼，观察鱼体活动情况、吃食情况和水质变化情况，定期测量鱼的生长情况和水质情况，根据检测结果，进行适当调整。做好日常生产记录。

6. 病害防治 坚持“以防为主、防重于治”原则，一旦发病，要对症下药，及时处理，不能滥用药物，注意药物的使用方法和休药期，严格按照《无公害食品　渔用药物使用准则》（NY 5071）及《无公害食品　水产品中渔药残留限量》（NY 5070）的规定。

罗非鱼半咸淡水养殖模式常见疾病为链球菌病和寄生虫病（小瓜虫、指环虫、车轮虫等），防治方法同淡水养殖模式。

第三节　北方地区罗非鱼半咸水养殖模式

一、池塘常温养殖

1. 池塘地点选择 池塘地点选择位于海滨地区。池塘面积一般10亩，池底较平坦，无淤泥。有独立的排灌系统，水深 2.5 米，每个池塘配 3 千瓦的增氧机 2～3 台。

2. 养殖水源　利用海滨地区通海河道中半咸水或海水，淡水为地下井水。要求海水水质良好、无污染。养殖盐度一般控制在盐度 15 以下。

3. 池塘处理　每年秋季排干池水，进行曝晒。春季对池塘进行清淤，清除池底淤泥。放苗前 20～30 天，进水 20～30 厘米，每亩用 150～200 千克生石灰全池泼洒。消毒 1 周后开始肥水，一般每亩施入尿素 3 千克、过磷酸钙 1 千克。施肥后 4 天，投放光合细菌、硝化细菌、噬弧菌等多菌种的微生态制剂进行调水。经过 8～10 天的水质培养，池水透明度在 25～30 厘米，水色呈黄绿色或黄褐色时可进行放苗养殖。

4. 鱼种放养

（1）放养时间　一般在 5 月 20 日之后，水温稳定在 18℃以上。

（2）放养规格与密度　投放 100～200 克/尾大规格的罗非鱼鱼种。若鱼种是在淡水中培育的，放养前必须进行盐度驯化。利用 10 天左右的时间，逐步调整养殖盐度，使鱼种适应盐度后方可进行半咸水养殖。鱼种放养前，用金碘溶液对鱼体消毒 5 分钟。放养密度为每亩放养 2 000 尾，并搭配放养 1.5 厘米规格的南美白对虾 2 万尾、50 克梭子蟹 200 只。放苗时间：南美白对虾投苗为 4 月底至 5 月初，梭子蟹为 6 月中旬。

5. 饵料投喂　由于放苗前对水质进行了充分的处理，池塘内的饵料生物比较丰富，由此虾苗投放后不需单独投喂。当虾苗长到 3 厘米以上时，放养经人工驯化后的罗非鱼鱼种。用人工配合饵料投喂，并在池塘边搭设饵料台，饵料投喂要少喂、勤喂，每天一般投喂 2～3 次。由于是主养罗非鱼，南美白对虾、梭子蟹不进行单独投喂。养殖前期日投喂量是鱼体重的 3%～4%；养殖中期日投喂量为 6%～7%；养殖后期日投喂量为 3%～4%。投喂量还应根据天气情况、鱼体活动情况和摄食情况灵活调整。

6. 日常管理及病害防治

（1）调控水质　每周都要对水质进行检测。并根据检测的盐度、pH、氨氮、溶解氧和亚硝酸盐等理化指标，对池塘水质进行调节，保持水质清新，藻相稳定。养殖前期，每月换新鲜水 2～3 次；高温闷热天气，每月换新鲜水4～5 次。换水期间，防止盐度剧烈变动。

（2）适时增氧　适时开启增氧机，晴天中午开机 2 小时，夜间开机 2～3 小时。遇阴天、闷热天气时，适当增加开机时间。

（3）定期消毒　每隔15天用碘制剂消毒1次，然后加入噬弧菌等生物制剂保护藻相平衡，确保鱼、虾、蟹健康。

7. 典型模式实例　河北、天津渤海湾地区养殖户在5月下旬、水温稳定后开始放苗，一般放养大规格罗非鱼鱼种，平均规格为50～100克/尾，放养密度为2 000尾/米^2，放养前根据养殖池塘中实际盐度对鱼种进行慢性驯化，同时，适当搭配放养南美白对虾或梭子蟹、梭鱼等。经过4个月养殖，罗非鱼平均规格为500克/尾，养殖成活率95%以上，罗非鱼平均产量为950千克/亩。

二、温室大棚养殖

1. 温室大棚　温室大棚建于滨海地区，一般为长方形，东西向长70米、南北向宽30米，室内池塘面积0.2公顷。池塘四周用混凝土浇筑圈梁，四壁立铺红砖，两端建半圆形砖墙，中间搭设弧形钢支架，顶部覆盖塑料膜。池底为土质，池深3.5米。池塘设有进排水系统，配备3.0千瓦的叶轮式增氧机8～10台。

2. 水源　地热深水井1眼，出水温度保持达到50℃以上；普通机井1眼，盐水可直接利用周边盐洼地的盐卤水。养殖盐度一般在5以下。

3. 放养前准备

（1）清塘　5月上旬清整池塘。用泥浆泵清除淤泥，用生石灰法消毒清塘，每亩用量200千克。消毒3天后进水，进水深度3.2米，水源为冷井水和地热水调节水温，水温控制在22～27℃。进水结束后，用1克/米^{2}的漂白粉消毒水质，安装增氧机，曝气、混合水质。水体盐度应控制在10以下。

（2）池塘肥水　清塘5～7天后，施益生素15千克/公顷，培养有益菌群；施肥水素15～30千克/公顷，培养水中浮游生物，使池塘拥有适口的天然饵料。

4. 鱼苗放养　鱼苗放苗前，用3%～5%的食盐水药浴3～5分钟。预防因鱼体受伤，引发水霉病。每个池塘放养鱼苗300万尾/公顷。经过1个半月左右培育，鱼种规格达到10～15克/尾，改鱼种放养密度为9万尾/公顷，此时进入成鱼养殖期。

5. 饵料投喂　鱼苗入池第二天起投喂罗非鱼专用鱼粉，随着鱼苗长大，在鱼粉中逐渐增加罗非鱼幼鱼颗粒饵料，逐渐减少幼鱼粉料，最后全部变为罗非鱼配合饵料。苗期每天投喂 4 次，每次 30 分钟，全池泼撒。随着投饵量增加，鱼种期改为投饵机投喂。鱼种前期每天投喂 3 次，中、后期每天投喂 2 次，鱼种期全部投喂颗粒配合饵料。苗期日投饵量：鱼苗 2 厘米以下，每万尾投喂 10～20 克；2～4 厘米苗为 40～100 克；4～6 厘米苗为 150～400 克；6～8 厘米苗为 400～1500 克。鱼种至成鱼期日投饵量：前期投饵量为鱼体重的 4%～6%，中期为 3%～4%，后期为 1%～2%。

6. 养殖管理

（1）苗种培育管理 5～7 月，苗种期管理主要是饵料投喂、水质调控和病害防治。苗种入池后，要及时追肥，每 3～5 天要用肥水素追肥 1 次。每 10～15 天使用益生素调节水质，每 10～15 天换水 30～40 厘米，池水透明度维持在 10～20 厘米。

（2）成鱼养殖阶段 7 月初至 9 月中旬为养殖前期阶段，9 月下旬至 11 月为养殖中期阶段，12 月至翌年 4 月底为养殖后期阶段。重点是饵料投喂、水质调节和鱼病防治，保持鱼种肥满度，防止冻伤死鱼。

（3）水质调节 前期每 5～7 天换水 1 次，中期 3～5 天换水 1 次，后期每 2～3 天换水 1 次。换水量视水温、溶解氧、鱼的摄食情况等综合因素而定，一般情况为 1/5 左右。前期白天开增氧机 4 小时，夜间开增氧机 5～7 小时，中期、后期增氧机不间断开机。通过换水和开启增氧机，使溶解氧 5 毫克/升，透明度 30～35 厘米。水质调节中注意盐度波动范围。

（4）水温调节 充分利用地热井优势，根据池水温度采用加注井水、排放池水的方法调节温度，池水温度保持在 22～25℃。

（5）池底清污 成鱼养殖阶段，由于鱼种密度大，投饵量高，池底易产生废弃物，为防止水质败坏，每 5 天用专用吸污机械全池吸污 1 次。

（6）巡塘 每天早晚巡塘观察，发现异常立即处理，同时做好养殖生产记录。

（7）鱼病防治 鱼病以预防为主，每 7～10 天泼洒光合细菌、益生素等有益菌，调节水质；每 10～15 天，泼洒溴氯海因等消毒剂。

7. 典型模式实例 河北省唐山市丰南区王兰庄镇么家庄水产养殖园占地总面积为 10 亩。利用当地的地热水资源，在园区内钻 2 500 米深地热温泉机井和 300 米深水井各 1 眼，建成养殖温室大棚 6 座，每座养殖池面积 2 000 米^2，养殖品种为罗非鱼、淡水白鲳。养殖期间，增氧机不间断增氧，定期吸污，定期换水。一般在 9 月放苗，翌年 5 月初成鱼出池，温室大棚养殖鱼产量为75 000千克/公顷左右。

利用地热井发展温室大棚养鱼占地规模小，节约土地，提高土地利用率；养殖废水排放低，减少对自然环境的影响；集约化程度高，方便管理，节约成本，提高单位产出率，高产高效。同时，由于采用温室大棚养殖，不受季节和温度影响，可以实施错季上市，避开成鱼上市高峰期，提高销售价格。

第八章 北方地区罗非鱼养殖模式

京津冀地区罗非鱼养殖始于20世纪70年代末，当时主要养殖品种为尼罗罗非鱼和奥利亚罗非鱼，产量很低，规格较小，250克左右就达商品规格。90年代奥尼罗非鱼推广后，罗非鱼养殖业开始飞速发展。目前，总体养殖面积在2.5万亩左右，总产量3.5万吨左右，产品主要面对本地市场，具有规模化的鱼种生产企业、大型的饲料生产企业、标准化的渔药生产企业和有组织的成鱼销售系统，产业发展比较成熟。

第一节　北京地区罗非鱼养殖模式

北京地区罗非鱼养殖起始于20世纪70年代末，经过初期的推广后，逐渐得到市场的接受。至90年代随着奥尼罗非鱼推广，罗非鱼产业飞速发展，创立了北京特色的一条龙产业链。养殖户从鱼种生产企业购买鱼种，养成后进行垂钓，剩余的成鱼以市场价或略高的价格由鱼种生产企业回收，作为翌年鱼种订金。而鱼种生产企业可以通过存储成鱼获得季节差价，并稳定了鱼种销售客户，达到了双赢的目的，也促进了产业的发展。北京地区主要养殖方式为池塘养殖，由于池塘租金普遍高于周边省份，大部分养殖户主要开展罗非鱼休闲垂钓。

【典型模式实例】北京金润龙水产养殖公司常兴庄渔场位于北京市昌平区小汤山镇，距离北六环出口2千米，交通便利，拥有养殖与垂钓池塘面积120亩，以及工厂化循环水养殖车间6 000米^2、冬季垂钓温室2 000米^2、越冬大棚5 000米^2。池塘及垂钓设施完备，具备发展垂钓的优良条件，主要开展鱼种生产、罗非鱼存储、休闲垂钓，是都市渔业的典型企业（图8-1）。

图 8-1　罗非鱼垂钓池

一、养殖设施

1. 池塘　该场池塘面积在 1.5～4 亩，池塘走向东西长、南北宽，比例在 (5～6)∶3，池壁为水泥护坡，坡度在 1∶(1～2.5)，池塘深度在 2.5 米左右，池塘防水为三合土，进、排水方便。

2. 辅助设施　每个池塘架设 1 台增氧机，有备用增氧机，以备出故障时及时替换；养殖池塘配备投饵机，垂钓池采用人工少量投喂，配备有发电机。

二、前期准备

1. 养殖池准备　池塘使用前要消毒，消毒剂选用漂白粉，使用剂量为 15 千克/亩，使用方法是溶于水后全池泼洒，消毒 3 天后加水至 1 米，然后施腐熟的粪肥 300～400 千克/亩，加水 7 天后放苗。

2. 鱼种选择　目前，养殖的主要品种为吉奥罗非鱼，鱼种为自繁自养，放养规格 200 克/尾以上，经 2 个月以内养殖达到垂钓规格；放养数量为 4 000

尾/亩左右。

3. 鱼种放养　该场拥有地热资源，一般在每年的 3 月 20 日至 4 月 10 日将鱼种转移到室外养殖，具体时间视气温条件而定，室外垂钓一般在 4 月 20 日以后开始。

三、养殖管理

1. 日常管理

（1）水质管理　保证养殖水体溶解氧在 3 毫克/升以上，夏季一般21：00至翌日 3：00 开启增氧机，阴天时根据溶氧情况择机开启增氧机；鱼种放养后逐渐加水至 2 米以上，并保持此水深至养殖季节结束，每 20 天左右换水 20％，视水质情况定期泼洒益生菌改善水质，选择枯草芽孢杆菌、光合细菌等。

（2）安全管理　在生产期间安排人 24 小时值班，停电 10 分钟内要及时发觉，30 分钟内必须启动发电机并开启增氧机。

2. 饲料投喂　养殖池塘主要采用投饵机，饲料选用经认证的全价配合饲料，饲料保存在专用饲料间，不使用发霉变质饲料。每天投喂 3 次，投喂时停开增氧机，投喂量根据吃食状况为鱼体重 3％左右，选用膨化饲料。

四、捕捞工作

该场拥有室内垂钓，一般每年“十一”后将剩余的鱼转移到垂钓温室继续垂钓。

第二节　河北地区罗非鱼养殖模式

河北地区罗非鱼产业起步于 20 世纪 70 年代，同样兴起于奥尼罗非鱼的推广。河北地区地热资源丰富，形成了以地热资源和大水面资源为辐射源的产业集群，主要养殖地集中在白洋淀及周边地区、秦皇岛昌黎、唐山的丰南、中捷农场及周边地区以及八一水库、黄壁庄水库等地区，池塘养殖以丰南地区技术水平最高，白洋淀的大网箱养殖最具特色。近年来，随着城市的不断扩张，水库多被用于饮用水源地，水库养殖面积大幅度缩减。目前，罗非鱼养殖主要以池塘养殖为主，销售市场主要是北京市场。随着罗非鱼产业的影响日益扩大，各主产地也形成了当地市场，零售价要远远高于批发价。

【典型模式实例】任丘市春华罗非鱼场位于任丘市郊，拥有热水井1眼，出水温度72℃，养殖池塘35亩，其中越冬温室15亩，养殖设施完备，可常年进行罗非鱼繁育、养殖，渔场还拥有简易饲料加工设备，可自行加工配合饲料，保证了饲料质量，也降低了饲料成本。任丘距离北京较近，活鱼运输车在1.5～2小时就可到达北京京深海鲜批发市场，主要以批发市场销售为主，年生产罗非鱼10万千克左右，年效益最高达40万元。该场拥有罗非鱼亲鱼2 000组，品种为吉富罗非鱼，年生产苗种能力500万尾，除满足自身需求外，还外卖鱼苗和鱼种，经营多元化，盈利能力较为稳定。

一、养殖设施

1. 池塘 养殖池塘面积35亩，有3个1亩池塘、16个2亩池塘，池塘走向东西长、南北宽，比例在5∶3左右，池壁修建护坡，坡度在1∶2.5左右，池塘深度在3米左右，池塘防水采用土工膜。

2. 辅助设施 规格2亩池塘架设2个增氧机、1亩池塘架设1台增氧机，有备用增氧机，以备出故障时及时替换；饲料投喂配备投饵机，为保障生产安全，配备有50千瓦的发电机。

二、前期准备

1. 养殖池准备 池塘使用前要消毒，消毒剂选用强氯精（三氯异氰脲酸），使用剂量为1.5千克/亩，使用方法是溶于水后全池泼洒。消毒3天后加水至1米，然后施腐熟的粪肥350千克/亩，加水7天后放苗。

2. 鱼种选择 养殖品种为吉富罗非鱼，规格为150克/尾左右。

3. 鱼种放养 鱼种放养时间在5月20～30日，水温稳定18℃以上。放养前用3%～5%的食盐水浸浴鱼体5～10分钟。放养密度在15 000尾/亩左右。由于罗非鱼雄性化率不可能达到100%，为控制养殖中期产苗造成的饲料浪费，每亩放养鲇50尾。为调节水质，每亩放养50尾鲢。

三、养殖管理

1. 日常管理　保证养殖水体溶解氧在3毫克/升以上，根据成鱼生长阶段始终开启增氧机1～2台；鱼种放养后逐渐加水至2米以上，并保持此水深至养殖季节结束。每20天左右换水20%，视水质情况泼洒益生菌改善水质，选择枯草芽孢杆菌、光合细菌等。在生产期间必须安排人24小时值班，停电10分钟内要及时发觉，30分钟内必须启动发电机。

2. 饲料投喂　主要采用投饵机，饲料自行制作，每天投喂3次，投喂时不停开增氧机，投喂量为鱼体重的3%。

3. 病害防治　每7天喂1次药饵，主要用大蒜素和渔用维生素C、维生素E，饲料中添加复合益生菌，主要为乳酸菌、纳豆菌和芽孢杆菌等，配比根据养殖阶段按照厂家建议执行。

四、捕捞工作

以市场批发作为主要销售方式，在出售前需要进行拉网锻炼，计划好出售时间，拉网前必须停食3天，根据销售量选择局部拉网，避免反复拉网造成鱼体受伤。

第三节　天津地区罗非鱼养殖模式

天津地区地热资源丰富，以宁河、宝坻、汉沽为主的罗非鱼鱼种生产企业，带动了罗非鱼产业的发展。目前，天津是北方地区罗非鱼苗种产量最高的地区，也是苗种繁育技术水平最高的地区，部分鱼种企业近年来转产成鱼，创造了混养白鲳亩产5万千克以上的高产纪录。另外，罗非鱼养殖池塘搭养清道夫鱼，也是新近发展的养殖模式。

【典型模式实例】天津滨海新区维江水产专业合作社位于滨海新区茶淀镇桥沽村，合作社拥有出水温度50℃热水井1眼，能够保证冬季水温在20℃以上。共有池塘面积150亩，其中，越冬温室面积55亩，全部养殖罗非鱼，采取罗非鱼混养清道夫鱼的养殖方式，年产罗非鱼成鱼1 000吨左右，清道夫鱼250万尾左右，年产值近2 000万元。

一、养殖设施

单个越冬大棚池塘面积为2.2亩，平均水深2.7米左右。池底为泥底，池壁为石头护坡，便于搭建温室大棚和管理。棚顶为双层塑料薄膜保温，用二溴海因清塘后备用；放养清道夫鱼苗前7天，注水50厘米后，施有机肥。放苗后随鱼苗生长，不断加注新水，最后达到水深2.7米左右；池塘配备8台叶轮式增氧机、投饵机1台，备有50千瓦柴油发电机1台。

二、前期准备

由于清道夫鱼生长较慢，罗非鱼鱼苗生长快，因此放养罗非鱼鱼苗之前，清道夫先养成一定规格，否则会被罗非鱼吞吃。在6月中旬，池塘施肥7天后投放清道夫鱼苗，规格为4厘米，每口塘放15万尾。15天后放养2厘米左右罗非鱼鱼苗，每口塘放苗为30万尾。

三、养殖管理

1. 水质调控 池塘共架设8台增氧机，其中2台备用。随着鱼种逐渐长大，最多时同时开启6台，始终不停，保证水体溶解氧在3毫克/升以上。在鱼种长到50克/尾以后，每10天换水80～100厘米，每10天按照0.1克/米^{3}的浓度，泼洒二溴海因1次，改善水质，用药和换水间隔5天。养殖中、后期每20～30天，用清淤机清除池底淤泥1次，冬季每天补充热水，保证水温在20℃以上。

2. 饲料投喂 主要采用投饵机，饲料选自临近饲料场，方便加工药饵且质量稳定。在鱼苗规格在50克/尾前每天投喂6次，之后每天投喂4次，投喂时增氧机始终开启。由于清道夫鱼生长较慢，后期和罗非鱼的个体差异越来越大，要添加适合清道夫鱼口径的饲料，冬季减少投喂，维持鱼体的正常消耗，控制生长速度。

3. 病害防治 每7天喂1次药饵，主要用大蒜素和渔用维生素C、维生素E，其中，25%含量的大蒜素每吨饲料为350克，维生素C、维生素E每吨饲料为1 000克。

4. 安全管理　在这种高产模式下，必须安排人 24 小时值班，停电 10 分钟内要及时发觉，30 分钟内必须开启全部增氧机。

四、捕捞工作

捕捞时进行部分拉网，增氧机不能停，清道夫鱼和罗非鱼最好一起出售，或者将捕捞上来的清道夫鱼转移到室内水泥池暂养。

第九章
几种典型的罗非鱼混养模式

第一节　罗非鱼与南美白对虾混养模式

罗非鱼与南美白对虾混养，池塘面积一般为5～15亩为宜，水深2～2.5米，养殖过程池水盐度在0.5以上，每2～3亩配备1.5千瓦的增氧机1台。池塘经曝晒并清淤消毒后，经适当培水即可放苗。选择奥尼或吉富品系等优良品种，放养规格可根据当地养殖条件和管理水平确定，可采用大规格越冬种或早春苗种，要求放养的罗非鱼鱼种为高雄性率苗种，可避免养殖池塘内罗非鱼自繁产苗，影响南美白对虾生长。混养的虾苗种规格一般为1.0厘米左右的淡化苗或2～3厘米的标粗苗，采用一次性套养或分次套养方式。苗种放养顺序为先放养南美白对虾苗、再放养罗非鱼苗，1个多月后放养鲢、鳙等鱼种。放苗时温差不能超过3℃、盐度差不能超过3、pH差不能超过0.5。池塘盐度在5以下时才适宜放养鲢、鳙等淡水性鱼类。经长途运输到达池塘的鱼苗或虾苗，要经过温度过渡后，待运苗袋内外水温基本一致时才解开袋放苗。放苗时要逐渐加入池水，待苗种过水适应后才慢慢将苗种倒入池塘中，放苗地点应在池塘上风头的深水处。养殖过程主要投喂罗非鱼鱼虾混合配合饲料，投饲量一般为鱼体重的3%～5%。养殖过程精细池塘水质管理，根据水质情况不定期少量换水，每次加水或换水量最多不超过原池水量的10%，使池水透明度稳定在25～30厘米、pH稳定在7.6～8.5、氨氮含量小于0.6毫克/升、亚硝酸盐浓度小于0.1毫克/升、硫化氢浓度小于0.01毫克/升、溶解氧浓度大于4毫克/升。养殖过程戒用敌百虫等有机磷及聚酯类等药物。南美白对虾经90～100天的饲养，达到60～100尾/千克商品规格时，就开始收获上市。可采用定置虾笼（火车网）收捕，捕大留小，收捕时注意开动增氧机。罗非鱼达到500克/尾上市规格，也要分次拉网收捕，平均产量可达到1 500千克/亩。其中，罗非鱼单茬的目标产量为1 000～1 200千克/亩，南美白对虾产量为200～250 千克/亩，其他鱼类为 100 千克/亩。

罗非鱼与南美白对虾混养，是合理利用生态效益的创新养殖模式，一般只投罗非鱼配合饲料，而对虾以摄食罗非鱼残饵与天然藻类、浮游动物为主。这样不但充分利用了饲料，还能有效控制饲料对水体的污染，维持良好的鱼虾生长环境，以罗非鱼的稳产分摊各种成本，减低风险，以混养的白对虾获取更高收益。同时，鱼虾混养模式水质易控制，发病率和药物成本低，罗非鱼肉质好、产量高。

罗非鱼与南美白对虾混养模式所需的地理条件是要有淡咸水，有利于南美白对虾养殖，所放养的罗非鱼雄率要求较高，这种模式适合沿海地区发展。

一、池塘条件

池塘面积为 5～15 亩，水深 2 米左右，池底平坦，塘基坚固，保水性能好，进、排水渠道独立。水源充足，无污染，具有半咸淡水来源，养殖前期池水盐度在 0.5 以上。每 2～3 亩配备 1.5 千瓦的增氧机 1～2 台。

二、放养的前准备工作

1. 清塘整池　清塘的目的是杀灭池塘内的敌害生物（包括野杂鱼、虾、蟹、螺以及病原微生物），改良底质，保证苗种入池后的正常生长。方法是在冬闲时将池塘内的池水排干或抽干，封闸晒底，维修堤坝和闸门。若池底沉积物较少，可采用曝晒、翻耕等方法促进淤泥中的有机物氧化、降解；长期使用的老化池塘，大量残饵及代谢物沉积池底，应使用推土机等清除过多的淤泥，再翻耕、曝晒。

2. 安装进、排水过滤网和设置围网标粗（中间暂养）区域　进、排水口要求不得渗漏，进、排水操作方便，并设置双层过滤网。河口处滤网规格为 20 目网片，池塘内滤网规格为 60 目网片。另外，在池塘一边采用围网方式设置小规格苗种标粗区域，因为放养的南美白对虾淡化苗和罗非鱼早春苗种规格较小，鱼苗直接放入大塘养殖则比较难以驯化，成活率亦难以估计。建议小规格苗种应先经过围网标粗，标粗面积约占养殖面积的 1/20。

3. 池塘消毒　放养前，一定要彻底清除池塘内一切对鱼苗、虾苗不利的生物，包括致病性生物、捕食性生物、竞争性生物以及水草、青泥苔等。在放苗前15天左右，池塘先进水10～20厘米，用生石灰100千克/亩兑水化浆后全池均匀泼洒，5天后池塘开始进水，进水前一定要先检查过滤网布有无破裂，进水至水深80厘米左右即可。进水后，最好再用漂白粉0.5～0.75千克/亩或二溴海因0.25千克/亩对水体进行1次消毒，尤其是早期放苗（3～4月初）时更有必要。

4. 施肥培育基础饵料生物 水体消毒3天后，可进行肥水操作。施用基肥，用尿素3千克/亩、磷肥0.5千克/亩；施用追肥，每天用尿素0.3千克/亩、复合肥（氮：磷：钾=1：1：1）0.3千克/亩、碳酸钙0.5千克/亩。施肥时间为晴天的中午，阴雨天不施肥。施肥方法是，将肥料用水溶解后均匀泼洒在水面。追肥可每天施肥1次，直到池水透明度为25厘米左右时停止。放苗时，水色呈豆绿色或黄褐色为佳。肥水也可以用见效比较快的生物肥水素，用法与用量按照使用说明。肥水后，于放苗前2天施用光合细菌等有益微生物制剂，以保持水体微生态环境的平衡。肥水好的池塘，由于池塘内饵料生物丰富，鱼苗、虾苗入塘后可以在1周内不用投喂。

三、苗种放养

1. 放养时间 闽南区域一般在3月中、下旬开始放养，其余养殖区域以4月底至5月初较为适宜。要求池塘水温稳定在18℃以上才能放养，放苗前1～2天要先试水。放养顺序先放养南美白对虾虾苗，再放养罗非鱼鱼苗，1个多月后放养鲢、鳙等鱼苗。

2. 放养模式 选择高雄性率的奥尼罗非鱼或吉富罗非鱼，混养南美白对虾，适当搭配少量鲢和鳙，以控制池塘水质。

（1）*一次套养南美白对虾养殖方式* 在3月底至4月初、水温稳定在20℃左右时，每亩池塘放入规格1.0厘米左右经淡化的优质南美白对虾4万尾。虾苗入池15～20天、长到规格3厘米时，每亩池塘放养规格为100～120尾/千克的雄性罗非鱼越冬种1 800～2 000尾，同时，每亩水面混养鳙30尾、鲢50尾。南美白对虾经90～100天的饲养、达到60～100尾/千克商品规格时，就开始收获上市，可采用定置虾笼（火车网）收捕，捕大留小，收捕时注意开动增氧机。罗非鱼经120～150天的养殖，也要分次拉网收捕，至9月进行干塘起捕，池塘转入秋季苗种培育和越冬养殖。

（2）分次套养南美白对虾养殖方式　在4月初，每亩池塘放入规格1厘米左右经淡化的优质南美白对虾3.5万尾。待虾苗长到2～3厘米时，每亩池塘放养规格为2～3厘米的雄性罗非鱼苗2 000～2 500尾，同时，每亩水面混养鳙30尾、鲢50尾。南美白对虾经90～100天的饲养、达到60～100尾/千克商品规格时，就可开始收获，捕大留小。至第一批套养的南美白对虾基本捕完时，养殖的罗非鱼尚未达到上市规格，此时可再次套养大规格南美白对虾苗，第二批重新套养的南美白对虾苗规格为3～5厘米，每亩放养量为8 000～10 000尾。饲养至10月底或11月初后，同罗非鱼一同起捕上市。

（3）放苗时的注意事项　放养虾苗时，供苗培育场在出苗前将水质理化指标调节至与养殖池塘水质相一致，放苗时温差不能超过3℃、盐度差不能超过3、pH差不能超过0.5。池塘盐度在5以下时，才适宜放养鲢、鳙等淡水性鱼类。经长途运输到达池塘的鱼苗或虾苗，要将运苗袋放进池塘水体中漂浮20分钟左右，待运苗袋内外水温基本一致时才解开袋口，并逐渐加入池水，待苗种过水适应后才可慢慢将苗种倒入池塘中，放苗地点在池塘上风头的深水处。

（4）苗种围网标粗　如放养的南美白对虾苗及罗非鱼早春苗种规格较小，可先用围网标粗。标粗期间于鱼苗下塘后第2天开始投喂，罗非鱼早春苗可选用粗蛋白含量35%以上的粉料，每天投喂4～5次，投喂地点以塘边浅水带为好，日投喂量应根据天气、水质、鱼苗摄食情况而调节。罗非鱼标粗到体重达5克以上，拆除围网放入大塘养殖。南美白对虾苗可选用虾片与0#对虾饲料进行标粗培育，虾苗培育到2～3厘米时，可拆除围网放入大塘养殖，通过围网标粗，可提高苗种成活率。

3. 饲料投喂　虾苗入池后，主要以池塘内的基础饵料为食，辅投虾片与0#对虾饲料。如果池水透明度低（浮游生物丰富），则可少投喂或不投喂；如果水质不肥（透明度超过35厘米），则于虾苗入池后第2天开始投喂饲料。前5天每10万尾虾苗投喂虾片5～10克和0#料30～50克，每天投喂3～4次；5天后直接投喂0#料，投喂量每天递增20%。

罗非鱼苗种入池后，改投蛋白质含量为30%的罗非鱼优质沉性颗粒配合饲料，投喂量视池水水质、气候、鱼体大小、生长摄食情况、饲料台残饵状况而灵活掌握。投饲量一般为鱼体重的3%～5%。一次套养方式，在罗非鱼苗种入池后南美白对虾不另外投饵，虾主要摄食水环境中的罗非鱼料残饵、饵料生物和浮游生物；分次套养方式，在罗非鱼苗下塘后仍需继续投喂一段时间的虾料，投喂方法为在罗非鱼苗饱食后沿池塘四周投洒少量虾料。直到罗非鱼规格达到10克/尾以上时，南美白对虾才不再另外投喂饲料，正常投喂罗非鱼即可。

准确确定饲料投喂量，是提高经济效益的关键。为了提高饲料的利用率，减少浪费，投喂饲料应做到“四定”，即定时、定位、定质、定量。鱼苗体重10克以前，每天投喂4～5次，每次15分钟内吃完；苗种体重10～100克，每天投喂4次，每次30分钟内吃完；鱼种体重100～400克，每天投喂3次，每次1小时内吃完；鱼体体重400克以上，每天投喂2次，每次1.5小时内吃完，每次投喂的饲料不得有剩余。

4. 水质调控

（1）*定期检测水质指标，及时调控* 经常检测池水的透明度、pH、氨氮、亚硝酸盐、硫化氢含量及溶氧状况，及时采取措施，使池水透明度稳定在25～30厘米、pH稳定在7.6～8.5、氨氮含量小于0.6毫克/升、亚硝酸盐浓度小于0.1毫克/升、硫化氢浓度小于0.01毫克/升、溶解氧浓度大于4毫克/升。具体操作如下：

①透明度控制：透明度低于25厘米时及时换入清水；透明度接近30厘米及时进行施肥。

②pH的调节：pH低于7.6时及时施入适量生石灰进行调节；pH高于8.5时施入适量降碱素或1.5～2.5毫克/升的滑石粉进行调节。

③氨氮、亚硝酸盐、硫化氢的控制：定期施入15～30毫克/升的沸石粉；定期用二氧化氯或溴氯海因进行水体消毒，待毒性消失后施入有益菌，主要有EM、光合细菌和芽孢杆菌等。

（2）*保证溶氧充足* 养殖池塘应及时冲水，启用增氧机增氧，保持水质清新，使养殖水体透明度维持在25厘米左右，池塘溶解氧在4毫克/升以上。

放苗初期，池塘水深保持在0.8米左右，虾苗入池后根据虾的生长及水质状况，然后逐渐添注新水至水深1.5米左右；养殖前期，不用换水或少换水；尔后根据水质情况不定期少量换水，每次加水或换水量最多不超过原池水量的10%。罗非鱼体重达到250克以后，要定期换注新水，每隔半个月至少要换水1次，以改变水体藻相，提高透明度，增加水中溶解氧含量，促进鱼虾生长。

水质的好坏直接影响养殖的效果。影响水质变化除了水源水质、换水量、放养密度、施肥、投喂量和底质等主要因素外，增氧设施的使用也直接影响池塘水质的调控。罗非鱼和南美白对虾在高溶解氧含量的环境中摄食旺盛，消化率高；缺氧时则会浮头，摄食量减少，呼吸活动加强，能量消耗较多，生长缓慢，饲料系数增高；另外，低溶解氧时水体及底质中的有害物质不易分解，致病菌大量滋生，从而容易导致病害的发生，严重缺氧时罗非鱼和南美白对虾会窒息死亡。一般鱼虾混养池塘通常选用叶轮式增氧机，2～3 亩水面设有 1～2 台功率 1.5 千瓦的增氧机。放苗后，前 2 个月一般不用开启增氧机，第 3 个月通常在凌晨开机 3～5 小时，第 4 个月在白天中午开机 2 小时和下半夜开机 5 小时，第 5 个月起白天中午开机 2～3 小时和夜晚开机 10 小时左右。在出现天气突变和水肥鱼多等原因引起浮头时，应灵活掌握开机时间，特殊情况下随时开机。

（3）适当培水，稳定水质：鱼虾混养，养殖前期的施肥养水非常重要，养殖中、后期的水质管理重点是控制水体的微生态平衡，适时使用微生物制剂、水质和底质改良制剂等，对改善与稳定水质有明显作用。

5. 日常管理

（1）坚持早、中、晚巡塘，气候不良时夜间应多次巡塘，及时开启增氧机。定期检测虾体、鱼体的生长状况。每天都注意检测对虾、罗非鱼的摄食、活动状况，及时进行投饵量的调整。南美白对虾蜕壳一般都在上半夜，当虾大量蜕壳时，应加大增氧力度。巡查过程及时发现问题，及时采取应对措施。

（2）经常检查进、排水口，防止养殖池塘鱼虾逃逸和野杂鱼及敌害生物进入池塘。

（3）建立并记录好养殖日志，为分析养殖效果、监控鱼虾安全质量、总结生产经验等提供数据或依据，有效地促进养殖技术水平的提高和保证水产品的质量安全。

6. 病害防治

（1）放苗时进行鱼体消毒，可用 10 克/米^{3}漂白粉或 20 克/米^{3}高锰酸钾杀灭体表或鳃部的病原菌，用 8 克/米^{3}硫酸铜或 10 克/米^{3}敌百虫杀灭体表寄生虫，浸洗时间一般为 10～20 分钟。

（2）虾苗放养早期发现有水蜈蚣应及时用煤油进行触杀，用量为 0.5 千克/亩；发现有蝌蚪时应及时捞除。

（3）定期水体、工具消毒。养殖过程中定期进行水体消毒，通常采用 15 千克/亩的生石灰、或 1 克/米^{3}的漂白粉、或 0.2 克/米^{3}的二溴海因或 0.3 克/米^{3}的二氧化氯，全池泼洒。视情况每隔 0.5～1 个月消毒 1 次。

（4）在病害流行季节，根据鱼虾混养的发病规律定期投喂维生素 C、维生素 E，添加量分别为每千克饲料 0.5 克和 60 国际单位；定期口服大蒜素粉，添加量为每千克饲料5克，连服5～6天，每15～20天为一个疗程。发现细菌性疾病时，连续泼洒消毒剂如二溴海因、溴氯海因2～3次，同时口服药物5～7天。

（5）按照国家及行业的食品安全管理要求做好管理工作。严格遵守休药期，成鱼出塘前1个月内，停止使用一切药物。

7. 捕捞 南美白对虾的捕捞，一般采用在池塘内设置定置网笼逐步诱捕。南美白对虾苗种放养后，经90～100天的饲养，达到60～100尾/千克商品规格时，就可开始收获，捕大留小，每亩产商品虾200～250千克。

罗非鱼的捕捞，一般采用分批起捕、捕大留小、轮捕轮养的方式。在池塘部分罗非鱼规格达到600克/尾规格后，采用拉网围捕的方式，将较大个体的罗非鱼先起捕，拉网捕捞前需停止投料2天。第一次起捕后，再经1个月的饲养，可再次进行罗非鱼拉网起捕，其余的养至年底。池塘水温下降到15℃时，需要全部清塘起捕完。

四、典型模式实例

【实例1】福建省福清白鸽山垦区罗非鱼养殖基地倪乐钦养殖户，在2011年开展了新吉富罗非鱼早春苗与南美白对虾混养模式的养殖。养殖池塘2口，面积分别为12亩和18亩水深2～3米，杂石护坡，淤泥深0.3～0.5米。水、电系统完善，设有水车式增氧机和投饵机，增氧机功率1.5千瓦，每2～3亩设置1台；自动投饵机每口塘1～2台，功率120瓦，最大每10分钟出料40千克。水源以垦区老塘水为主，适度补充水库新水。养殖期盐度为1～2。池塘经放水干塘并曝晒后，使用10克/米^{3}漂白粉进行消毒；放养前1个月蓄水到1.5米。选择新吉富罗非鱼早春苗，规格为4～6厘米/尾；本地南美白对虾苗，规格为0.7厘米/尾，放养时间与数量见表9-1。

表9-1 放养情况

池号	池塘面积（亩）	罗非鱼				凡纳滨对虾
		放养日期	放养量（尾）	放养密度（尾/公顷）	放养规格（厘米）	放养量（万尾/公顷）
7号	12	2011.5.2	16 800	21 000	4.5～6.0	90
11号	18	2011.5.9	25 700	21 420	4.5～5.5	123

养殖期间全程投喂粗蛋白30%左右的配合饲料，利用自动投饵机投喂，每天2次，每次2～3小时，时间控制在8：00～11：00、14：00～16：00。养殖初期投喂粒径1.5毫米、2.2毫米颗粒各1个月，后期投喂2.5毫米规格颗粒。投喂量通过鱼摄食状态控制，大体掌握在70%～80%吃饱为准，平时晴天多投，阴雨天少投，高温天气少投或不投。定期抽样，测定罗非鱼的生长情况，按时调整投饵量。每天坚持开增氧机，通常为21：00至翌日10：00，开机台数视养殖季节、水质情况和气候变化而定。在养殖中、后期由于池塘水体载鱼量增大，且伴随排泄物、残饵的累积，水体自净能力降低，水质容易恶化，使用熟石灰或底质改良剂调节水质。高温季节每月用二氧化氯或漂白粉全池泼洒消毒2次，预防疾病发生。养殖结果：7号池和11号池分别养殖163天和156天，收获成品鱼分别为12 103千克和15 455千克。成鱼平均产量15 128千克/公顷和12 879千克/公顷，罗非鱼平均规格分别为651.1克/尾和633.0克/尾，对虾平均产量分别为4 510千克/公顷和4 341千克/公顷，平均利润79 890元/公顷。

第二节　罗非鱼与地图鱼混养模式

地图鱼（*Astronotus ocellatus*）又名星丽鱼、尾星鱼、猪仔鱼等，属鲈形目、丽鱼科、星丽鱼属，其性情凶猛，属肉食性鱼类，所以一般不适宜和其他小型鱼类混养。但地图鱼与罗非鱼同属于丽鱼科，且具有相似的生物学特性。因此为优化罗非鱼养殖模式，在福建地区开辟了罗非鱼与观赏性鱼类混养的新模式。

罗非鱼与地图鱼混养模式，要求水源充足，最好为山涧溪水，水质无污染，排灌方便。池塘面积不宜过大，一般要求1～3亩为宜，水深1.5～2.0米，同时，每亩配备直径为35厘米的微孔增氧盘4～6个。鱼种下塘前对池塘进行清理消毒。经肥水后，当水温稳定在18℃以上时，选择体质健壮、无病无伤、规格整齐的优良种质进行放养，同时，搭配一些鲢、鳙。要求放养大规格罗非鱼，以避免罗非鱼规格偏小被地图鱼攻击损伤，影响罗非鱼苗种成活率。混养的地图鱼苗种规格一般为20克/尾，地图鱼采用一次性套养。苗种的放养顺序为先放养罗非鱼苗种，同时放养鲢、鳙，1个月后再放养地图鱼。放苗前，苗种经3%～5%食盐浸浴5～10分钟进行消毒处理。放苗地点应在池塘上风头的深水处。放苗时温差不能超过3℃、盐度差不能超过3、pH差不能超过0.5。养殖过程主要投喂罗非鱼人工配合饲料，投饲方法一般按“四定”原则，投饲量一般为鱼体重的3%～5%。水质管理中，一般根据水质情况定期换水、注入新水（有条件的养殖场可进行池塘微流水），每次加水或换水量最多不超过原池水量的10%；定期泼洒微生态制剂如光合细菌、芽孢杆菌，使池水透明度稳定在25～30厘米、pH稳定在7.6～8.5、氨氮含量小于0.6毫克/升、亚硝酸盐浓度小于0.1毫克/升、硫化氢浓度小于0.01毫克/升、溶解氧浓度大于4毫克/升。罗非鱼和地图鱼抗病力强，不易感染疾病，在整个养殖过程中，应遵照“无病先防、有病早治”的原则。经过4～5个月的养殖，地图鱼规格可达到150～200克/尾，市场售价约20元/尾；罗非鱼达到600～750克/尾，平均产量可达到1 350千克/亩。在地图鱼养殖过程中，还可以根据市场情况，分批捕捞上市。

一、池塘条件

养殖池塘为0.5～5亩，平均水深1.5～2.0米，池底为沙底或水泥池底，长方形、东西向，通风、日照和保水性好。每亩配备直径为35厘米的微孔增氧盘5个或1.5千瓦的增氧机1～2台。水源充足，水质清新无污染，符合国家渔业养殖用水标准，排灌方便。

二、放养前的准备工作

1. 清塘整池 为彻底杀灭池塘内的敌害生物（包括野杂鱼、虾、蟹、螺以及病原微生物），改良底质，保证苗种入池后的正常生长，需进行清塘。清塘的方法是将池塘内的池水排干，对池底进行曝晒；若池塘老化，池塘底泥较深，应使用推土机等清除过多的淤泥，再翻耕、曝晒。清除杂物，平整塘底，修缮池埂和进排水管道，避免漏水，同时，安装进、排水过滤网，防止野杂鱼等进入池塘和养殖鱼类逃跑。

2. 池塘消毒 鱼种下塘前，需进行药物清塘，彻底清除池塘内一切敌害生物，包括致病性生物、捕食性生物、竞争性生物以及水草、青泥苔等。方法是在放苗前15天左右，池塘先进水10～20厘米，用生石灰100千克/亩兑水化浆后全池均匀泼洒。5天后池塘开始进水，进水前一定要先检查过滤网布有无破裂，进水至水深1米左右。进水后，最好再用漂白粉0.5～0.75千克/亩或二溴海因 0.25 千克/亩对水体进行一次消毒。

3. 池塘肥水　池塘水体消毒后 3 天，即可进行肥水操作。施肥原则：施肥应贯彻抓两头（春秋两季水温低时多施有机肥料）、带中间（夏季水温高时施用无机肥料）、重基肥（以农家肥为主，要施得早、施得重）、巧磷肥（施磷肥时，水体中性偏碱为好，否则易造成肥效损失，施生石灰后，应隔 10～15 天再施磷肥）。施基肥按尿素 3 千克/亩、磷肥 0.5 千克/亩；或按每亩施有机畜禽粪肥 250 千克培育水质，有机畜禽粪肥要经过发酵腐熟，并用 1%～2% 的生石灰消毒。追肥时，每天用尿素 0.3 千克/亩、复合肥（氮：磷：钾＝1：1：1）0.3 千克/亩、碳酸钙 0.5 千克/亩，连续几天，直到池水透明度为 25 厘米左右时停止。施肥时间为晴天的中午，阴雨天不施肥。肥水后，于放苗前 2 天施用光合细菌等有益微生物制剂，以保持水体微生态环境的平衡。放苗时，水色呈豆绿色或黄褐色为佳。

三、苗种放养

1. 苗种选择　放养的苗种要选择来源正规，种质纯正，规格整齐，体质健康，无病无残。

2. 放养时间及要求　闽南地区罗非鱼一般在 3 月中、下旬开始放养，其余养殖区域以 4 月底至 5 月初较为适宜。放养顺序为先放养罗非鱼，1 个多月后放养鲢、鳙等滤食性鱼类。待池塘水温稳定在 20℃以上时，再放养地图鱼。在池塘水温稳定在 18℃以上才能放养罗非鱼，选择在晴天上午或下午投放苗种。放苗前 1～2 天要先试水，避免消毒药物残留对鱼苗造成危害。方法就是在池塘吊 1 个小网箱，放入 10 来尾鱼，半天后观察鱼苗的活动情况。若活动正常，就可以大量放养鱼苗；也可取池水于盆中试养 3～5 尾鱼苗，第二天若鱼活动正常，也可以向池塘内大批放养鱼苗。

鱼苗放养时，必须注意鱼苗袋内水温与池塘水温的大小差别应在±3℃范围内。超过 3℃时，应调节鱼袋中的水温，使其接近池水温度。具体方法为：先将鱼袋置于池水中浸泡 0.5～1 小时，待鱼苗袋水温与池塘水温一致后，再打开鱼袋，慢慢与池水混合，最后将鱼苗倒入池塘中，这样可以避免鱼苗因温度差异而出现应激反应。

放苗时间及地点的选择：一般选择在晴天上午或下午放养鱼苗，可避免中午太阳直照，水温过高，早晚时段池塘水体溶氧含量较高，池塘水温变化不大，可提高鱼苗放养到池塘后的成活率。如果有风，应在池塘的上风岸边处放苗，不应在下风处放养鱼苗，主要是因为鱼苗在风的推动下，容易被大量吹到池边，导致鱼苗大量集中缺氧死亡。

鱼苗入塘前，应该进行药物浸洗消毒。由于拉网及运输过程中有可能对鱼苗造成损伤，加上放养池塘后生活环境的改变，鱼苗会出现应激反应，体质脆弱，抵抗力降低，故鱼苗入塘前可用食盐、高锰酸钾等药物进行浸洗消毒，可提高成活率。

鱼苗放养下塘时，操作要细心，避免损伤鱼体，造成死亡或感染疾病，影响鱼苗成活率及生长速度，降低养殖成本，从而提高经济效益。

3. 放养模式 按照主养鱼产量占80%、配养鱼产量占20%的“80：20”健康养殖模式进行混养。选择高雄性率的吉富罗非鱼或奥尼罗非鱼，混养地图鱼，同时，适当搭配少量鲢和鳙，以控制池塘水质。

在3月底至4月初、水温稳定在18℃左右时，按每亩池塘放养规格为100～120尾/千克的罗非鱼越冬种1 500～1 800尾，同时，每亩水面混养鳙30尾、鲢50尾。待水温稳定在20℃以上时，按每亩池塘放养规格为10～18克/尾/的地图鱼300～350尾。

4. 饲料投喂 养殖过程中，全程投喂罗非鱼人工配合颗粒浮性饲料，粗蛋白要求含量在28%～31%；由于地图鱼口裂小，饲料投喂颗粒大小要适中，不宜投喂大颗粒饲料。在投喂方法上，要讲求“四定”原则：

①定点：一般选在饵料台上进行投喂。最好在池塘中间离池埂3～4米处搭设好饵料台，一般每亩池塘搭建1～2个，以便定点投喂。

②定时：选择每天溶氧较高的时段，根据水温情况定时投喂。当水温在20℃以下时，每天投喂1次，时间在9：00或15：00时；当水温在20～25℃时，每天投喂2次，在8：00及14：00；当水温在25～35℃时，每天投喂3次，分别在8：00、14：00和18：00；当水温在35℃以上时，每天投喂1次，选在9：00。

③定量：按饲料使用说明，根据池塘条件及鱼类品种、规格、重量等确定日投喂量，每次投饲以75%～85%的鱼群食后游走为准。同时，要根据天气情况、鱼类生长情况及水质情况等进行投喂调整，天气晴朗、风和日暖时多喂；天气不好、阴雨连绵、天气闷热或寒流侵袭时少喂或不喂；罗非鱼生长旺盛、无疾病时适当多喂，反之则少喂；水质清新、溶氧充足时罗非鱼摄食旺盛，可正常投喂；而水质较差、溶氧较低时则少喂或不喂。

④定质：蛋白质是鱼类生长所必需的最主要营养物质，蛋白质含量也是鱼饲料质量的主要指标。蛋白质含量高的饲料可适当减少投喂量，而蛋白质含量低的饲料就应增加投喂量。应选择正规厂家生产的饲料，其中，各种成分的含量都能满足鱼类生长之需，且要求配方科学，配比合理，质量过硬。

5. 水质调控

（1）适时增氧，保持池水溶氧丰富：适时开动增氧设备，具有增氧、搅水和曝气三方面的作用，不仅能够增加鱼类对饲料的消化利用率，而且能够促使池水中有机物分解成无机物被浮游植物所利用，还能有效地抑制厌氧细菌的繁殖，降低厌氧细菌的危害，对改良鱼池水质起着相当重要的作用。适时开动增氧设备增氧，按照“三开两不开”原则：晴天中午开，阴天清晨开，连绵阴雨半夜开，浮头早开；傍晚不开，阴雨天中午不开。但是鱼类主要生长季节要坚持每天开，运转时间可以采取“半夜开机时间长一些，中午开机时间短一些；天气炎热、负荷水面大，开机时间长，天气凉爽、负荷水面小开机时间短”等措施。若突发缺氧时或缺水停电情况下可采用化学增氧，常用化学增氧剂有些过氧化钙、过氧化镁等。

（2）定期检测水质指标，及时调控：经常检测池水的透明度、pH、氨氮、亚硝酸盐、硫化氢含量及溶氧状况，及时采取措施，使池水透明度稳定在25～30厘米、pH稳定在7.6～8.5、氨氮含量小于0.6毫克/升、亚硝酸盐浓度小于0.1毫克/升、硫化氢浓度小于0.01毫克/升、溶解氧浓度大于4毫克/升。具体操作如下：

①透明度控制：透明度低于25厘米时及时换入清水；透明度接近30厘米及时进行施肥。

②pH的调节：pH低于7.6时及时施入适量生石灰进行调节；pH高于8.5时施入适量降碱素或1.5～2.5毫克/升的滑石粉进行调节。

③氨氮、亚硝酸盐、硫化氢的控制：定期施入15～30毫克/升的沸石粉；定期用二氧化氯或溴氯海因进行水体消毒，待毒性消失后施入有益菌，主要有EM菌、光合细菌和芽孢杆菌等。

（3）适当培水，稳定水质鱼虾混养，养殖前期的施肥养水非常重要，养殖中、后期的水质管理重点是控制水体的微生态平衡，适时使用微生物制剂、水质和底质改良制剂等，对改善与稳定水质有明显作用。

6. 病害防治　新吉富罗非鱼和地图鱼，抗病力强，不易感染疾病。在整个养殖过程中，应遵照“无病先防、有病早治”的原则。

（1）苗种下塘前，使用生石灰或漂白粉进行全池清塘消毒。

（2）养殖过程中定期进行水体消毒，通常采用15千克/亩的生石灰、或1克/米^{3}的漂白粉、或0.2克/米^{3}的二溴海因或0.3克/米^{3}的二氧化氯，全池泼洒。视情况每隔15～30天消毒1次。

（3）在病害流行季节，定期投喂维生素C、维生素E，添加量分别为每千克饲料0.5克和60国际单位；定期口服大蒜素粉，添加量为每千克饲料5克，连服5～6天，每15～20天为一个疗程。发现细菌性疾病时，连续泼洒消毒剂如二溴海因、溴氯海因2～3次，同时口服药物5～7天。

（4）按照国家及行业的食品安全管理要求做好管理工作。严格遵守休药期，出塘前1个月内，停止使用一切药物。

7. 日常管理

（1）坚持早、中、晚巡塘，气候不良时夜间应多次巡塘，巡查过程及时发现问题，及时采取应对措施，及时开启增氧机。定期检查鱼的摄食、活动状况，及时进行投饵量的调整。

（2）经常检查进、排水口，防止养殖池塘养殖鱼的逃逸和野杂鱼及敌害生物进入池塘。

（3）建立并记录好养殖日志，为分析养殖效果、监控鱼虾安全质量、总结生产经验等提供数据或依据，有效地促进养殖技术水平的提高和保证水产品的质量安全。

8. 捕捞 由于地图鱼对水温的要求较高，在养殖后期（9月）就要根据市场情况开始起捕，在池塘水温低于18℃前，必须全部捕捞完毕；罗非鱼采取捕大留小的原则分批上市。捕捞方法为：在食场周边安装地网，分批起捕；多次拉网起捕，在起捕前需停止投喂饲料1～2天，以便将鱼引诱集中，增加起捕率。

四、典型模式实例

【实例1】2011年，福建省淡水水产研究所在榕桥罗非鱼保种选育基地开展了罗非鱼与地图鱼混养模式的养殖。养殖池塘2口，每口面积400米^2，平均水深1.5米，沙底水泥池塘。水、电系统完善。每口配备直径为35厘米的微孔增氧盘3个；水源为山涧溪水，水质清新无污染，进、排水方便，可实现养殖过程微流水。池塘经放水干塘并曝晒后，使用20克/米^{3}生石灰进行消毒；

放养前 1 个月蓄水到 1 米。选择由上海海洋大学提供的新吉富罗非鱼苗种，平均规格 45 克/尾；地图鱼在福州市花鸟市场购买，平均规格为 18 克/尾，放养情况见表 9-2。

表 9-2　放养情况

池号	池塘面积（米^2）	新吉富罗非鱼			地图鱼			其他品种
		放养日期	放养量（尾）	放养密度（尾/亩）	放养日期	放养量（尾）	放养密度（尾/亩）	放养量（尾）
B1 号	400	4.16	900	1 500	5.04	230	380	50
B2 号	400	4.16	900	1 500	5.04	230	380	50

养殖期间全程投喂粗蛋白 28%的罗非鱼人工配合饲料，每天投喂 2 次，以半小时内吃完为好，投喂时间控制在 8：00～10：00、14：00～16：00。养殖初期投喂粒径 1.0 毫米、2.0 毫米颗粒各 1 个月，后期投喂 2.5 毫米规格颗粒。投喂量通过鱼摄食状态控制，大体掌握在 70%～80%吃饱为准，晴天多投，阴雨天少投，高温天气少投或不投。定期检测罗非鱼的生长情况，做好记录，适当调整投饵量。养殖全程实行微孔增氧，并保持池塘微流水。在养殖中、后期由于池塘水体载鱼量增大，且伴随排泄物、残饵的累积，水体自净能力降低，水质容易恶化，建议每月使用熟石灰或底质改良剂调节水质 1 次。高温季节每月用二氧化氯或漂白粉全池泼洒消毒 2 次，预防疾病发生。养殖结果：经过 190 天的养殖，B1 号和 B2 号分别收获商品罗非鱼分别为 597.2 千克和 581.9 千克，地图鱼 230 尾和 227 尾；收入情况见表 9-3。

表 9-3　养殖试验总收入

品种	总产量（千克）	售价（元/千克）	总收入（元）	合计收入（元）
罗非鱼	1 179.1	10	11 791	23 972
地图鱼	457	25 元/尾	11 425	
其他鱼	—	—	756	

试验池塘商品鱼总收入23 972元，扣除苗种费、饲料费、工人工资及电费等成本14 983元，纯收入8 989元，平均亩产利润约7 495元，经济效益十分显著。

第三节　罗非鱼与锯缘青蟹混养模式

一、养殖池塘要求

水源充足，淡水水源水质应符合《渔业水质标准》（GB 11607）的规定；海水水源水质符合《无公害食品　海水养殖用水水质》（NY 5052—2001）的规定。进排水渠通畅、电力匹配、增氧设施齐备的池塘，面积为0.2～0.6公顷，池塘水深1.5～2.0米。池底平坦，一般为壤土或沙壤土，保水性强，淤泥厚度≤20.0厘米。每口池塘配备1～2台1.5千瓦的叶轮式增氧机。混养池塘不需要设置青蟹防逃设施。

二、养殖前池塘的准备

1. 池塘清整　放养前将池塘内淤泥、杂物清理，池塘塘堤防漏加固，晒塘。

2. 全池彻底消毒　对池底、池壁、池堤、进出水闸门所有与池塘连接的地方，都要使用药物泼洒，进行消毒。在放养前7～10天，按1 500～2 250千克/公顷的用量用生石灰进行干法清塘消毒。

三、鱼苗与蟹苗的放养

1. 良种来源　罗非鱼鱼苗选购取得水产种苗生产许可证、群众普遍反应试养效果好的罗非鱼制种单位。蟹苗来自天然海区捕捞，并经过隔离、暂养和检验。

2. 鱼苗质量　规格均匀（3～4厘米），体色一致，体质健壮，鳍条完整，无病，无伤残。

3. 蟹苗质量　规格整齐（2.5～3厘米），爬行敏捷，附肢齐全，无病，无伤残。

4. 放养时间　每年3月中旬投放罗非鱼；4月上旬投放锯缘青蟹蟹苗。

5. 放养密度　罗非鱼每亩放养2 000～2 500尾；锯缘青蟹每亩放养200～300只，条件好的可以放养500只。

6. 出塘规格　一般养殖4～5个月，70%～80%的罗非鱼体重可达500克以上，可根据市场需求适时上市；青蟹放养后2～3个月，体重达500克以上开始捕捞，也可视卵巢成熟度及市场行情决定上市。

7. 盐度调节　锯缘青蟹蟹苗对水体盐度比较敏感，放苗前必须对养殖水体盐度进行调节，可以利用玻璃钢桶进行降淡处理，每天降低盐度阶梯不超3，养殖水体一般控制盐度在6.5～19。

四、饲料投喂

鱼蟹混养使用罗非鱼人工配合饲料（膨化浮性饲料或熟化沉性饲料），不投喂锯缘青蟹专用饵料。一般每天投饲2次，上、下午各1次，一般在8：00～10：00、16：00～18：00投喂。日投喂量为鱼体重的3%～5%，每天投饲量要根据鱼的吃食情况、水温、天气和水质掌控，天气好、水温适宜和水质良好的情况下可喂足，低压、阴雨天气、水质不良时少喂或不喂。投喂时先开动自动投饵机给罗非鱼喂食，20分钟后，将20千克/亩饲料人工沿池塘周边撒投，以便为锯缘青蟹提供充足的饵料。

五、养殖管理

坚持早、中、晚巡塘，观察罗非鱼吃食情况和生长情况，检测水质各项指标（氨氮、溶解氧、硝酸盐等），以便确定投饵量和调节水质。若发现死鱼、死蟹及时捞出，进行深埋等无公害处理，并检查探究死因，采取相应的防治措施。根据日常管理情况，合理调整管理措施，做好养殖日志、生产记录等各项记录。

六、病害防治

（1）坚持“以防为主、防重于治、防治结合、科学治疗”的原则。

（2）预防措施：①放养优质鱼苗和蟹苗；②细心操作，避免鱼、蟹受伤，放苗时做好鱼、蟹消毒工作；③投喂优质饲料；④发现病鱼、病蟹及时隔离、治疗，并对死鱼、死蟹进行无害化处理。

（3）罗非鱼常见病及防治方法同淡水养殖模式。

(4) 锯缘青蟹在养殖过程中常见疾病如下：

①纤毛虫病：病蟹头胸甲、腹部长有黄棕色毛状物，活动迟缓，对外界刺激反应迟钝，手摸病蟹有滑腻感。防治方法：0.5～0.8 毫克/升新洁尔灭、0.7～0.8 毫克/升纤虫速灭（主要成分：一水硫酸锌）或 0.7 毫克/升硫酸铜与硫酸亚铁合剂（5∶2）全池泼洒。

②弧菌病：病蟹活动能力明显减弱，多在池水中下层缓慢游动，食欲显著下降，不摄食或少量摄食，体色变白，附肢关节膜呈粉红色。防治方法：0.3 毫克/升二溴海因消毒水体；配合饲料中添加 0.03％氟苯尼考、0.01％病毒灵、2％～3％维生素 C，连续 5 天；用 0.3～0.5 毫克/升聚维酮碘或季铵盐络合碘全池泼洒消毒，每天 1 次，连续 3 天。

③白芒病：病蟹步足基节的肌肉呈乳白色（健康者呈蔚蓝色），折断步足会流出白色黏液。在螯足基部和背甲上出现白色斑点，病蟹的螯足、步足容易脱落，发病后 4～5 天死亡。防治方法：0.5～1.0 毫克/升枯草芽孢杆菌全池泼洒，改良养殖水质；用 0.05％土霉素、0.01％盐酸吗啉胍拌饵投喂，连续 5 天有一定效果。

④黄斑病：病蟹螯足基部和背甲出现黄色斑点或分泌黄色黏液，活动机能减退，失去摄食能力，腹甲上斑点中心部凹下，呈微红褐色。防治方法：使用 25 毫克/升生石灰或 2 毫克/升漂白粉全池泼洒消毒水体；复方环丙沙星 5 克/千克拌饲投喂，连用 7 天。

⑤黄水病：临死前肌肉液化成“黄水”。防治方法：使用 25 毫克/升生石灰或 0.3 毫克/升二溴海因全池泼洒消毒水体；复方环丙沙星 5 克/千克拌饲投喂，连用 7 天。

七、鱼、蟹的捕捞

罗非鱼采用排水拖网捕捞；青蟹使用蟹笼或者地笼网捕捞，抓大留小。

第四节　罗非鱼与草鱼混养模式

近年来，池塘主养罗非鱼病害越来越多，而且多次出现全国性的大面积流行性链球菌病，一旦发病，药物很难控制。如何通过健康生态养殖模式进行疾病防控，减少病害的发生，显得尤其重要。利用不同鱼类之间的生态学原理，即罗非鱼是中上层鱼类、草鱼是底层鱼类，两者混养能更加充分利用池塘空间，调节水体的生态平衡，减少疾病的发生，提高产量，增加效益。

一般主养罗非鱼的池塘，冬季低温（罗非鱼生存温度12～40℃）来临前，罗非鱼必须搬入越冬池塘或出售。搬空池塘后，为了不影响翌年罗非鱼的放养，冬季池塘基本上是闲置，不放养其他吃食性鱼类。空塘后及时补放草鱼（草鱼生存温度0～38℃）下塘，冬季进行适当投喂养殖，翌年后与放养的罗非进行混养，可充分利用冬季半年的池塘空闲时间，提高池塘利用率和养殖效益。

采取适宜的放养比例（罗非鱼占70%～80%、草鱼占20%～30%），冬季低温前投放大规格草鱼种；选择营养蛋白质含量26%～28%的罗非鱼膨化颗粒饲料；采用机械化自动投料；安装3千瓦叶轮增氧机增氧。从而提供一种以罗非鱼为主养、草鱼为配养，减少疾病发生，提高总产量、经济效益的水产养殖技术。运用本技术，池塘年产量达1 200千克/亩以上，比单养罗非鱼池塘产量提高15%以上，罗非鱼和草鱼成活率达到98%以上，效益提高20%以上。

此模式充分利用了罗非鱼和草鱼不同的生活习性，充分利用池塘初冬和开春近半年的空闲时间，冬季适当养殖草鱼，翌年开春放养罗非鱼一起混养。此技术与单养罗非鱼的池塘相比，罗非鱼放养量并不用减少，同样池塘面积情况下，增加了草鱼放养量和产量，从而大大提高了池塘养殖的经济效益。

一、池塘选择

池塘面积不限，一般为3～20亩，水深2米以上，水源清洁，进、排水方便。

二、鱼种放养

罗非鱼和草鱼均放养大规格鱼种。罗非鱼和草鱼放养比例通过产量比例确定：罗非鱼为主养，产量占总产70%～80%；草鱼为配养，产量占总产20%～30%为宜；罗非鱼出池规格一般可达500～800克/尾，而草鱼出池规格一般可达1 000～2 000克/尾。草鱼在10～11月放养，规格300克/尾以上，放养密度200～250尾/亩，每亩搭配规格200克/尾以上的鲢30尾、鳙20尾，并于11月底前放养完；罗非鱼在翌年4～5月水温稳定在18℃以上时放养，放养规格150克/尾以上的越冬种，放养密度1 500～2 500尾/亩。

三、饲料投喂

面积8亩以下的池塘，每口塘配置自动投料机1～2台；面积8～20亩的池塘，每口塘配置自动投料机2～3台，以使饲料投洒面积较大且均匀，减轻罗非鱼和草鱼的过度抢食而拥挤。每天2次（11：00、16：00），投喂蛋白质含量26%～28%的罗非鱼膨化颗粒料。日均投喂量占鱼体重3%，阴雨天减少投喂或停喂。

四、水质调控

面积5亩以下的池塘，安装3千瓦叶轮式增氧机1～2台；面积5亩以上的池塘，安装3千瓦叶轮式增氧机2～4台。池塘1～2个月注入清洁水，以保持水深2米以上。每天20：00至翌日8：00开增氧机增氧，高温天气14：00～16：00开1台增氧机调节上下层溶氧。在7～8月高温季节、4～5月北转南风和9～10月期间的南北转风天气转换时，池塘表层温差大，上下水发生对流，水体易缺氧，应特别注意增加开增氧机时间，以防容易发生鱼类缺氧泛塘死鱼事故。

五、日常管理

每天定时巡塘检查1～2次，观测池水状况及鱼摄食活动情况，每天8：00～9：00检测1次水温，有条件的测定溶氧含量，每月抽样检查1次罗非鱼和草鱼生长情况（每次抽查10～30尾）。

六、鱼病防治

采用此养殖模式基本无疾病发生，但如果水质污染、饲料变质、投料不当或管理不到位时也可能出现疾病。每天巡塘检查发现是否有死鱼现象，及时检查诊断和施放渔药。发现一天之内有5尾以上罗非鱼或草鱼死亡的池塘，详细检查分析原因。若属外环境因素引起的，要及时排除；若属细菌引起的，全池泼洒 0.2 克/米^{3}的强氯精消毒剂 1～2 天（1 次/天），以控制病害扩散；若因细菌病引起超过 5 尾以上罗非鱼死鱼现象，同时加喂 3 天（2 次/天）常用的罗非鱼用抗菌药物；若有草鱼因细菌病引起死亡，用青草拌常用草鱼抗菌药投喂 3 天（2 次/天）。

此模式关键步骤如下：

（1）池塘养殖罗非鱼到 10～11 月，罗非鱼出售或搬入越冬池。

（2）捕完罗非鱼并排干池塘水后，每亩用 150 千克生石灰化水全池泼洒，对池塘进行清整消毒。

（3）放养草鱼种，同时搭配少量鲢、鳙。在冬季天气好、池塘水温达 15℃时，草鱼大都浮起来摄食，此时适当投喂饲料。

（4）至翌年 4～5 月，放养大规格越冬罗非鱼种入池与草鱼混养。

（5）7～8 月，罗非鱼和草鱼可达上市规格，可起捕上市，或捕罗非鱼上市，草鱼继续留养至第二批罗非鱼入冬时起捕上市。

七、典型模式实例

下面是 5 个池塘养殖实施的效果对比，其中，2 个池塘为单养罗非鱼，3 个池塘为混养不同密度的草鱼。

单养罗非鱼池塘 2 口，面积分别为 8 亩、9 亩；利用此模式进行主养罗非鱼、混养草鱼池塘 3 口，面积分别为 9 亩、9.5 亩、10 亩，水深 2～3 米。江河水源，进、排水方便。每口塘配置自动投料机 2 台，3 千瓦叶轮式增氧机2 台。

11 月 8～10 日放养草鱼，平均规格 550 克/尾，草鱼有 3 个不同的放养比例：100 尾/亩、200 尾/亩、300 尾/亩。每亩搭配 200～300 克/尾的鲢 30 尾、鳙 20 尾，并也于当期放养完；罗非鱼于 2010 年 4 月 20 日放养，平均规格 230 克/尾。罗非鱼放养密度统一为 1 500 尾/亩。

每口塘设 2 台投料机，每天投饵 2 次（11：00、16：00），全部投喂蛋白质含量 28%的罗非鱼膨化颗粒料。日均投喂量占鱼体重 2%～3%。阴雨天减少或不投喂。

每月通过公用灌溉渠道注入江河水 1 次，以保持水深 3 米以上。每天 20：00至翌日 8：00，开 2 台增氧机增氧，高温天气 14：00～16：00 开 1 台增氧机调节上下层溶氧。每天巡塘检查，观测池水状况和鱼摄食活动。每天

8：00～9：00用便携式溶氧仪测量1次各塘的水温和溶氧。每2周抽测1次罗非鱼生长情况，并做好记录。

混养草鱼的池塘，成活率罗非鱼不低于99.2%，草鱼不低于98.4%。混养草鱼的池塘平均亩产比1、2号单养罗非鱼的池塘提高31.3%；平均利润提高42.0%。

第五节 罗非鱼与黄沙鳖混养模式

养殖罗非鱼的池塘，在池塘四周加建防逃墙等修建改造。增放鳖苗，采取鱼鳖混养，适当加大投入，合理选择放养模式，加强养殖过程的管理，可极大地提高池塘的经济效益。罗非鱼以投料机投料，鳖以专门搭建的离水面的投料台投喂。罗非鱼性情较温和，不受惊情况下一般不会跳跃，很少能偷抢吃到鳖料，在喂养上互不影响。罗非鱼与鳖均为喜高温、生长快的动物，它们在水质调节上也可以互补利用，比起其他鱼类，罗非鱼与鳖更适合进行混养。

一、池塘修建

选择环境安静、面积小于10亩、水深1.5米以上、塘基宽度达2米以上、池底淤泥适中的池塘。原来养殖罗非鱼的池塘，需要进行改造，在池塘四周加建防逃墙，在进、排水口加建硬材料防逃拦网等设施。防逃墙用红砖或水泥砖砌12～20厘米宽、60厘米高的墙，在墙顶边砌1块横砖向池内檐出15厘米以上宽度作防逃倒边，防止鳖攀爬。在塘基上建墙要注意稳固性，泥土塘基需要打基础，一可防雨水冲易崩塌墙，二可防鳖钻软泥逃走。防逃墙也可用水泥板、塑料板、钢网等硬性材料。但选择这些材料时要注意质量和厚度足够承受大风和雨水（洪水）的冲击，无倒边的防逃墙高度应该达到1米以上。根据池塘大小方便需要，在塘2个角或4个角，或投料机旁设置门口1～4个，放置活动拦板或制作活动门，方便机械搬运、捕鱼等操作和管理人员进出。每个池塘根据大小修建食台1～4个（一般5亩以下设2个、5亩以上设4个），用竹木板或水泥板制作，每个5～10米^2，放置池塘周或四角，用于投喂鳖的饲料台，兼作鳖的晒背台。食台最高处离开水面一般不超过50厘米，最低处深入水面下不少于20厘米。水位落差较大的，要深入水下更深，以保证在低水位时鳖能伸头或爬上食台吃到料。食台要有一定的坡度，往一边或多边甚至四周倾斜均可，在不受水淹情况下，坡度越小越好。

二、养殖模式选择与苗种放养

各品种（系）罗非鱼均可与鳖混养。南方地区主要是中华鳖为主，近年来，南方地区则大部分是地方品种黄沙鳖。可采用罗非鱼一年养一造或两造，鳖一年养一造或两年养一造的多种组合模式。无论采用哪种模式，鱼鳖混养中鱼苗和鳖苗的放养规格都应该大于50克/尾。采用罗非鱼一年养两造或鳖一年养一造模式的，鱼鳖放养规格应大于100克/尾，以利于鱼鳖达商品规格，在当年上市或起捕转入其他池塘继续养殖。

一年两造罗非鱼和两年一造黄沙鳖混养模式：每年4月底，放养100克/尾以上的大规格罗非鱼越冬种2 000尾/亩，放养规格50克/尾以上的黄沙鳖越冬苗500只/亩。6月底，第一造罗非鱼起捕收获，黄沙鳖留在原塘；再放养第二批当年培育的100克/尾以上大规格罗非鱼种。10月底前，第二造罗非鱼起捕上市，黄沙鳖大部分规格达400克/只，部分可达500克/只，留在原塘，冬季自然冬眠，翌年10月可达1 000克/只的上市规格。

三、饵料选择与投喂

罗非鱼以蛋白质含量28%～32%的配合饲料投喂，配备自动投料机，5亩水面配1～2台，5～10亩配2～4台。每天投喂2～3次，日投喂量按罗非鱼总存塘重量的2%～4%投喂。鳖以新鲜或冰鲜的鱼、螺、虾、牛肝或鸭肝加鳖配合饲料制作成肉糜饲料，按鱼肉与鳖配合料3∶1的比例混合，放入专用搅拌机（可用面粉搅拌机）中搅20～30分钟。若用鲜鱼或冰鲜鱼，按上述比例混合，由于含水丰富，搅拌时无须加水，搅出的团状料黏性和湿度比较适合。以新鲜或冰鲜鱼肉为主的鳖饲料投喂，鳖生长快，抗病力强，产品质量安全且品质好。如全部采用鳖配合饲料投喂，在生长速度和品质上比不上加鱼肉混合料的好。鳖每天投喂2餐，分早晚放料。在投喂完罗非鱼料后，现配鳖料，压紧料置于料台上，使料离水面10～20厘米。日投喂量以每餐投喂时间到时、鳖吃完料为原则，每天适当调整投喂量。

值得注意的是，罗非鱼与鳖混养池塘中，混养鲢和鳙各50尾/亩即可，最好不再混养殖其他鱼类，特别是尽量不要混养鲤、草鱼等其他中大型吃食性鱼类，因规格稍大的鲤和草鱼跳跃和游动能力较强，往往会跃上鳖饲料台偷抢吃鳖料，或把鳖料打入水中，造成鳖吃不到料。

四、日常管理

除了平时定时定量投喂外，养殖过程的管理重点主要有以下几点：

1. 加强鳖的防逃管理 定期仔细检查防逃设施是否完好，每天安排值班人员进行一次检查。一是检查池塘周围整个围边防逃墙是否有崩塌或存在倒塌隐患，围墙上的防逃倒边是否完整；二是进、排水口拦网是否有破损；三是池塘塘基是否牢固，是否有与周边池塘或沟渠连通的洞口。发现有潜在隐患要及时采取措施修补，在每次人员进出防逃墙时必须关牢门。

2. 加强水质管理 因混养大量的鳖，加上投喂较多鱼肉动物和大量饲料，鳖排泄量较大，大大增加池塘有机物，水质容易富营养化甚至变坏。因此，增加增氧机数量和开机时间很有必要，同时也要增加注水或换水的次数。如果换水不方便，添加EM、光合细菌等微生物制剂来调节水质。最好在池塘中栽培一定的水生植物调节水质，对池塘水位也要尽量保持相对稳定，除了捕捞时，平常不要让水位经常大幅变动，影响到鳖的料台水位线和正常喂食。

3. 加强池塘环境管理 一是加强环境噪音管理，池塘增氧机尽量定期开关，使用质量好、低噪音的品牌，使鳖更能适应，尽量减少其他人为噪音的干扰；二是加强池塘卫生管理，池塘中除了塘基边种植的草和在池塘中人工栽培水生植物外，其他杂物要及时清除掉，特别是塑料垃圾，不用的网具等材料不要长时间置于池塘中，这些杂物会引起鳖的应激和浮出水面呼吸活动。

4. 加强疾病防控 一是放养品质好、身体健康的苗种，选择信誉好、售后服务好的良种场购苗种；二是把好饲料质量关，要选择新鲜或冰鲜鱼肉、内脏和配合饲料投喂，不要用过期变质的原材料投喂，特别是死鱼肉要慎用：不明死因的鱼肉不能用，时间久、快变质变味的死鱼肉不能用，受污染的鱼肉也不能采用；三是注意观察鱼鳖吃食和活动情况，出现吃食和活动不正常时及时检查分析原因，及早发现病情，对症施药；四是定期消毒水体和料台。可用含氯消毒剂消毒，消毒料台后要冲洗掉残留药物；五是发现疾病及采取措施，加强调节水质，同时投喂药物和进行水体消毒。

五、捕捞收获

罗非鱼与鳖混养，要注意一年两造和两年一造的模式。在清捕罗非鱼时，因鳖要留存在原塘中，所以不能全部放干塘水干塘捕鱼，至少留不低于1米的塘水。用网捕应轻操作，多拉几次网，尽量捕完罗非鱼。在捕捞罗非鱼前期先用地网（网箱）起捕，地网难起鱼时，才使用拖网捕。鳖达上市规格时，干塘捕捉，或晚上投料后在投料台附近用网围捕，也可用网笼诱捕，或通过游钓方式起捕部分。

六、典型模式实例

【实例】在广西柳州沙塘农场，利用27.5亩池塘开展罗非鱼与黄沙鳖混养。选择的5号、6号和9号池塘，面积分别为10亩、10亩、7.5亩。3口池塘均有混凝土护坡，水深2.5米以上，池底淤泥适中，条件较好，适合养鳖。池塘四周建防逃设施，使用的材料是一级红砖和水泥砖结合墙，离地上（塘基）高度60厘米，墙顶横向砌一块红砖向池内檐出15厘米作防逃边。池塘四角设活动拦板，方便管理人员进出。由于养殖基地有全封闭式围墙，因此不再设防盗塑料网。每个池塘设食台4个，用圆木和木板制作，每个6米^2，放置池塘四角，用于投喂鳖的饲料，兼作鳖的晒台。

6月共放养28 000只黄沙鳖苗。鳖苗分两批，第一批6月29日购买鳖苗10 000只，平均规格2厘米（鳖体直径）；其中，有3 300只达5厘米以上规格的越冬鳖苗，直接放入池塘养殖，其余的鳖苗用水泥池强化培育标粗后，再放入池塘养殖。第二批10月13日规格2厘米以上鳖苗18 000只，强化培育标粗至10月30日，全部放入池塘养殖，养殖2年时间，新增成鳖产量25吨，产值200万元。

第六节 罗非鱼与鸭混养模式

罗非鱼-鸭混养作为一种高效、低耗的综合立体生态养殖模式，目前是广东地区淡水养殖的主要模式。养殖户利用养鱼水域养鸭，一池两用，不仅充分利用了水体资源，还可以提高养鸭饵料的利用率，从而提高罗非鱼产量，降低养殖成本。据研究，鸭粪干物质中粗蛋白含量为31%，总磷含量为0.67%，因此，鸭粪和剩料等是鱼类重要的营养来源（图 9-1）。

图 9-1 鱼鸭混养模式

鱼鸭混养中鸭粪不但能提高水体的肥度，有利于饵料生物的生长繁殖，而且还可以直接作为鱼的天然碎屑饲料，所以，鱼鸭混养的养殖模式并不会因为大量鸭粪进入鱼塘而使水质变差，反而可以提高水的肥度，有利于饵料生物和鱼的生长。其次，鱼鸭混养提高了水体的利用率，增加了单位水体的产值。同时，鸭在水体中的游动又能够起到曝气、搅水的作用，增加水中的溶氧，促进有机物分解，提供有机碎屑为鱼食用，形成水体的良性循环，提高养鱼水体的综合经济效益。再次，利用养鱼的水体放养鸭，在夏季可有效降低其体温，起到防暑作用，使其保持良好的精神和食欲，多吃快长。这样，一方面可减少鸭的病害的发生，同时，也在很大程度上改善了水体的养殖条件，节约成本，增加经济效益，最终实现双赢。

一、池塘条件

鱼鸭混养的鱼塘，应是水源充足、水质良好无污染、交通方便的地方。池塘、山塘、水库皆可，东西走向为佳，进、排水方便，应开挖专用排污沟（必要时抽取部分恶化池水注入排污沟，以减轻富营养化程度）。水面 5 亩以上较好，水深 1.5 米以上，水下淤泥 15 厘米左右。混养水面的堤坡要求较硬，土质较松的应修防护坡，坡度要平缓。此外，还应配备增氧和排灌设备及拦鱼设施。

二、鸭棚建设

鸭棚应建在地势略高而又平坦的池塘埂上，坐北朝南，冬暖夏凉，光照充分，不漏水且防潮。南北墙均应留有窗户，南窗离地面高度 60 厘米，北窗离地面 1 米左右。鸭棚按每平方米 5～7 只鸭修建；若饲养蛋鸭，需要按每 4 只母鸭配备 1 只 40 厘米×40 厘米×40 厘米的产蛋箱，放置在光线较暗的沿墙周围，保持箱内垫料干燥柔软，以减少地面产蛋。鸭舍内还应设计排水沟，上设饮水器。

鸭滩作为鸭的活动场所，其面积是鸭棚的 1.5 倍，周围用网围成，网目以 1.5 厘米为宜，一端连接鸭舍，一端直通水围。鸭滩的地面应平整略向水面倾斜，通向水面的斜坡用水泥、沙石等做成较小的倾角，保证在低水位时深入水下 30～50 厘米，以便于鸭群的上下。

水围是用网在鱼塘中围起的水面，面积略大于鸭滩，供鸭群觅食生长活动，网墙水面高 0.5 米、水下 1 米左右。

三、鱼种选择

鱼鸭混养，一般选取 10 厘米以上的大规格鱼种。在广东，针对鱼鸭混养的水域水质特点，通常采取多品种混养的办法，做到不同食性、不同层次的鱼类混养，以提高水体的利用率和饵料利用率。

罗非鱼因其可大量摄食、消化水体中的蓝藻、微生物、细菌，同时，可直接吞食鸭粪和鸭的残存饲料，对净化水质、消灭病原体起良好的作用，因此其放养量在 50%以上；鲢、鳙生活在水体中上层，属滤食性鱼类，适宜生活在较肥水体中，滤食浮游植物、浮游动物及有机碎屑，是调节水体肥度、控制水质的最佳品种，占总量的 45%；鲤、鲫等底层鱼类适应性强、食性杂、耐低氧，疾病少、生长快，并且可食用鸭粪中未经消化的饲料，通常放养 5%；草鱼、广东鲂等通常少放或不放。

鱼种的放养密度和各种鱼的搭配比例是技术关键，它关系到水质的控制和鱼产量。据测算，饲养1只鸭每年可产鱼2～3千克，按亩净产500千克，要投放40千克鱼种，放养鱼种的数量为鲢300尾/亩、鳙150尾/亩，规格为30尾/千克；鲤50尾/亩，规格20尾/千克；鲫100尾/亩，规格40尾/千克；罗非鱼800尾/亩，规格40尾/千克。以上为理论值，在实际生产中往往会多于这个数，具体在后面的实例中讲述。

蛋鸭和肉鸭均可用于鱼鸭混养，不宜选择种鸭和雏鸭。每亩鱼塘养殖120～150只鸭子较好；如果放鸭200只左右，则要调整养殖鱼类，应以罗非鱼、鲢、鳙、鲤、鲫等滤食性和杂食性鱼类为主，草鱼、团头鲂和青鱼等要少或不放，鸭的放养密度过大影响水质，鱼的产量下降，综合经济效益会降低。

四、日常管理

1. 鱼塘的清理和消毒 鱼塘最好在前一年冬季或当年开春清淤后曝晒15～20天，每亩用生石灰100千克化水泼洒均匀，10天后注水，1周即可放鱼。鱼种下塘前，用3%食盐水浸浴鱼体表5分钟，杀灭细菌和寄生虫。

2. 科学投喂 放养的鱼种要按照“四定”原则（定时、定质、定量、定点）投饲，要投喂量足、质好、适口的饲料。夏、秋季可按鱼体总重量投喂3%～5%；冬、春季可投1%～3%。鸭料要根据鸭的大小及类型选择性投喂，通常每天3次。

3. 水质管理 鸭的活动可起到搅水增氧作用，但是常由于水体过肥、光照不足等原因造成缺氧，应开增氧设备补充氧气。增氧设备的开启原则为：晴天中午开，阴天清晨开，连阴半夜开，浮头早开，傍晚不开，使水溶氧保持在3毫克/升以上。透明度应保持在30厘米左右，pH7～8.5较为适宜，氨控制在0.05毫克/升以下。

4. 鸭粪肥水 每天定时清扫鸭粪，堆积发酵后视水质肥瘦投入鱼塘，为滤食性鱼类培养丰富的浮游生物，一般每月泼洒2次，每次泼洒量根据水体情况确定。鸭料残饵可直接扫入鱼塘。

5. 鱼病防治 夏、秋季每7～10天要换水1次，排放30厘米老水，灌入30～40厘米新水，保持水质相对稳定。每7～10天要用漂白粉化水全塘泼洒，或每亩（1米水深）用生石灰20千克化水全塘泼洒。适时开动增氧机，防止鱼类泛塘浮头。适时投喂药饵，增强鱼体抗病能力，促进生长。饲料、食场、工具等应经常消毒，防止病原体传播；鸭棚、鸭滩等每15～20天用20毫克/升的漂白粉溶液消毒1次，可起到预防疾病的作用。勤巡塘，做好防逃、防病、防汛和防盗等工作。

6. 鸭的饲养管理　做到饲料合理搭配，定时定量饲喂，不喂霉烂变质的饲料，饮水清洁充足，温度、湿度、密度适宜，空气新鲜。搞好鸭棚清洁卫生，坚持消毒，清洗鸭棚，人不能随便进入鸭棚，消灭传染病源。

7. 鱼的捕捞及鸭的处理　在广东，鱼鸭混养模式以罗非鱼为主，为避免搭建越冬棚，通常在11月对养殖的鱼进行起捕。罗非鱼全部捕捞，其他鱼类抓大放小，捕捞结束后对水体进行消毒，主要做好防治水霉病及寄生虫的工作。

肉鸭一般43天售卖，卖过之后对鸭棚、鸭滩等消毒后放养新的鸭；蛋鸭一般可养殖2年，越冬时要做好保温措施。

8. 注意事项

（1）鱼种的放养品种、比例及搭配密度要合理　针对鱼鸭混养水域的水质特点，应采取多品种混养的方法，做到不同食性、不同层次的鱼类混养，提高水体和饵料的利用率。鱼种的合理搭配和放养，是一个实现池塘生物结构合理配置的过程，这也是提高池塘养鱼经济效益的重要一环。从提高养鱼经济效益的目标出发，其关键就是品种、搭配和放养，另外提高鱼产品的质量，实施反季节生产，优化传统的养殖结构也是十分必要的。

（2）鸭放养量的确定　养鸭密度过大，池塘水质变差，鱼鸭病害皆频发，导致鱼鸭成活率都降低，产量下降，不能发挥鱼鸭混养应有的优势；养鸭密度过小，鸭粪量不足，还需要向池塘增施肥料和投喂饲料，这样会导致成本增加，总体经济效益减少。鸭的放养量要根据池塘的水源、水深、放养鱼的品种及数量等综合考虑。当鱼塘透明度保持15～25厘米时，每亩水面可放养鸭250～300只。要根据水体的变化，适当增减鸭的放养密度。

（3）加强对水质的调节　鱼塘中养鸭后，由于每天都有鸭粪及残余饲料的流入，易造成水质过肥，鱼容易感染疾病或发生泛塘。因此，调节水质、保持水质良好是鱼鸭混养管理的核心。调节水质的具体目标是：①池水溶氧量不低于5毫克/升；②二氧化碳含量低于30毫克/升；③消除硫化氢；④氨控制在0.05毫克/升以下；⑤有机物耗氧量保持在25～35毫克/升；⑥pH为7～8.5；⑦池水透明度为20～40厘米；⑧浮游生物量控制在70～150毫克/升。

鱼鸭混养，还应特别注意不能随便将鸭粪直接排入鱼塘水中，这样会对鱼的生存环境造成影响，严重时造成鱼的死亡。正确的方法是，将鸭粪堆积发酵腐熟后，根据鱼的需要分期、分批投放鱼塘。此外，还应重视鸭棚的卫生，每天都需要打扫，并且还要定时消毒，避免鸭将病菌带入鱼塘，造成不必要的损失。应定期往池中加注新水，适时使用增氧机等，若有条件，还应清理过多的底泥，适时用生石灰消毒等。只要科学管理，保持好鱼塘水质，鱼鸭生长良好，将获得丰厚的回报。

五、典型模式实例

【实例】惠州仲恺有一养殖户，采取鱼鸭混养模式多年。其一般每亩水面搭配肉鸭 80～100 只、蛋鸭 120～150 只；鱼种于 3 月底至 4 月初放养，采用一次放养，达规格分批收获的方式。根据实际跟踪调查，折合为单位亩产的投入和产出，其具体的每亩鱼种放养数量、规格及品种见表 9-4。养殖周期按 1 年 12 个月计算，养殖收获情况见表 9-5，具体的养殖成本见表 9-6。由于肉鸭是分批出售，频次较高，未做统计。

表 9-4　鱼鸭混养模式每亩放养数量、品种及规格

品种	规格（厘米/尾）	数量（尾）	重量（千克）
草鱼	10～12	1 100	55
鲤	7～8	70	—
鲢	20	100	25
鳙	20	80	25
鲫	8～10	500	15
罗非鱼	3～4	1 100	0.5
鲮	5～6	450	0.5
合计	—	3 400	121

表 9-5　平均每亩养殖水面商品鱼收获的数量及规格

品种	规格（克/尾）	重量（千克）	单价（元/千克）	金额（元）
草鱼	750	700	8.80	6 160
鲤	500	30	9.00	270
鲢	1 000	120	5.20	624
鳙	1 000	85	9.60	816

（续）

品种	规格（克/尾）	重量（千克）	单价（元/千克）	金额（元）
鲫	200	132	10.00	1 320
罗非鱼	500	550	9.00	4 950
鲮	150	30	11.00	330
合计	—	1 647	—	14 470

表 9-6　每亩平均养殖养殖成本

项目	摘要	数量	单价	金额（元）	百分比（%）
租金		1	800 元/年	800	7.3
苗种				1 532	14.0
饲料	沉水料	1.70	4 020 元/吨	6 834	62.7
渔药				304	2.8
人工				850	7.8
水电				250	2.3
销售				150	1.4
清塘				130	1.2
折旧				50	0.5
合计				10 900	100

由表 9-5 和表 9-6 可见，鱼鸭混养养殖模式中，平均每亩总收入达 14 470 元，总投入 10 900 元，亩纯利润 3 570 元，其回报率达 32.8%（不计算鸭的投入和产出，据统计，平均每只蛋鸭的年创造利润是 25～35 元）。在整个养殖成本中，饲料占较大的比例，达 62.7%；其次是种苗和人工费用。基于此，以后养殖过程中，在保持现有利润的同时，要想法降低这三项投入的比例，以降低养殖成本，使利润最大化。

鱼鸭混养模式下，一个养殖周期平均投喂饲料 1 700 千克，养殖商品鱼总增重 1 526 千克，假定所有养殖品种都吃饲料，则饵料系数为 1.11；若只按吃食饲料的品种（除去鲢、鳙及鲮）来计算，则收获商品鱼总增重 1 342 千克，那么饵料系数为 1.26；若按主养品种草鱼和罗非鱼计算，则这两种鱼总增重 1 195千克，而此时饵料系数为 1.42。由此可见，鱼鸭混养模式下，应适当增加滤食性鱼类的数量，减少主养品种的数量，这样可以降低饲料的饵料系数，使得鸭粪能被充分利用，提高养殖效益。

第十章 罗非鱼越冬养殖模式

罗非鱼是热带性鱼类，它的抗寒能力比较差，一般水温降到12℃时，罗非鱼就会出现冻伤或冻死，在我国，除海南、台湾和云南、广东省的部分地区能自然越冬外，大多数地区罗非鱼都不能在自然环境下越冬，都要采取相应的越冬保种措施，确保亲本、苗种的顺利越冬。

我国南方气候温和，雨量充沛，同时有海洋有内陆，海湾、江河、水库、池塘等水域资源丰富，这些都为罗非鱼养殖提供了有利的天然条件。我国南方也成为罗非鱼主要产区，已大面积推广养殖。但在传统的养殖观念制约下，大多是年初投苗、年底捕捞模式仍占主导地位，成鱼销售季节过度集中，不能满足均衡上市的要求。这样就造成了成鱼销售价格偏低，产量虽高、但效益不好的局面。针对罗非鱼产业存在的这种情况，大规格罗非鱼鱼种培育势在必行。实践证明，大规格的罗非鱼鱼种对环境的适应、抗病和摄食能力都强，同时，也缩短了成鱼出塘时间，避免成鱼集中上市造成的价格走低。

罗非鱼产业面临着如何保证充足的大规格越冬鱼种和提高产量的问题。面对养殖面积无法增加和新建设的煤电厂热循环水不外排，如何解决上述矛盾日愈重要。为了解决大规格越冬罗非鱼鱼种、提高产量的需要，结合水产集约化养殖技术，通过罗非鱼越冬保温，在冬季进行罗非鱼越冬保种，为一年养成两茬提供大规格鱼种，具有极其重要的推广价值，且应用前景非常广阔，对推动罗非鱼产业的发展有着积极的意义。

安全越冬成为罗非鱼产业的一个重大课题。要抓住商机，反季节供应罗非鱼成鱼商品，获得最大收益，必须培育大规格罗非鱼鱼种。而大规格罗非鱼鱼种越冬，成为翌年罗非鱼养殖生产的重中之重。我国南方水产科技人员和养殖户，在长期科研推广、生产实践中积累了丰富的越冬养殖经验，形成了因地制宜的越冬方式。罗非鱼的越冬方式很多，根据各地气候和越冬条件的差异，所采用的越冬方式有所不同，主要有薄膜保温大棚越冬、温泉水越冬、深水井、工厂余热、锅炉加温以及电热器加温等方式。广西大部分地区冬天的气温最低时在 5～7℃，采用薄膜保温大棚结合深水井越冬，对罗非鱼安全过冬有保障。

我国南方大规格罗非鱼鱼种培育过程中的越冬模式，而这些模式也有其通用性和地域差别性。例如，保温大棚越冬的实用性很广，不受到资源的限制，养殖户和科研单位均通用。温泉或地热水和工厂余热水，都受到地域资源的限制。这些越冬模式有的是实践经验总结进而推广开来，而有的则是在原有的基础上改进的，尚处于试验推广阶段。一种好的越冬模式应该是根据实际情况因地制宜，选择合理，达到生产需要。大规格鱼种的培育是罗非鱼产业进一步发展的必然趋势，而越冬模式这个环节也会随着罗非鱼产业发展更加完善。

第一节　广西罗非鱼越冬养殖模式

罗非鱼是热带鱼类，耐寒能力差，当水温降到 12～13℃以下就会逐渐冻死。为了翌年继续养殖和生产罗非鱼，必须保存一定数量的亲鱼和鱼种，使其安全越冬，要因地制宜地采用不同方式进行越冬，到翌年水温稳定保持在 18℃以上时，再将鱼分别放回繁殖池和养殖池，进行正常繁殖和生长。在我国目前罗非鱼的越冬方法有：温泉水或深井水保温越冬、电厂（工厂）余热水越冬、工厂化温室越冬、塑料大棚保温越冬、人工加温（电、煤）越冬、池塘围栏越冬、地热水泵加温越冬等。

一、塑料大棚越冬保温越冬模式

1. 保温大棚的建设　最好选择背风向阳、东西走向、注排水方便的池塘，在池塘上方用竹木或钢筋搭建拱形或人字形的棚架，其上覆盖聚乙烯塑料薄膜或透光宽幅复合塑料编织膜，将池塘四周的薄膜埋入土中并用泥土压实。棚顶上用多道绳索缚牢，防止大风吹刮。池塘中安装增氧机、水泵，有的还需要加热器和锅炉等设施。在越冬期间，要经常检查薄膜是否有漏洞，并及时采取相应措施。

大棚支撑桩柱采用国标 ϕ50 毫米以上的镀锌钢管，高 2.5～3.5 米，柱间距2～3米。越冬塑料大棚池塘上面架钢丝绳，ϕ2.6毫米以上的镀锌钢绞线，塘边用混凝土水泥钢桩固定（拉桩深1米以上）。用钢筋加压固定上面后盖上塑料薄膜，然后用细铁线固定好上下钢丝绳，底部用砖或沙泥袋压牢固。

盖薄膜时要选在晴天无风的天气进行，工作人员10～20人，由一人统一指挥，当天盖完坚固好。薄膜要拉平，防止下雨时雨水积聚在大棚上面，在越冬期间，特别是第一次下雨的时候，要及时将积水的地方捅破，防积水压棚面。要经常检查薄膜是否有风吹破，桩基是否有松动现象，并及时采取相应措施。

每3亩池塘面积安装1台1.5千瓦以上的功率增氧机，或10亩安装1台微孔增氧鼓风机。由于大塘冬棚越冬养殖密度较高，水质一般较肥，所以越冬池配备增氧设备，越冬期间的增氧非常重要。越冬大棚应用微孔曝气增氧装置，可大大提高增氧能力，节约电费改善水质。其安装方法如下：鼓风机安装在大棚外的池塘边，连接鼓风机的总管使用直径5厘米的镀锌钢管，钢管每隔4米开1个洞并安装上与微孔曝气管直径相同的球阀，可不用支管，总管安装于岸边，直接通过总管球阀与封闭塑料软管、微孔管连接。使用直条形布管安装方式，微孔管每根布设长度20米左右，与池塘横向安装，每根软管间隔4米。由于微孔管浮于水面，要用绳子绑住微孔管水平压沉于池底，注意微孔管易断不能强拉。每根软管通过球阀调节气量平衡或维修时关闭阀门。晴天中午和晚上开机；阴雨天24小时开机，4台叶轮式增氧机轮流开机，白天保证有1台以上开着，晚上保证有2台以上同时开着。

2. 放养密度 在保温大棚越冬模式下，罗非鱼鱼种以放养规格为10克/尾以上为宜，一般放养量为5～10万尾/亩。

3. 越冬管理 越冬期间大棚水温比较稳定，也要注意水温的测量。当大棚内水温降低时，采用相应的措施调节，如抽取地下温水或者通过锅炉加温等。水温过高时，打开两头塑料薄膜通风。

越冬池应保持水质清新。在越冬期，可通过使用微生物制剂，来调节水质，增加水的活力。根据水色和透明度进行不定期加注新水，但换水量不宜过多，控制在20%～25%。换水前后水温差不超过2℃。

保温大棚越冬模式内的大规格罗非鱼鱼种密度一般较大，水质较肥，所以，越冬期间务必增氧，注意定时开增氧机，中、后期全天开机增氧。关键技术措施有：

（1）控制水温　大棚内温度过低时，在池塘管注入温泉水，使池塘水温不低于15℃，保证罗非鱼安全越冬。

每年的最低气温出现在1月，广西大部分地区平均低温达2～5℃，极端最低温度达0℃。每年的1月是越冬大棚水温控制的最关键的1个月，关系到越冬的成败。为使水温控制在15℃以上，当低于15℃时要不断地抽井水来补冲，确保正常所需的越冬温度。在12月，越冬池塘的水位尚未加深时，尽可能提前加深池塘的水位，使池塘的水位达到池塘的最高水位。塘大水深，当气温突降时，塘水温度也不会降得过快。

越冬后期，气温逐渐升高，注意开棚通风降温，谨防高温、闷热天气引起窒息死亡。

当至3、4月的越冬后期，由于白天太阳光照增温，气温有时高达30℃，池内水温迅速升高，有时高达25℃，此时应将薄膜翻开一部分，让空气流通，将棚内气温控制在22℃左右，水温控制在20℃左右。如遇天气突变或寒流，应及时将薄膜盖回，以防突然降温。

（2）调节水质　罗非鱼越冬池残饵粪便沉积池底，易使水质变坏，应及时加注新水；开启增氧机；越冬期间应选择晴天水温较高时段进行换水或补充新水。

水体的更换要根据当时的气温和水温来定。水温达到18℃以上，天气晴朗时，在白天换少量的水，每天1次换水10～30厘米，保证水质的良好性，池水不容易变坏；当气温较低或持续低温阴雨天气，做到保水不换水。

选择中午越冬池水温较高的状况下开动增氧机2～3小时，并掀开薄膜通风换气。越冬后期，由于气温升高，食量增大，应加强日常管理，加大换水量，做好出塘前的各项准备工作，如降低水质肥度、调温，进行水体、鱼体消毒和锻炼等一系列准备工作。

越冬池应保持水质清新，溶氧量充足。越冬大塘由于面积较大，换水较为困难，所以在一般情况下不换水，只增加部分新水。在越冬期间，通过定期当池塘因低温较长时间没有更换时，水质较差时适当施用EM菌来调节水质，保证水质的质量不容易变坏，增加水的活力。在水色变浓时，换走部分老水，注入新水。

（3）合理投饲　饲料以膨化料为主。膨化料黏合性较好，不易散失，而且能够准确掌握投料数量，减少浪费。投料次数以水温变化为主，一般每天投料

1次，根据水温、水质和鱼的吃食情况灵活掌握。水温17℃时，每天按鱼体重的0.3%～0.7%少量投喂；水温20℃以上时，每天按鱼体重的1%～1.5%投饲。当天气持续低温阴雨天气或水温较低时，不能投喂饲料，否则由于罗非鱼不吃饲料会导致因投料的原因影响了水质变坏。每天投喂1～2次，主要根据天气、水温、罗非鱼的摄食能力，对饲料投喂做一些调整。投喂时，不能投喂过饱，因为水温较低，罗非鱼的消化比较差。若用投饵机投喂，每天投喂饵料时，不能调节太快，发现不食立即停机停喂。

（4）预防鱼病　每周进行1次镜检及水质检测。至少准备有1～2个疗程的用药量，最主要应备用有硫酸铜、二氯异氰尿酸两种常用的药物。每月用二氧化氯0.1～0.2毫克/升全池泼洒，用于防治细菌性皮肤病、烂鳃病。冬季水温低，越冬罗非鱼易患小瓜虫病、斜管虫病、车轮虫病等，特别是小瓜虫病，易造成暴发性死亡。如发现有病鱼，应及时诊断治疗，对症下药。

（5）日常管理　注意水温变化，经常测水温和气温，每天测2次，并做好记录。建立池塘日记，每天的用饲料数量、天气、水质监测情况；罗非鱼的病害情况、用药记录等有关内容；池塘日记是对越冬罗非鱼的各项措施和生产变动做一个简要的记录，通过记录当天水温和罗非鱼的摄食情况做一个合理的调整，确保罗非鱼安全越冬提供重要依据；坚持早、中、晚巡塘，每天进行巡塘观察是养殖的日常管理工作，特别在大风或连几天下雨，要注意检查越冬大棚是否牢固，并经常观察鱼活力、摄食情况、监测水质，定期监测池中溶氧、氨氮等指标，并做好记录，及时发现问题，采取措施，防止事故发生；定期清除池塘或池塘周围的杂物，经常除草去污，随时捞去水中污物、饲料残渣，特别是发现有死鱼要查明死鱼原因，并及时捞出，挖坑深埋；注意通风、换气；越冬后期，由于水温升高，要注意越冬棚通风、换气，水温稳定，便可开棚降温，加冲新水，待越冬棚水温与外界持平，便可做出塘前的准备工作。当外塘水温保持在20℃以上时，可把鱼搬出越冬大棚。

（6）越冬效果　实践证明，罗非鱼保温大棚越冬模式成活率高、效益高、且易于推广等优点，应用十分广泛。有条件的养殖场可以建造钢筋结构和规模大的保温大棚，它使用年限长，增温、保温效果好，但造价高，一次性投资较大。而一些养殖户越冬池塘面积较小时，可以通过搭建简易大棚，材料来源广，投资小，效果较好。保温大棚必将成为我国南方地区大规格罗非鱼鱼种的越冬主要模式。

近年来，一些有条件的地方，利用越冬池上搭建保温大棚，池塘内结合打深水井补充地下水保温越冬。这种新型罗非鱼越冬模式，同时兼具深井水越冬和保温大棚越冬的特点。这类越冬设施主要是搭建大棚、开挖地下深井及附属设施，建设成本投资较高。但是，增温、保温效果好，越冬效果最理想。

二、越冬大棚微孔曝气增氧模式

1. 系统构造　微孔管增氧系统是由三叶鼓风机、总气管、支气管、微孔曝气管（或曝气盘）组成，微孔管安装在池塘底部，新鲜空气均匀地通过微孔管以微气泡形式溢出，微气泡与水充分接触，达到高效曝气，快速增氧。微孔增氧系统是目前较为先进实用的养殖调水系统，应用该系统养殖罗非鱼，可节约成本、提高成活率和单产，是目前推广的一种健康养殖方式。

2. 设备安装　以 10～15 亩高产罗非鱼池塘为例，需安装 1.5～3 千瓦的鼓风机。连接鼓风机的总管由于温度较高，最好使用直径 5 厘米以上的镀锌钢管，支管可用 PVC 塑料管。也可不用支管，总管安装于岸边，直接通过封闭塑料软管与微孔管连接。池塘面积 5 亩以内的，最好用圆盘式安装法；较大的池塘最好使用直条形布管安装方式。如 10 亩池塘可布微孔管 500～1 000 米，微孔管每根布设长度 20～30 米，横向安装，每根管间隔 4～5 米。由于微孔管浮于水面，要用绳子绑住微孔管水平压沉于池底，注意微孔管易断不能强拉。每根软管接头可安装 1 个水龙头，以调节气量平衡和方便维修。鼓风机开机时间可参照普通增氧机用法，最好 24 小时开机，以最大限度改善池塘水质，提高鱼产量。

3. 效益情况　罗非鱼大棚越冬池密度高、换水较少、水质易变坏，微孔曝气增氧系统可极大改善水质问题，能使越冬池溶氧保持 5 毫克/升以上，同时降解氨氮和亚硝酸盐；鼓风机送出高温空气，对越冬大棚还有一定的加温作用（晚间开叶轮增氧机水温下降较为明显）；冬季阴雨天多，该系统由于省电可长时间开机；使用该系统越冬密度增加 2～3 倍，即与利用叶轮增氧机增氧的大棚养殖密度 1 000～2 000 千克/亩相比，养殖密度可增加到 2 000～4 000 千克/亩，而且还有较高的成活率，成活率可提高 10%，效益提高 20%以上，越冬效果和经济效益显著（图 10-1 至图 10-4）。

图 10-1　钢管越冬大棚结构

图 10-2　微孔曝气增氧系统在棚内布设

图 10-3　微孔曝气增氧系统在棚内曝气效果

图 10-4　微孔曝气增氧系统主机（安装在棚外）

三、温泉或地热水越冬模式

流水罗非鱼养殖模式的单产远高于传统的鱼塘，再加上患病少，成活率高，相对成本也较低。同时，温泉水养殖出的鱼品质相对较好，又是反季节销售，售价也高出塘鱼1～2元/千克，利润要远高于传统的池塘养殖。此养殖模式已经逐步在推广养殖。

地处典型的喀斯特地貌区域南方众多地区，蕴藏着丰富的温泉及地热水资源，常年水温在20℃左右，冬季水温大多在20℃以上，为罗非鱼越冬养殖提供了天然的条件。其主要是将温泉或地热水直接引入越冬池塘，或直接在自然温泉或地热水中设置网箱。

1. 池塘建设 选择温水流量一年四季均充足的场地建设越冬池，温泉或地热水越冬设施主要包括鱼池及配套设施建设，以及增氧机、水泵等附属设备。要求每3亩越冬池安装不少于1台叶轮增氧机，或配曝气盘10～15个。流水池塘建设有进、排水设施，温泉水有专用水渠引入，有多根塑料管并排直接引入鱼池，排出水流到小河，下游水用于灌溉农田。水交换量保持4～6次/天。

2. 鱼种放养 温泉或地热水越冬模式一般只投放单一的罗非鱼品种，但除了罗非鱼外，还可投放大规格草鱼和青鱼进行混养。流量充足并有保障的情况下，可设计产量为3万～5万千克/亩，养殖成0.6千克/尾的规格成鱼，放养密度为5万～8万尾/亩；若是设计出池规格小于20克/尾的鱼种越冬，每亩放养量可达10万尾。如果流量不足，则相应减少投放量。应放养50克以上大规格鱼种，以提高成活率。

3. 饲料投喂 投喂罗非鱼膨化配合饲料，饲料蛋白质含量为28%～30%，日投喂率一般为1.5%～2%，日投2次。一般温泉水越冬养殖由于水温偏低，罗非鱼的吃料较传统池塘养殖要少，因此，饲养周期要比池塘养殖长1～2个月。投料量一般控制在鱼体重的1.5%～2%，如果鱼吃料活跃，投料量可增加。1月有些温水池水温有所降低，鱼吃料仍然有所减少，因此投料量略有降低。

4. 越冬管理 在温泉或地热水越冬模式下，罗非鱼鱼种的放养量根据温泉或地热水流量而定，越冬期尤其要控制好水温。如果温泉水温过高，则可经过注入低温水调混合后再流入越冬池，来维持稳定的水温。

罗非鱼越冬池的水质要保持清新，要进行排污，至少保持每3天全池彻底换水1次。随着气温的回升，鱼体重的增加，摄食的增多，对水质的要求就更加严格，延长开增氧机时间，保持水中溶氧充足。

5. 起捕上市　温水养殖可以在每年3月中旬开始起鱼，分批起捕卖鱼，时间根据市场需求可一直持续到11月。出鱼高峰期在3～7月，此时，当年在池塘养殖的罗非鱼还未上市，能卖出比池塘养殖高出1～2元/千克的价格。在有温泉或地热水资源条件的地方，开发利用温泉或地热水越冬，其越冬效果好。这种温泉或地热水越冬模式，在我国南方大规格罗非鱼鱼种越冬养殖全过程中是目前最安全、最理想的越冬模式。

四、工厂余热水越冬模式

工厂余热水越冬模式，可因地制宜地利用热源条件。具有成本低，不仅适用于亲鱼或鱼种越冬，也适宜于成鱼养殖，是一种鱼类越冬效果较好的防寒防冻的模式。工厂余热水，大多是电场和工厂排出的冷却水，针对有条件的工厂进行开发罗非鱼越冬保种与养殖。因地制宜，使效益最大化。具体是利用工厂余热水，直接在冷却池内或修建越冬池进行越冬，越冬池面积根据冷却水水温和流量而定。也可利用某些工厂废蒸汽，将调温池水按要求调好，通入越冬池保温越冬。越冬鱼池以砖砌水泥抹面池和钢筋混凝土为最好，要求保证水流畅通，新池要检查有无漏水现象，供排水循环及供气系统完善，电力供应有保障，配备水泵和气泵等设施。

1. 池塘准备　工厂余热水常有变化，因此需建一个混合调温池，当水温升高时，及时加注冷水降温。一旦发现水温降低，可打开热水阀门，给调温池水加温。另外，在升降温时，尽量缩小温差。

放养前必须进行彻底清理和消毒。越冬期间罗非鱼的密度过大，水质应保持清新，因此鱼种投放完毕，立即开启水循环系统和气泵，机械供氧。

2. 鱼种放养　工厂余热水越冬模式的越冬池，罗非鱼大规格鱼种100～200克，放养量一般为300尾/米^2。

3. 饲料投喂　工厂余热水水温一般高达30℃，投喂罗非鱼膨化配合饲料，饲料蛋白质含量为28%～30%，日投喂率一般为2%～4%，日投2～3次。一般温泉水越冬养殖由于水温偏高，罗非鱼的吃料较传统池塘养殖要多，饲料系数稍高，饲养周期比池塘养殖缩短1～2个月。

4. 日常管理 主要是定期进行监测水情水质，包括水位和水温变化、污染等情况。常有水温突变化或废水排放造成环境污染，如有的养殖场受工厂冬季检修停供热水和排放有毒物质造成死鱼损失。定期监测鱼体健康状况，预防鱼病。

5. 起捕上市 每年3月中旬开始起鱼，分批起捕卖鱼，时间根据市场需求可全年进行轮捕上市。

五、池塘围角越冬模式

温泉水或电余热水受特定的条件和地点限制，生产量有限。很多已有或可开挖温水井条件的池塘（水库），温水的流量相对于池塘（水库）如此大的面积，难以保证整个池塘（水库）在冬季低温时水温保持高于15℃。

1. 原理 在已有或可开挖温水井条件的池塘（水库）中设置一定面积的隔水围栏（围出小部分水面），在围栏适当位置留一口让鱼可以自由进出，冬季抽温水入围栏内使水保温，罗非鱼自动游入围栏内安全越冬。春季外塘（库）水温升高时，罗非鱼自动游出围栏进入外塘（库）进行正常养殖，既使罗非鱼安全越冬又省去了捕捞、清塘的人工和费用，特别是避免较大水面的池塘（水库）因捕不起的罗非鱼，在冬季受冻死损失。此技术操作简便，成本低，效益高。

2. 技术方案

（1）在池塘或水库区域附近配套有18℃以上的温水井（温水源），抽取温水流量达20米^3/小时以上。

（2）用一层或平行两层的PVC（或有机硅布等，厚度0.4毫米以上）防水帆布，在池塘（水库）中围出一定面积的独立小水面，围栏上面高出水面，下面拦到池底把水隔断，围栏面积占池塘（水库）养殖面积的5%～10%，除开一小口外，全部与外塘水围断，鱼可以通过小口自由进出围栏与池塘（水库）。

（3）防水帆布通过隔离水而起保温的作用。围栏内较小的水面，只需抽取一定的水井温水入内就可以迅速升温。

（4）冬季池塘（水库）水温降低时，特别是低于18℃以下时，利用温水井抽取温水入围栏内的小水面中保温，此时，围栏内水温高于外塘水温，罗非鱼会自动游入围栏内安全越冬；春季池塘（水库）水温接近或高于围栏内时，鱼会自动游出池塘（水库）中进行夏季养殖。

（5）饲料台设置在围栏门口附近（或围栏门口设置在饲料台附近），配合鱼容易找到出入口。即当冬季来临时，在池塘（水库）水温下降到18℃，通过在饲料台投料诱鱼到口附近，便于鱼入围栏内；当春季来临时，在池塘（水库）水温上升到18℃，通过在饲料台投料诱鱼出到口外吃食，便于正常养殖。

（6）在大水面池塘（水库）中，如果没有一定时间的诱食，离围栏较远的鱼因感知不了温水，无法找到围栏口，同样被冻死。鱼对饲料的嗅觉距离远比水温的感知距离要大得多。因此，此发明中温水源（水井等）、围栏、门口、饲料台四种设施要齐全。如果围栏内盖上透光大棚，可养更多并且更安全。

（7）选择冬季或池水少时设置好围栏。每年10月前捕捞完池塘（水库）鱼，并进行药物清塘消毒，培育水质，放养150～200尾/千克夏花罗非鱼种（已有围栏的，可以在围栏内培育出夏花鱼种）和其他鱼种。

（8）在围栏口附近的饲料台投喂饲料，引诱鱼种常游近围栏口。在南方地区养殖至12月中下旬水温降至18℃左右时，开始抽温井水入围栏内，罗非鱼逐渐游入围栏内，外塘水温再下降时，罗非鱼不再游出塘外，在围栏内越冬。

（9）翌年开春外塘水温升高至18℃以上时，罗非鱼会逐渐游出围栏外，开始在饲料台投喂饲料直至养殖成成鱼上市。

（10）在5～6月，可以利用围栏内的水面进行鱼苗种培育，以育成夏花鱼种放外塘。

六、典型模式实例

【实例1】塑料薄膜大棚越冬

1口8亩池塘，建设安装了塑料大棚，原塘鱼种在越冬前1个月进行强化培育，增强越冬抗寒能力，使之逐步适应越冬期间的生活环境，用0.7毫克/升硫酸铜泼洒全池预防寄生虫病。2011年11月，同池塘放养两种不同规格的吉富罗非鱼苗，大规格100克/尾，小规格1.6克/尾，平均放养密度为50.9万尾/公顷（33 750尾/亩）。越冬期间大棚内池水温度以18℃为基准，池塘水深保持2.5米以上，水温不足及时抽取地下温泉水补充，水温连续高于19℃解开部分大棚通风降温。利用底层微孔曝气机在池塘内均匀布软管增氧（曝气软管总长600米），保持溶氧高于3毫克/升。越冬期间由于水温较低，以保种为目的，日投喂量约0.5%以下。当气温下降较快时，为了防范棚内水温急降带来的风险，少喂或停喂一段时间。定期测定鱼苗在越冬大棚中的生长情况。

经过6个月的冬棚越冬保种培育，2012年5月初收获，大小规格鱼种分别达112克/尾和10克/尾，成活率分别为85%和67.5%，吉富罗非鱼取得较好的越冬效果。

【实例2】池塘围栏越冬

广西柳州市某养殖场池塘面积20亩，水深2米，围栏面积1.5亩，不盖棚。在靠近投料台旁边设置1个1米宽的口，栏内安装1台1.5千瓦的叶轮式增氧机。在近围栏的塘边打1口水井，流量约40米^3/时。在2007年7月开始全塘清塘消毒、注水、培育水质、放养罗非鱼苗，放养规格142尾/千克，放养数量4万尾，投喂饲料培育鱼种。至12月中旬，鱼种规格达0.25～0.35千克/尾。此时，开始陆续抽进水进围栏内，鱼种自动入栏内越冬，看天气和水温适量投料。在2008年1月遇长时间（半个月）连续低温，最低时栏内水面水温10～13℃（离温水落下点的远近不同），由于连续10天不断抽井水，造成井水不够用，至2月8日死鱼1 250千克。越冬期间的2～4月，鱼不间断地游出围栏外，适当喂饲料。4月以后开始大量投喂；5月开始逐渐开始捕捞上市，至6月底捕完，收获19吨，平均规格0.65千克/尾，约有20%未捕完，后被洪水冲走；7月又开始清塘放养鱼苗。

【实例3】池塘围栏越冬

广西柳州市鱼峰区某池塘面积18亩，水深2米，围栏面积1.4亩，不盖棚。在靠近投料台旁边设置一个1米宽的口，栏内安装1台1.5千瓦的叶轮式增氧机。在近围栏的塘边有1眼水井，流量约50米^3/时。在2007年7月开始全塘清塘消毒、注水、培育水质、放养罗非鱼苗，放养规格125尾/千克，放养数量3万尾，投喂饲料培育鱼种。至12月中旬，鱼种规格达0.2～0.3千克/尾。此时，开始陆续抽进水进围栏内，鱼种自动入栏内越冬，看天气和水温适量投料。在2008年1月遇长时间（半个月）连续低温，连续10天抽井水，最低时栏内水面水温仍有13～15℃，没有死鱼。越冬期间的2～4月，鱼不间断地游出围栏外，适当喂饲料。4月以后开始大量投喂；5月开始逐渐开始捕捞上市，至6月底捕完，收获1.6万千克，平均规格0.62千克/尾。2008年10月又开始清整好栏内水体后，在栏内放养8万尾156尾/千克规格的鱼苗，进行越冬。至2009年4月，共收获7万多尾鱼种，规格22尾/千克。

【实例4】池塘围栏越冬（加塑料大棚）

广西柳州市某养殖场池塘面积28亩，水深2米，围栏面积5亩。围栏做成长方形，用钢管搭盖封闭式透光塑料大棚，大棚呈"两边斜"（中高、两边低）或"单边斜"（一边高、另一边低）形，支撑桩用直径 7.5 厘米的镀锌钢管（与围栏长边平行），高度以池塘满水时离水面 3 米高为宜，每隔 2 米竖 1 根，各支撑桩顶点用 7.5 厘米的镀锌钢管焊接牢固使整排相连。地桩用混凝土倒注成，倒注在有机硅布外沿，每隔 1 米距离倒注 1 根（抽干塘水施工，挖孔规格为直径 30 厘米、深 1 米），倒注固定桩时放置直径 0.2 厘米螺纹钢筋 1 根，螺纹钢筋两头弯有 30°的沟，沟的一头放入混凝土一半深，一头离混凝土面 5 厘米，向外塘方向开一口与外塘连通。配有 50 米^3/时的深水井做温水源。在靠近投料台旁边设置一个 1 米宽的口，栏内安装 1 台 1.5 千瓦的叶轮式增氧机。在近围栏的塘边打 1 口水井，流量约 40 米^3/时。围栏上面高出水面，下面栏到池底把水隔断，围栏上纲用钢丝绳固定在岸两边的固定桩上，要高出水面，每隔 0.8 米用钢管插入塘底作支撑桩，用一层有机硅布缝在围栏上纲和支撑桩上，布厚度为 0.6 毫米，围栏下纲缝直径为 20 厘米管袋，灌满细沙做沉子，围栏留 1 个 1.2 米宽、深到底的口，作为水和鱼可以自由进出的口。7 月开始全塘清塘消毒、注水、培育水质、放养罗非鱼苗，放养规格 140 尾/千克，放养数量 4 万尾，投喂饲料培育鱼种。至 12 月中旬，鱼种规格达 0.25～0.35 千克/尾。此时，开始陆续抽进温水进围栏内，鱼种自动入栏内越冬，看天气和水温适量投料。在 1 月遇长时间（半个月）连续低温，最低时栏内水面水温 15℃，抽井水升温至 18℃以上。至 3 月，在晴天塘外水温升高至 18℃以上时，鱼不间断地游出围栏外，适当喂饲料。4 月以后，鱼全部游出围栏，开始大量投喂；6 月开始逐渐开始捕捞上市，至 7 月底捕完，收获 19 吨，平均规格 0.65 千克/尾；8 月又开始清塘放养鱼种。

第二节　福建罗非鱼越冬养殖模式

福建地处我国东南部，属亚热带湿润季风气候，年平均气温 15～22℃，从西北向东南递升。1 月气温在 5～13℃，处于我国罗非鱼养殖的分水岭，仅闽南部分地区具备罗非鱼自然越冬的条件。正常情况下，罗非鱼在水温降到 14℃时都需采取保温措施，才能确保亲本、苗种的安全越冬，低于 13℃时就会逐渐冻死。福建省大部分地区都需要采取保温措施才能确保罗非鱼安全越冬，越冬期长达 4～6 个月。福建省罗非鱼越冬方式多样，可根据各地气候和保温条件的差异，主要有保温大棚越冬、温泉或地热水越冬、深井水越冬及自然越冬 4 种模式。罗非鱼安全越冬的关键是，要掌握好越冬入池的时间、放养密度、水质和水温的调控及饲养管理等技术。

利用建造保温越冬大棚，是目前福建省罗非鱼亲本保种、大规格越冬种培育及反季节养殖的主要越冬模式之一。该模式具有保温效果好、越冬成活率高、养殖效益好和易于推广等优点。建造保温越冬大棚有钢构保温大棚、钢索温室大棚、简易竹架温室大棚等。钢构保温大棚造价高，适合水泥池保种，小面积越冬池，具有牢固、使用年限长、保温效果好等特点；钢索温室大棚造价比钢管大棚减少了 1 倍多，适合大面积土池越冬养殖，使用寿命较长，池内支柱少，操作方便，但抗风能力较差，当台风来临时需要脱卸薄膜，减少台风对大棚的破坏，台风过后才可以重新装上薄膜；简易竹架温室大棚造价低廉，搭建操作简便，稳固性较好，挡风能力强，保温性较好，在福建特别是漳州地区得到推广应用，但存在池塘内支柱多，操作不便，每年越冬后起捕时需要拆除竹架方便捕捞，每年需要补充材料重新搭建。

温泉或地热水越冬是罗非鱼越冬养殖的方式之一，福建省虽然自然地热温泉资源丰富，水温也较高，一般可达 30～70℃，适合罗非鱼越冬养殖。但近年来，福建省温泉休闲的开发利用，能在罗非鱼越冬养殖上利用的仅是一小部分偏远山区的小温泉，如南靖汤坑、漳浦长桥等山区的小温泉罗非鱼越冬场，大部分温泉含有硫磺，不能直接利用，需要通过池水间接加温设备才能利用。目前，罗非鱼温泉地热越冬养殖规模有限。

深井水越冬模式，需要通过抽取深机井水进行保温，冬季机井水温一般可达到 18～20℃，可用于罗非鱼的越冬，但深机井水量有限，仅适宜于进行少量亲鱼越冬保种或小规模的苗种越冬培育。可结合简易保温棚进行越冬保温，保障越冬池水温。

自然越冬模式，只要露天池塘水温能保持在 15℃以上即可进行自然越冬。罗非鱼在福建省仅有漳州部分地区可进行自然越冬，如长泰、龙海、芗城区等地。但罗非鱼处于低温边缘，越冬期间基本不摄食，越冬后掉膘，鱼体体质较差，需要越冬后进行强化培育。同时存在对抵抗寒潮天气能力弱，越冬风险较大。

保温越冬大棚是福建省罗非鱼越冬养殖的主要方式，可结合地热温泉或深井水来提高罗非鱼越冬池塘水温，保障罗非鱼安全越冬，其主要关键技术是要掌握好越冬入池的时间、放养密度、越冬池塘水质和越冬期间水温的调控及饲养管理等技术，以达到罗非鱼反季节饲养、亲本越冬和大规格越冬种的培育。

一、越冬池塘条件

建造罗非鱼大棚越冬池塘，形状应规则、以东西长方形为好，并且避风向阳、水质良好、水源和电源比较方便，面积和水位适宜且易于搭盖大棚的鱼塘。用于罗非鱼越冬养殖生产的越冬池塘面积一般在3～5亩，水深在2.5米以上。小规模亲本保种越冬养殖可选用水泥池，水深1～1.5米。越冬池的一端应设进水口，另一端底部设出水口或排污口，进水口到出水口或排污口要有一定坡降，便于排污，进、出水口要安装拦鱼网，防止逃鱼。对排灌不便、水深不足的越冬土池，可在鱼塘西、北边，挖1条深水槽，使水深达到防寒过冬要求，在寒潮袭击时，使塘内鱼类能集中在该深水槽内御寒取暖。

二、越冬养殖前的准备

1. 保温越冬大棚的建造　用钢管或竹木在越冬池塘上方搭建棚架，在棚架上盖上塑料薄膜后四周密封，建成温室大棚；也可在越冬池塘上面架小钢丝，塘边用混凝土水泥钢桩固定，用钢筋加压固定上面后盖上塑料薄膜，建造成新型的钢索温室大棚；也可采用钢丝索结合竹木主架建成人字形保温棚架，或建成钢丝拉栋简易土池保温大棚。盖薄膜时要拉平，以防止下雨时雨水积聚在大棚上面，在池塘东西两边开棚门，以便空气适时对流与人工投喂（图10-5、图10-6）。

图10-5　简易保温棚架

图10-6　保温越冬大棚

2. 越冬设备配置 越冬池塘要安装增氧设备，一般采用3～5亩越冬大棚池塘配备1.5千瓦的叶轮式增氧机1台，或采取每10亩越冬大棚池塘安装3千瓦的三叶鼓风机微孔增氧系统1套。微孔管可以采用直式或圆盘式安装模式，其在节能和提高罗非鱼越冬大棚池塘水质的溶解氧、降低养殖水体的氨氮和亚硝酸盐有明显的作用。

结合地热温泉水或深井水越冬养殖，需要配备热水井泵或深水井水泵，温泉水或井水加水管道。温泉水不能直接利用时，如温泉水温度过高，需要配置高温池，通过水温调节后，方可流入越冬池内维持稳定的温度。如温泉水硫磺含量过高，则需要加温调水池，通过温泉间接加热管（散热片）对池水进行加温调水后，注入越冬池，以维持稳定水温。

3. 越冬池塘的消毒 在越冬前半个月要清除塘底杂鱼、杂草和杂物等，并严格修补塘埂和排水口，特别是排水口滤网。越冬池塘在放养前需要经过消毒处理，可按每亩使用生石灰75千克左右或漂白粉4～5千克，化水全池泼洒。池塘消毒后7天就可加水至1～1.2米，如果采用池塘水，还需用1克/米^{3}的漂白粉进行水体消毒，以彻底杀灭寄生虫、病原体等。

三、越冬鱼的放养

1. 越冬入池时间 越冬鱼入池的时间，应掌握在自然水温降至18～20℃时为宜。在入池后的1周内，要密切观察亲鱼特别是苗种的活动情况，发现情况及时采取相应的措施处理。在入池1周后，越冬鱼的情况才能基本稳定，开始正式进入越冬期。罗非鱼起水移入越冬池时，必须要注意水温的变化，要赶在第一次冷空气到来之前起捕。如果在水温低于16℃时起捕的鱼，就不能作为越冬鱼种。对于温泉或地热水资源丰富、水量充沛、水温较高的养殖区，只要调控好池塘水温，可根据具体生产安排，可适当延迟越冬鱼的入池时间。

2. 放养密度 越冬鱼的放养密度，要根据越冬池条件、越冬方式、越冬鱼规格大小及管理水平等情况而定。对于简易保温棚越冬池，一般可放亲鱼1 500～2 000千克/亩，或苗种500～700千克/亩；条件相对较好的越冬池（如有温泉或地热水或深井水加注），还可适当提高放养密度。对于温泉或地热水越冬池，一般亲鱼可放养1 800～2 200千克/亩，越冬苗种600～800千克/亩。结合保温棚越冬的池塘，放养密度可适当高一点。自然越冬模式的放养密度低于其他越冬模式，一般亲鱼可放养800～1 000千克/亩，苗种可放养400～600

千克/亩。

3. 越冬鱼种的放养消毒　准备越冬的鱼种要求体质健壮，无病无伤，体表光滑。放养的鱼种出池前3天停食，出池鱼种全部过筛，分出大小规格，同一个大棚放养同一规格的鱼种。越冬鱼种在搬运和操作过程中都有不同程度地损伤，在进池前应对鱼体进行药物消毒，一般可用2%～3%的食盐溶液浸泡鱼体5～10分钟，以杀死鱼体病菌和寄生虫。同时，要调节大棚内池塘水温与鱼种养殖池水温，温差保持在3℃以内。

鱼种入塘后，可用0.3克/米^{3}的强氯精进行全塘消毒，以防疾病发生。在入塘后1周内，要密切注意入塘鱼种的活动情况，特别是水温较低时操作的鱼种伤口是否感染，并及时采取相应的措施。在入塘1周后，鱼种的情况才基本稳定，进而进入越冬期间管理。

四、越冬方式及越冬管理

1. 保温棚越冬模式　近年来，简易土塘保温棚在福建漳州地区得到广泛的推广应用，取得了良好的效果。在生产中，常利用简易保温棚结合温泉或地热水或深井水进行越冬，越冬效果更好。

罗非鱼的越冬期较长，福建地区越冬时间一般在11月下旬至翌年3月。越冬期间水温低、密度大，饲养管理的好坏直接影响到越冬保种的成败。

（1）水温调控　罗非鱼越冬期间水温一般控制在18～22℃为宜。水温太高，鱼类摄食量大，活动量增大，耗氧量大，水质不易控制，难管理；水温过低，影响正常摄食，使鱼体质瘦弱，易发疾病而死亡。水温长期在15℃以下，鱼会逐渐死亡。当天气晴朗、水温超过20℃时，要揭开部分覆盖的薄膜或开些窗口，使空气流通，调节水温；如温度下降到18℃时，关闭窗口；如遇寒流，有条件的可适当加注入温泉地热水或地下深井水等措施来以提高水温。越冬后期要谨防高温闷热，引起鱼类窒息死亡。对于利用保温棚越冬的越冬池，水温调控一般可按“两高一低”，即前、后期高水温，中期低水温的原则。

（2）水质调节　越冬池应保持水质清新，溶氧充足。越冬期间要经常进行水质分析，注意观察鱼群的浮头情况，及时采取增氧措施。在越冬期间，根据天气、水温等情况，一般可采取加注新水、泼洒生石灰、合理使用微生态制剂和适时开增氧机等措施来调节水质，使养殖水体保持较高的溶氧量及合适的透明度。池塘加换水时温差不应超过2℃。

（3）投饲管理　在越冬期间要适当投喂营养均衡全面的精饲料。亲鱼饲料以浮性颗粒料为主、沉性料为辅，并以在1小时内摄食完为宜，吃不完时要及时清走残料，并在下次投料时适当减少投喂量，以防影响水质。苗种饲料可以分为粉状料、破碎料或小粒径配合饲料。投料时要全池均匀投料，让大部分苗种均能摄食到。投喂坚持“四定”原则，一般采取越冬早、晚期多、中期少的方式投喂。投饵应视水质、水温和鱼体情况灵活掌握，做到多次、适量、合理，每次投喂量不宜过多，以吃完为原则。

2. 地热温泉水越冬模式　越冬池一般建在温泉或地热水的出水口附近，水深以1.5～2.0米为宜；加水时水温要适宜，如温泉水水温过高，应先经蓄水池或水管冷却到一定温度后再注入越冬池。在有条件的地区，可利用温泉或地热水结合保温棚开展罗非鱼反季节育苗和大规格越冬苗种生产。

在生产上，一般将整个越冬期分为三个阶段，即越冬早期、中期和晚期来管理。越冬早期和晚期的水温稍高一些，应适当多投料，尤其是越冬晚期，要加强饲料的投喂数量和质量，促使越冬鱼体质恢复健壮，促进亲鱼性腺发育，保障苗种质量；而中期温度较低，升温相对困难，应适当减少投料，防止水质恶化。

（1）水温调控　利用地热温泉水越冬，可通过调节水的流量大小和加水频率来控制水温。越冬鱼入池后，应定时测定水温。在整个越冬期间，水温调控一般可按“两高一低”，即前后期高水温、中期低水温的原则，既可控制越冬成本，又能保证越冬成活率。

（2）水质调节　对于温泉或地热水越冬的，可通过换温流水、科学使用微生态制剂、泼洒生石灰和合理使用增氧机等措施来调节水质。为防止越冬池水温变化太大，每次换水量不宜过多，一般控制在1/5～1/4，换水前后的池水温差在3℃以内。

（3）投饲管理　在越冬期间，投喂的饵料要多样化，一般以营养丰富且不易污染水质的配合饲料为主，并搭配投喂适量的青饲料。另要适当投喂营养均衡全面的精饲料，以增强罗非鱼越冬抗寒能力。对于较小的鱼苗，除正常投饵外，每周可安排1～2次过量投喂。

3. 深井水越冬模式　利用深井水越冬的，只要深井水水温在20℃以上，就可以用于罗非鱼的越冬。通过抽取地下深井水补充到越冬池，调节补水量，以提高池塘水温，一般可确保越冬池水温保持在16℃以上。

为了保障越冬池水温，也可结合简易保温棚进行越冬保温。一般每天换水

1次，若遇上寒流，水温下降较快，就要增加换水次数，以保持水温在16℃以上。这种越冬方式既经济又简便，但由于保温效果和深井水出水量有限，一般仅适宜于进行少量亲鱼越冬保种或苗种越冬培育的养殖场。

利用深井水越冬的池塘，在进行越冬管理时应特别注意：

（1）此类越冬池面积不宜过大，一般以50～667米^{2}为宜，池塘水深1～1.5米即可。因深井水的水温一般在18～25℃，若越冬池塘面积过大，使得在越冬中期加温困难，通常很难满足越冬罗非鱼对温度的需求。

（2）根据深井水越冬模式的特点，需在越冬前就将机井打好，以确保正式越冬时深井水的充足供应；如结合保温棚进行越冬的，还应提前搭建好越冬保温大棚。

（3）越冬期的水温调控，主要通过增加换水次数和换水量来调控水温。如果结合保温棚越冬，则可有效扩大越冬地域，通过开闭保温棚和注入地下深井水等措施来调控水温。在越冬中期特别是寒流到来时，应尽量避免或减少对越冬鱼的干扰。同时，建议选用空气压缩泵以橡皮管接曝气石进行增氧，避免使用水车式或叶轮式增氧机。

（4）在水温较低时，应适当减少投喂量，特别是水温低于15℃时应停止投喂。在低水温条件下，罗非鱼仍有摄食欲望，若此时投喂饲料，罗非鱼游到温度相对较低的水体表层摄食，鱼体露出水面的部分极易被冷空气冻伤，继而发生水霉感染或体表溃烂而逐渐死亡。

4. 自然越冬模式　在既没有条件搭建保温棚，又没有温泉或地热水利用的地区，只要露天池塘水温能保持在15℃以上即可进行自然越冬。罗非鱼在福建省仅有漳州部分地区可进行自然越冬。具体保温措施如下：

（1）加高池塘水位　增加水深以提高鱼塘的水温，这是保护养殖鱼安全过冬最基本的工作。通过加高水位，使自然越冬池塘的水位尽可能高，维持池塘较高水温。越冬池水位一般以3～4米为宜，水位越深，水体越大，池塘水温下降幅度越慢。

（2）修建挡风墙和防寒棚　应选择背风向阳的池塘作为自然越冬池。为确保越冬效果，可在越冬池塘的西、北两面，用芦苇或草帘做成挡风墙。在池面上用竹子搭成向南倾斜的简易棚架，棚架上覆盖双层塑料薄膜，即可作为简易防寒棚。池面与薄膜之间的高度控制在0.1～0.8米。此外，还可在水面围养水葫芦等水生植物，以推迟池底降温的时间。

（3）有条件的地方可将池塘加以改造，在池底开挖深坑　在寒冬期，池塘水温通常是从表层到底层逐步降温的，即降温效应是最后才传递到池底。通过在池底开挖深坑，可使越冬鱼避开不利于自身的水温水层而迁移至深坑区水温较高处，确保其安全越冬。

五、日常管理

（1）要坚持每天测量水温，观察水情、鱼情，发现问题及时处理。平时要及时清除鱼的排泄物及吃剩的残饵，防止污物发酵，败坏水质。在越冬期间，要经常检查薄膜是否有漏洞和积水，越冬后期雨水较多，要注意检查塑料薄膜是否积有雨水，并及时采取措施排水，以防塑料薄膜破损。

（2）增氧控制水质，定期开启增氧机，晴天中午开增氧机1小时，夜间开增氧机5～7小时，以增加水中溶氧，调节水质。有条件的还应配备发电机组，以防临时停电。若遇水质恶化、鱼浮头严重，可用双氧水抢救。每立方米水体加50毫升30%浓度的双氧水，加水稀释后全池泼洒，促使越冬鱼恢复正常。

（3）建立完整的养殖生产日志。对每天的养殖情况和投入品的使用进行归档登记，按时认真填写《养殖生产记录》和《养殖用药记录》，建立内容详细完整的台账，以备质量追溯。

六、常见病害防治

由于罗非鱼越冬期较长，密度大，水质相对较差，再加上处于不太活动与少摄食的状况，所以极易发病，要严防水温骤变，尽量不使鱼体受伤。当水温在18～20℃时，幼鱼易患小瓜虫病、三代虫病等，特别是小瓜虫病，易造成暴发性死亡。此外，还会感染水霉病、斜管虫病、车轮虫病、鳃鞭毛虫病等。如发现有病鱼，应及时对症下药治疗。

（1）三代虫病防治，可采用晶体敌百虫0.2～0.4克/米^3，或晶体敌百虫和面碱（1∶0.6）合剂0.1～0.2克/米^3，全池泼洒。

（2）小瓜虫病的防治，可采用戊二醛0.3～0.5克/米^3，全池泼洒，连续2～3天。或辣椒粉0.8～1.2克/米^{3}和生姜1.5～2.2克/米^3，加水煮沸30分钟后，连渣带汁全池泼洒，每天1次，连用3～4天。

（3）斜管虫病、车轮虫病、鳃鞭毛虫病的防治，可采用硫酸铜0.5～0.7克/米^{3}和硫酸亚铁0.2～0.3克/米^3，全池泼洒。或高锰酸钾2～3克/米^3，全池泼洒。或楝树枝叶 30 千克/亩（水深 1 米），煮水全池泼洒。

（4）水霉病的防治，可采用食盐 0.04%和小苏打 0.04%合剂，全池泼洒；或新洁尔灭 3～5 克/米^3，全池泼洒。在上述处理的同时，在饲料中添加适量抗菌类药物，连续投喂 5～7 天，以防细菌继发感染。

七、出塘捕捞

当池塘自然水温达到并稳定在 18～20℃时，就可开棚进行强化培育。越冬鱼出塘前需要进行拉网锻炼，拉网锻炼应选择晴天的 9：00～10：00 进行，天气闷热、阴雨和下午均不宜进行。拉网前应停食，拉网要缓慢，操作要小心，如发现鱼浮头、贴网严重或其他异常情况，应立即停止操作，把鱼放回鱼池，避免造成损失。通过 2～3 次的拉网密集锻炼后，就可起捕出塘。

八、典型模式实例

【实例 1】温泉水越冬养殖模式

福建省漳浦县程溪镇洋奎村溪龙罗非鱼苗种场，2012—2013 年采用温泉水越冬养殖模式越冬新吉富罗非鱼苗种，越冬池塘均采用土池，保水性好；水源水质优良，周围无工业、农业和生活等污染源；背风向阳，长方形，池底平坦；有独立的进、排水系统；池塘规格 3 000～4 000 米^2/口，共 3 口池，总面积 15 亩。每 1 300～2 000 米^{2}配备 1.5 千瓦的增氧机 1 台。越冬期间采用温泉水直接加入养殖越冬池，保持稳定水温。2012 年放养情况见表 10-1。

表 10-1　温泉水越冬模式越冬苗种放养情况

越冬基地	越冬方式	面积（亩）	入池时间	规格（厘米）	数量（万尾）	密度（万尾/亩）
溪龙苗种场	温泉水越冬	15	2012.10.29	2～3	153	10.2

鱼苗进入越冬池后，定期测定水温，利用打开保温棚通风口通风和加注温泉水等措施调控水温。在整个越冬期间，越冬池水温一般可按“两高一低”，即前、后期高水温，中期低水温的原则进行调控，温泉水越冬的水温可控制在 18℃以上。根据天气、水温等情况，采取加注新水、泼洒生石灰、合理使用微生态制剂（阴雨天和夜间不用；不与消毒剂混用；使用后及时增氧）和适时开

增氧机等措施来调控水质，使养殖水体保持较高的溶氧量（3 毫克/升以上）及合适的透明度（30 厘米）。越冬期间投喂粗蛋白含量 30%以上的罗非鱼专用全价配合饲料，饲料投喂量一般按鱼体重的 1%～3%，具体根据天气、水温和摄食等情况灵活把握，每天投喂 1～2 次。此外，每 7～10 天安排 1 次过量投喂，以确保小规格苗种均能摄食到饵料。当水质恶化、鱼发病或水温低于 16℃时，应停止投喂。病害防治坚持“以防为主、防治结合”的原则。发现死鱼、病鱼及时捞出，并分析原因，对症下药。越冬饲养至 2013 年 4 月 21～26 日，3 口越冬池共出塘规格 7～11 厘米/尾的新吉富罗非鱼越冬种 129 万尾，平均越冬成活率达到 84.3%（表 10-2）。

表 10-2　温泉水越冬模式罗非鱼越冬苗种收获情况

越冬基地	越冬方式	面积（亩）	数量（万尾）	出塘规格（厘米）	出塘数量（万尾）	成活率（%）
溪龙鱼苗场	温泉水越冬	15	153	7～11	129	84.3

【实例 2】保温棚越冬养殖模式

福建省漳州芗城区浦南镇白树果林场龙祥淡水苗种场，2012—2013 年采用简易保温越冬大棚养殖模式越冬新吉富罗非鱼苗种。大棚越冬池塘 3 口，总面积 15 亩，2012 年越冬苗种放养情况见表 10-3。

表 10-3　保温棚越冬模式罗非鱼越冬苗放养情况

越冬基地	越冬方式	面积（亩）	入池时间	规格（厘米）	数量（万尾）	密度（万尾/亩）
龙祥淡水苗种场	保温棚越冬	15	2012.11.02	3～5	123	8.2

越冬期间投喂粗蛋白含量 30%以上的罗非鱼专用全价配合饲料，饲料投喂量一般按鱼体重的 1%～3%，具体根据天气、水温和摄食等情况灵活把握，每天投喂 1～2 次。此外，每 7～10 天安排 1 次过量投喂，以确保小规格苗种均能摄食到饵料。当水质恶化、鱼发病或水温低于 16℃时，应停止投喂。越冬饲养至 2013 年 4 月 18～27 日，3 口保温棚越冬池共出塘规格 9～13 厘米/尾的新吉富罗非鱼越冬种 103 万尾，平均越冬成活率达到 83.7%。

第十一章 罗非鱼养殖中的新技术

第一节　水质调控

水是罗非鱼生长、繁殖的环境。水质不好，轻则引起罗非鱼生长缓慢，饵料系数上升；重则引起罗非鱼浮头、吐料，甚至严重缺氧、中毒、死亡。正所谓“养鱼先养水”，水质的优劣关系到罗非鱼养殖的成败。

一、水源的选择

1. 使用无污染的水源　水源条件要求有丰富的优质水源，水量充足、清洁、不带病原生物以及人为污染物等有毒有害物质。水的物理、化学特性要符合国家《渔业水质标准》（GB 11607—89），适合养殖鱼类的生活要求。注、排水系统要求分开，单注单排，避免互相污染。在工业污染和市政污染水排放地带建立的养殖场，设计中应考虑修建蓄水池，水源经沉淀净化或必要的消毒后再灌入池塘中，防止病原从水源中带入。

2. 水源的净化与消毒　一是在进水口处加密网过滤、避免野杂鱼和敌害生物进入鱼池。二是在蓄水池中进行水源消毒；根据水源中存在的病原体和敌害生物，常用以下几种方法：①每立方米水体用25～30克生石灰全池泼洒；②每立方米水体用1克漂白粉（含有效氯25%以上）全池泼洒；③每立方米水体用0.5克敌百虫（90%的晶体敌百虫）全池泼洒。三是采用水处理设施，如人工湿地、生物氧化塘等对水源水进行处理。由于循环水养殖系统的本身就具有水处理设备，因此在循环水养殖系统中采用该方法比较理想，不会造成额外的资金投入。

二、清塘及放养前准备

罗非鱼放养前应清整池塘，修整塘基、进排水系统，避免漏水。清除底部淤泥，应保证淤泥厚度约10厘米。在清整鱼塘后，池底留5～6厘米深的水，用生石灰900～1 125千克/公顷或漂白粉60～70千克/公顷干法清塘消毒。经6～7天曝晒后回水1.5米，注水时经60～80目网过滤除杂。池塘回水后，施绿肥7 500～15 000千克/公顷，培养浮游生物等饵料生物，待池水转为油绿色后准备放种。带水清塘为生石灰或漂白粉全池泼洒，生石灰用量为每立方米水体泼洒25～30克生石灰，漂白粉（含有效氯25%以上）用量为每立方米水体泼洒1克漂白粉。

肥料多寡既影响着罗非鱼的生长，又影响着水质的变化。罗非鱼对水质肥瘦尽管要求不是很严格，但在养殖时，可以通过适度培肥使浮游生物处于良好的生长状态，增加水体中的溶解氧和营养物质，从而培育出良好的水质，辅助罗非鱼的生长。5～6月以施有机肥为主，每7～10天1次；7～9月以施化肥为主，每4～6天施肥1次。一般要求水质透明度在25～40厘米，水色应以茶褐色为佳。同时，应注意一次施肥量不宜过多，注重少施勤施。人畜粪等有机肥，每次可施100～150千克/亩；化肥每次用尿素1千克/亩或硫铵1.5千克/亩，加过磷酸钙1～1.5千克/亩；也可根据水温、水质情况施用生物肥料。

三、养殖水质安全管理

罗非鱼养殖水质总的要求是："肥、活、嫩、爽"，即水的肥度适宜，水中饵料生物较多，有机物和营养盐丰富，水色经常有变化，不混浊、不发黑，透明度在25～40厘米；水中溶氧较高，氨氮、亚硝态氮、硫化物等有害物质含量较低，pH适中。

1. 温度 罗非鱼属热带、亚热带性鱼类，可广泛生存在温度为12～40℃的自然水体中，但它对低温的耐受力较差。在上述区间范围内，其低温临界限为12℃；14℃以上罗非鱼已能开始进食；16～36℃为罗非鱼的适宜生长温度区间范围。在这个区间范围内，罗非鱼能正常摄食生长，但其中又可分为22～34℃的正常适宜生长范围以及28～32℃的最适生长温度区间范围。在22～34℃范围内，随着水温上升，鱼类摄食量增加，生长速度加快。因此，在我国长江流域一带，罗非鱼生长季节为5～10月，并以7～9月为最佳生长期。而在我国南方的台湾、福建、广东、广西一带，则养殖期为4～11月。海南省的南部地区，罗非鱼几乎可以全年生长而自然越冬。

当水温上升到34℃以上时，罗非鱼生长开始受到制约，36℃达到生长的高限阈值。如水温继续上升到38～40℃，罗非鱼开始进入高温致死临界区间，超过40℃罗非鱼不能长期生存。因此，在高温季节要提高养殖水位，增加养殖水体容量，池塘水位应保持在2～3米，并随时加注新水，以防水位下降。一般要求每周换水1～2次，每次换水量为池水的20%～30%，使养殖水质保持良好。如果发现水质变坏，如水色变浓、变黑，甚至发臭，应及时换水，可先将塘水排掉1/3～1/2，再放进新水，直到水质变好为止。

鱼体大小不同对温度的耐受程度也不同，在相同降温速度情况下，0.6～1.5克/尾体重的夏花鱼种对温度的忍受力最差，体重50～150克/尾的商品鱼次之，而体重5～25克/尾的鱼种对温度的忍受力最强。此外，同样规格的罗非鱼，在海水或半咸水中要比在淡水中对低温的忍受力强。

越冬期间，水温是关系到罗非鱼能否生存的重要因素。罗非鱼的越冬水温一般可控制在16～18℃。在这个温度环境内，罗非鱼摄食量减少，鱼体活动减弱，耗氧量降低，能量代谢维持在低水平上，并能安全越冬。若水温偏高，活动增加，摄食增多，耗氧量大，代谢旺盛，鱼体排泄物增多，水质易变坏；若水温偏低（低于15℃），罗非鱼食欲大减，体表易冻伤，鱼体易消瘦，极易感染疾病，甚至造成死亡。

2. 溶氧　罗非鱼在营养代谢过程中，需在有氧条件下进行对食物的消化。从这种意义上说，氧气也是鱼类的营养素，是鱼类营养的必要条件。罗非鱼像大多数的鲤科鱼类一样属于耐氧性鱼类，它们对氧的要求甚至可低于鲤科鱼类中的鲫和鲤。罗非鱼的适宜溶氧要求为3毫克/升以上。当溶氧在1～3毫克/升时，鱼类的生长速度与水中的溶氧呈线性相关，表明在这种溶氧条件下罗非鱼的生长呈不良状态；溶氧在3毫克/升以上时，生长速度与溶氧之间的相关曲线平缓上升，即罗非鱼的生长与溶氧上升不呈线性相关。因此，饲养罗非鱼时，最低溶氧应控制在不低于3毫克/升为好，从而使该鱼类处在正常生长状态。

鱼类在一定时间内耗去的氧为耗氧量，每克鱼1小时内的耗氧为耗氧率。罗非鱼的耗氧率较一般鱼类低，表明它的耐氧和对环境中缺氧的承受能力较强。罗非鱼的耗氧率随鱼体增大、性成熟的来临而下降，表明幼鱼比成鱼需要更高的代谢速度。此外，饱食状态下的耗氧率上升。因此，在罗非鱼的饲养中，应尽量减少在饱食后拉网捕鱼和运输，同时，对幼鱼也需给以较充沛的溶氧，以满足其旺盛的代谢需要。罗非鱼的耗氧率高低还与水温有关，水温上升，鱼的代谢加快，活动加剧，耗氧率上升。当水温在12～14℃时，罗非鱼处在冬眠阶段，耗氧极少。当水温在14℃以上时，罗非鱼已可进食，但此时耗氧和呼吸频率仍很低，耗氧率较正常生长阶段低60%～80%。因此，罗非鱼虽然耐低氧，但在不同的饲养阶段仍应防止缺氧。高温季节，有机耗氧增加、天气变化、气压低或载鱼量大时仍有可能出现罗非鱼严重浮头现象。晴天13：00可开增氧机1～2小时，使池塘水体形成对流，将上层的溶氧打入下层。一切生物在夜间通过呼吸作用，需消耗大量溶氧，此时池塘溶氧低，凌晨2：30时可开增氧机至天亮。值得注意的是，在天气突变、气压低时，水中溶解氧低于3毫克/升或有鱼浮头时，要及时开增氧机。

3. 盐度 罗非鱼属广盐性鱼类，既可生活在淡水中，又能生长在半咸水甚至海水中。罗非鱼随种类的不同对盐度的适应有差异，有的可以在淡水、半咸水中生存，有的从淡水到海水中生存要有一个过渡时期，而有的则可以直接迅速从淡水迁移至海水中生存，这是属内种间的差异。如莫桑比克罗非鱼可以直接在盐度30的海水中生存，而尼罗罗非鱼一般需在半咸水中经过一个过渡期后再转入海水中生活，实际进行时可以每天换1/3水量的海水，经过2～3次，3～5天内可进入海水中饲养。罗非鱼在海水中饲养疾病更少，对低温的适应性增强。

4. 氨氮、亚硝态氮 水体中氮的含量和分布状态，对养殖鱼类的产量和质量具有深远的影响。氨盐来自罗非鱼排泄物、残饵等的产物，氨离子可为浮游植物利用，是藻类生长的营养素。亚硝酸盐是一种不稳定的无机盐，在氧气充足状态下很快转化为对鱼的生长无害的硝酸盐，亚硝酸盐在缺氧情况具有极强的毒性。罗非鱼对水质的要求不高，一般池塘水体中的氨氮含量在0.25～0.75毫克/升为宜，但最高不宜超过2.8毫克/升；亚硝酸盐浓度应控制0.1毫克/升以下，如超过0.1毫克/升就会引发罗非鱼“褐色病”。当水体中的氨氮、亚硝态氮含量过高时，可采用如下两种方法降低氨氮、亚硝态氮的含量：一是采用换水的方法，这也是降低水质中其他有毒有害物质含量的有效方法；二是加入有益微生物制剂调节水质，可选用主要成分为枯草芽孢杆菌等微生物的微生态制剂进行调水。使用时要注意技巧，先将粉剂用水浸泡，加入红糖或豆浆，阳光下发酵2～3小时，让有益细菌迅速繁殖，然后全池均匀泼洒，如此使用效果更佳。

5. pH　罗非鱼适应 pH 为弱碱性环境，其范围 6.5～8.5，最适 7.0～8.2。罗非鱼忍耐的 pH 极限，根据鱼体的大小及水体氨氮的浓度不同而有所变化，pH 越高，水体环境中的氨氮对罗非鱼的毒性作用就越强。因此，我们要保持水体呈略偏碱性。当 pH 略高于 8.5 时，可用醋进行调节，每亩施用 1～2 千克；高于 9 时，可选用醋酸或硅酸等弱酸，根据酸碱平衡来确定用量；pH 低于 7 时，每亩可用 10 千克生石灰，该方法在提高水体 pH 的同时，还可用来对水体消毒。

6. 硬度　硬度是水体钙镁离子含量的总和，它的主要作用：①改善底质，稳定水体 pH，提高微生物的降解效率；②钙镁含量充足，促进有机物聚沉，提高水质自净能力；③降低生物重金属的吸收和累积；④是罗非鱼骨骼生长的营养因素。罗非鱼养殖水体的适宜硬度为 60～150 毫克/升。

7. 硫化氢　硫化氢是由硫酸盐和厌氧细菌氧化其他硫化物而产生的，硫化氢对罗非鱼有很强的毒性，一旦水体处于缺氧状态下，蛋白质无氧分解以及硫酸根离子还原等都会产生硫化氢，但其含量超过 2 微克/升时，将会造成慢性危害，正常要求检测不出。

四、日常管理及水环境调控

1. 日常管理　每天早晚巡塘，观察水色、水质和鱼的活动情况，观察是否浮头或有浮头预兆。若发现死鱼，及时捞出，进行深埋等无公害化处理，并检查死因，采取相应的防治措施。高温时期，坚持在晴天中午开动增氧机1～2 小时，夜间和阴雨天或天气突变注意开动增氧机；每天早、中、晚测量水温；投饵 2 小时后检查鱼的摄食情况。根据日常管理情况，合理调整管理措施。做好养殖日志、池塘养殖生产记录、水产养殖用药记录等各项记录。在有条件的情况下，还要定期检查水质氨氮、亚硝态氮、硫化氢等有害物质的含量。

2. 水环境调控方法

（1）常规调控方法

①换水：定期冲水、换水，池水过浓、有机质过多时，增加换水量，但每次冲水、换水量不要太多，要少换多次，且池水与新水水质差异不大，以免引起应激过度。特别是在高温季节，水质变化快，加之投喂、施肥量较大及鱼类排泄强，极易污染水质，故更应加强水质调节。一般每 7～10 天左右加换新水

1次，每次换水10～20厘米。在持续高温季节时，可适当增加换水次数。注、换新水一般在15：00前或日出前鱼出现浮头时进行。

及时加注新水是培育优良水质的重要措施，有利于增加罗非鱼的活动空间，相对降低鱼的密度；通过增加池水的透明度，使光透入水中的深度增加，浮游植物光合作用水层（造氧水层）增大，增加水体溶氧含量。

②开增氧机：合理开增氧机，增加池塘水中的溶解氧。在养殖期间，视天气、水温及鱼类摄食情况，适当开增氧机增氧，在天气变化、气压低，水中溶氧低于3毫克/升时，要加大开机频率和开机时间。一般情况下，每天开机2次，即12：00～14：00或13：00～15：00，2：00～4：00或2：00至天亮。值得注意的是，在天气突变、气压低时，要提前开增氧机，防止浮头。

③泼洒生石灰：每30天泼洒1次生石灰，每次的用量为每立方米水体泼洒25～30克生石灰。

④微生物制剂调水：如用浓度每毫升在30亿～50亿个细菌的光合细菌液稀释泼洒，第1次用45～75千克/公顷，以后每30天用22.5～37.5千克/公顷，长期坚持，选择晴天中午泼洒。此外，应掌握好每天的投饵量，尽量减少残饵。

（2）固定化微生物技术调水

①固定化微生物技术的作用：目前，微生态技术是一种比较成熟的池塘养殖水体环境控制技术，使用方便，成本低廉，可对水体环境进行原位修复，不占用土地，适应各种水深，可直接将水体中的有机物和氮磷等过剩物质分解和转化。因此，微生态技术在我国的水产养殖业中的研究和应用日益增多，所用的微生物有芽孢杆菌、光合细菌、放线菌、乳酸杆菌、酵母菌等多种细菌和真菌，并已有规模性示范和应用的报道。但当前应用微生态技术净化池塘水质，多采用微生物的游离细胞直接加入水体，因游离细胞在水体中的生存和活力、定殖和流失等受环境条件影响较大，故对水体的净化效果往往不太稳定，有时甚至会造成二次污染，而固定化微生物技术则可有效地克服上述这些不足。

微生物固定化材料，能够为池塘土著微生物或外源添加的微生物的固定化提供人工载体或基质。池塘土著微生物或外源添加的微生物因在人工载体或基质上定殖成膜，大大提高了微生物的数量和成活率，并提高了与水体的接触时间和面积，提高对水体的净化效果。固定化微生物膜主要是通过微生物对氮、磷和有机物等的利用，促进自身的生长，降低水中各种污染物质的含量；同时，竞争藻类生长的资源，使得水中藻类的种群密度有所下降。

②固定化微生物技术的实施方法：在罗非鱼养殖池塘中实施固定化微生物技术，主要涉及固定化材料（人工基质）的选择、外源添加微生物种类的选择以及固定化材料实施面积。

目前，应用于微生物固定化的材料主要有生物球、生物刷和生物树等，其中，生物刷的应用相对广泛。当前，常用生物刷的规格为每根长度 1 米，每立方米 44 根。现以生物刷为固定化材料实施固定化微生物技术为例，介绍固定化微生物技术的实施过程：以池塘宽度为 1 排，用绳子固定；每隔 0.5 米左右挂 1 个弹性生物填料（生物刷），每个生物刷下用重物系住，每排挂这样的生物刷 100 个，以绳子没入水面为准。上述填料在池塘中挂 5 排，每排间隔 2 米，则固定化微生物区域占池塘水面的 10%；如挂 7 排，每排间隔 2 米，则固定化微生物区域占池塘水面的 15%。一般情况下，池塘固定化微生物技术的实施面积控制在池塘面积的 15%。

在用人工基质构建池塘固定化微生物膜时，必须考虑水体中微生物的种类，可以适当添加具有强力净化功能的外源微生物，如“利生素”、EM 菌等。添加外源微生物的时间一般在生物刷下塘后，每隔 7～10 天加入复合微生态制剂，于晴好天气 10：00 左右使用，就“利生素”而言，其每次用量为每立方米水体 0.5 克，到 30 天后菌膜基本形成时即可停止添加外源微生物。

第二节　水上农业技术

水上农业技术是在养殖水面上栽培农业作物，利用植物生长过程中根系对周围环境中营养物质的吸收，而使水质得到净化的技术。该技术能够降低养殖排污量、减轻养殖对环境的污染负荷、调控和改善养殖生态环境、增加养殖产量和养殖效益。水上农业技术具有性价比高、水质改良效果好，能够达到经济和生态效益双丰收的优点。目前，该技术已经在广西、江苏等地得到推广应用，并体现出良好的生态环境效益和社会经济效益。

一、水上农业净化水体的技术原理

水上农业技术是原位修复技术的一种。其原理主要是通过在养殖池塘水体上层通过生物浮床栽种水生蔬菜或其他超积累植物，促进池塘营养物质的多级利用等。这些方法的主要目的是，为池塘水体中多余的营养物质提供新的归宿，使池塘水质得以稳定，并进一步降低养殖的产排污系数。由于土地资源匮乏，我国的农业生产面临生态与资源的双重危机，水上农业技术这项综合效益较高的有机耕作模式，正为种植业和水产业在减排目标下找到了完美的结合点（图 11-1）。

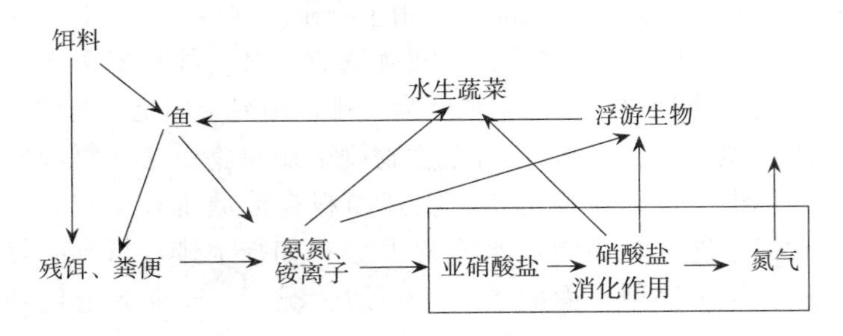

图 11-1　水上农业技术模式下养殖池塘的氮循环

二、技术要点

水上农业技术，主要包括生物浮床制作和水上农业经济作物栽培：

1. 生物浮床制作　使用 PVC 管和与之相配套的弯头，作为制作生物浮床的框架材料（亦可使用竹竿）；PVC 管直径为 50 毫米左右。PVC 管质量根据需要自行选择。制作生物浮床的网具有上层固定植物的粗网和下层保护植物根部的细网两种规格，材料为尼龙网等。粗网直径为 2 厘米×2 厘米左右，细网直径为 2 毫米×2 毫米左右。另准备粗细尼龙绳若干。生物浮床的形状为长方形或正方形，框架大小面积可根据需要制作，如 2 米^2、4 米^2、6 米^{2}等。根据框架大小，上层网直接拉紧用尼龙绳固定在框架上；下层网根据框架大小用细尼龙绳先缝成网箱，深 20 厘米左右，再四周用较粗的尼龙绳固定在框架上，便于当年用完后拆下洗净翌年再用（图 11-2）。

2. 农业经济作物栽培　按上述方法将生物浮床制作完成后，即可进行植物的栽培。植物选择那些适合在水中生长、根系发达的各种水生或陆生植物，如空心菜、美人蕉等。当以空心菜为水上农业浮床栽培作物时，适宜植株间距为 30 厘米×20 厘米；每孔扦插植株（空心菜菜秧去叶，剪成 10 厘米左右且带 1 叶芽或顶芽的小段）3～5 株，并保证每个植株有 1～2 厘米与水体接触（图 11-3）。

图 11-2　水上生物浮床的制作

图 11-3　水上浮床种植空心菜

三、水上农业技术的经济效应和生态效益

从以空心菜为水上农业经济作物的技术推广应用过程中的初步统计结果来看，应用水上农业环境调控技术的养殖池塘的亩产量可提高17%～21%，净利润提高15%～20%。同时，通过多次收获，空心菜的亩产量可达487.7～928.2千克/亩，由此直接从水体中带走的氮、磷分别可达1.83～3.49千克/亩、1.89～3.59千克/亩，具有良好的经济效益和生态环境效益。

据第一次全国污染源普查公报的数据显示，水产养殖业总氮的排放量为8.21万吨，如果从这个角度实现生态补偿，若有一半的排放量由池塘养殖造成，那么至少得有150万公顷的池塘种上10%面积的空心菜，占全国池塘养殖面积的64%；以罗非鱼养殖为例，若罗非鱼产业总氮排放量占到池塘养殖排放总量的1/20（按产量计算），那么在罗非鱼的主产区（广东、广西、海南、云南、福建）至少得有7.5万公顷的池塘种上10%面积的空心菜，或者是4万公顷的池塘种上20%面积的空心菜，罗非鱼主产区的池塘养殖面积达到86万公顷。因此在一个产业范围内，通过水上农业技术实现生态收支的平衡是可行的。在罗非鱼养殖池塘上，可以通过该技术降低池塘养殖的产排污系数。

第三节　物联网技术的应用

现代水产养殖业正向着智能化、精准化、信息化养殖的方向发展，传统的养殖模式已无法满足现代水产养殖业的发展要求，随着物联网技术的逐步成熟，智能化、精准化、信息化将会成为推进水产养殖业健康可持续发展的重要手段。

基于物联网技术的水产养殖系统，可实现养殖环境监测、数据采集、数据传输、处理分析、设备反控、预测预警及智能决策等功能。该系统可对已有的水质监测系统作出了以下三个方面的改进：①采用数据挖掘技术中的聚类分析法，对原始水质数据进行预处理，剔除异常数据、删除冗余信息，并将聚类中心点作为后续融合的输入样本集，以达到减少融合时间，提高融合精度的目的；②基于计算机视觉技术和鱼类行为学，研究鱼类针对各种环境的行为反应，并对这些行为反应进行量化，提取有用的多维特征参数，来表征鱼类的生

存状况；③基于信息融合技术对预处理后的水质因子及鱼类行为特征参数进行决策融合，以建立一个更全面、更有效的水产养殖预警模型，使得模型更能反映鱼类真实的健康状况，大大提高了水质预警的准确率。国家罗非鱼产业技术体系研发中心已在罗非鱼保种基地建成一套相关系统（图 11-4），目前系统运行平稳，预测、预警准确性较高。

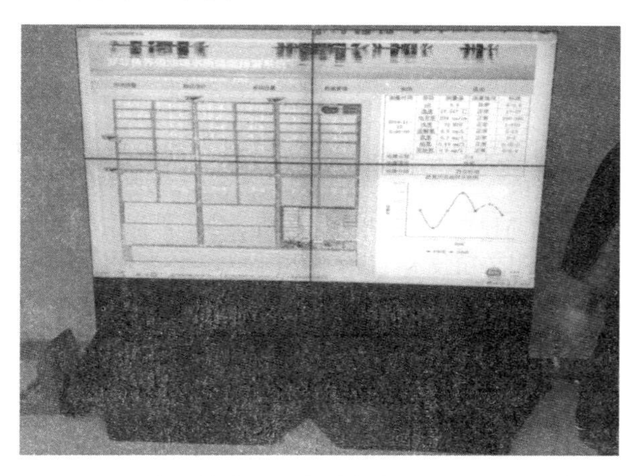

图 11-4 罗非鱼养殖池塘水质在线监测预测、预警系统

该系统的建成，针对性地解决了养殖场地多样性、地域广阔、偏僻分散等问题，把将传感及传感网技术、ZigBee/GPRS/3G 技术和信息融合与数据挖掘等物联网技术引入到水产健康养殖方面来，利用 Internet 和移动通信技术来解决水产健康养殖预警系统的“最后一公里”问题，并最终达到提高水产品质量、大大减少各类灾害事故发生、节能降耗、绿色环保的目标，具有良好的社会和经济效益，是今后水产养殖监控系统发展的一个重要方向。

参考文献

常珠传，林华英．1989. 红罗非鱼引进繁殖育种及海水驯养研究［J］．海洋科学，5：44-48.

陈德寿．2008. 罗非鱼养殖品种与模式选择效果分析［J］．海洋与渔业（1）：14-15.

陈国权．2001. 红罗非鱼及其养殖技术［J］．中国水产，4：47-48.

陈蓝荪．2006. 世界罗非鱼捕捞和养殖的动态特征研究［J］．上海水产大学学报（4）：477-482.

陈蓝荪．2011. 中国罗非鱼产业可持续发展的政策建议（上）［J］．科学养鱼（11）：1-4.

陈蓝荪．2012. 中国罗非鱼产业可持续发展的政策建议（下）［J］．科学养鱼（1）：1-5.

陈胜军，李来好，杨贤庆，等．2007. 我国罗非鱼产业现状分析及提高罗非鱼出口竞争力的措施［J］．南方水产，3（1）：75-80.

陈文，彭华林．2009. 渔医指南［M］．1 版．广州：广东科技出版社．

崔和，肖乐．2013. 2012 年我国罗非鱼生产与贸易状况及 2013 年展望［J］．中国水产，1：36-37.

邸刚．2002. 关于我国罗非鱼产业化发展的探讨［J］．中国渔业经济，4：17-18.

费忠智．2008. 无公害罗非鱼安全生产手册［M］．1 版．北京：中国农业出版社．

何渡．1997. 罗非鱼高密度流水养殖技术［J］．科学养鱼，11：15.

何军功，杨明增，李斌顺．2004. 工厂余热水流水养殖罗非鱼高产技术［J］．河南水产，1：13.

贺艳辉，袁永明，张红燕，等．2012. 我国罗非鱼的高效养殖模式［J］．江苏农业科学，40（12）：249-251.

胡爱英．2007. 水产设施技术的发展与展望［J］．现代渔业信息，22（8）：15-20.

黄樟翰，卢迈新，朱华平，等．2009. 商品罗非鱼的饲养——一年一造饲养法［J］．渔业科技产业，26（4）：19-27.

黄樟翰，朱华平，卢迈新．2010. 暖水性鱼类抗寒防冻精要［J］．海洋与渔业，1：42.

黄忠志，张中英．1999. 罗非鱼养殖技术［M］．北京：中国农业出版社．

江山，赖慧真，周兵，等．1984. 紫金彩鲷杂交的配合力测定及其杂种同福寿鱼主要经济性状的比较［J］. 淡水渔业（6）：5-11.
李晨虹，李思发. 1996. 不同品系尼罗罗非鱼致死低温的研究［J］. 水产科技情报，23（5）：195-198.
李家乐，李思发. 1999. 吉富品系尼罗罗非鱼耐盐性研究［J］. 浙江海洋学院学报：自然科学版，18（2）：107-111.
李家乐，周志金. 2000. 中国大陆奥利亚罗非鱼的引进和研究［J］. 浙江海洋学院学报：自然科学版，19（3）：261-265.
李金秋. 2006. 罗非鱼养殖业存在问题与未来发展［J］. 江西水产科技（2）：19-24.
李明政，马峻峰，周立斌. 2008. 罗非鱼同步繁殖技术研究［J］. 中国水产（10）：39-40.
李瑞伟，李民，彭俊. 2010. 罗非鱼早繁技术初步研究［J］. 海洋渔业，5：35-36，41.
李思发，蔡完其. 1995. 我国尼罗罗非鱼和奥利亚罗非鱼养殖群体的遗传渐渗［J］. 水产学报，19（2）：105-111.
李思发，蔡完其. 2008. 全国水产原良种审定委员会审定品种——“新吉富”罗非鱼品种特点和养成技术要点［J］. 科学养鱼（5）：21-22.
李思发，李晨虹. 1997. 吉富等品系尼罗罗非鱼的起捕率差异［J］. 水产科技情报，24（3）：108-108，113.
李思发，李家乐. 1998. 养殖新品种简介吉富品系尼罗罗非鱼［J］. 中国水产（4）：36-36.
李思发，蔡完其. 2008. “新吉富”罗非鱼品种特点及养成技术要点［J］. 科学养鱼，5：21-22.
李思发，李家乐. 1998. 养殖新品种简介—吉富品系尼罗罗非鱼［J］. 中国水产，10：36，27.
李思发. 1993. 主要养殖鱼类种质资源研究进展［J］. 水产学报，17（4）：344-358.
李思发. 1999. 中国大陆罗非鱼养殖业发展对策［J］. 中国渔业经济研究（1）：13-15.
李思发. 2001. 吉富品系尼罗罗非鱼引进史［J］. 中国水产（10）：52-53.
李思发. 2003. 我国罗非鱼产业的发展前景和瓶颈问题［J］. 科学养鱼（9）：3-5.
李思发. 2010. 名优新品种推介“吉丽”海水罗非鱼［J］. 海洋渔业，6：37.
李学军，李思发. 2005. 不同盐度下尼罗罗非鱼、萨罗罗非鱼和以色列红罗非鱼幼鱼生长、成活率及肥满系数的差异［J］. 中国水产科学，12（3）：245-251.
林勇，杨华莲. 2005. 罗非鱼养殖技术之四：奥尼罗非鱼工厂化育苗技术［J］. 中国水产，6：46-48.
刘峰，谢新民，郑艳红. 2006. 罗非鱼优良品系——吉富罗非鱼的育成始末［J］. 水产科技情报，33（1）：8-12.
刘家顺. 2006. 中国林业产业政策研究［D］. 哈尔滨：东北林业大学.
刘连平. 2009. 高温季节罗非鱼水质管理措施［J］. 海洋与渔业，8：39.
柳富荣. 2005. 水产新品种养殖技术——奥尼鱼［J］. 湖南农业，7：16.

楼允东 . 1999. 鱼类育种学［M］. 北京：中国农业出版社 .

卢迈新，朱华平，黄樟翰，等 . 2011. 罗非鱼优质高产使用技术手册［M］. 广东省科学技术厅 .

卢迈新，黎炯，叶星，等 . 2010. 广东与海南养殖罗非鱼无乳链球菌的分离、鉴定与特性分析［J］. 微生物通报，37（5）：766-774.

卢迈新 . 2008. 奥尼罗非鱼养殖技术［J］. 海洋与渔业，1:11-13.

卢迈新 . 2008. 透明塑料大棚越冬实用技术、简易塑料棚越冬实用技术：南方地区雨雪冰冻灾后重建实用技术手册［M］. 北京：科学普及出版社 .

马田荐 . 2003. 红罗非鱼及其养殖技术［J］. 渔业致富指南，20：23-24.

欧宗东 . 2005. 南美白对虾与罗非鱼混养模式的研究［J］. 渔业现代化，3：25-28.

强俊，王辉，李瑞伟 . 2010. "吉富"罗非鱼大规格苗种培育试验［J］. 科学养鱼，11：7-8.

石庆 . 2010. 罗非鱼池塘水质调节方法［J］. 农家之友，4：46.

唐瞻杨，陈忠，黄姻 . 2009. 奥尼单性罗非鱼苗池塘繁育技术［J］. 科学养鱼，5：10-11.

唐瞻杨 . 2011. 广西罗非鱼产业化发展现状的研究［D］. 南宁：广西大学 .

童建辉 . 2006. 中国罗非鱼发展前景及风险控制［M］. 中国农业出版社 .

汪开毓，陈德芳，赵敏，等 . 2010. 罗非鱼主要疾病介绍与防治技术［J］. 科学养鱼，9：12-13.

王斌，李晓钟 . 2010. 罗非鱼出口比较优势与贸易结构耦合性分析［J］. 世界农业，2：34-37.

王楚松，夏德全，胡玫，等 . 1989. 奥尼杂种优势的利用的研究［J］. 淡水渔业（6）：13-15.

王武 . 2000. 鱼类增养殖学［M］. 北京：中国农业出版社 .

徐彩利，王振怀，葛京 . 2007. 吉富罗非鱼鱼种培育试验［J］. 河北渔业，10：32-33.

徐皓，倪琦，刘晃 . 2007. 我国水产养殖设施模式发展研究［J］. 渔业现代化，34（6）：1-6.

许统绪 . 1984. 罗非鱼越冬设备及方法［J］. 渔业机械仪器（6）：3-4.

杨弘，卢迈新 . 2012. 罗非鱼安全生产技术指南［M］. 中国农业出版社 .

杨弘，卢迈新，陈家长，等 . 2011. 罗非鱼高效养殖百问百答［M］. 北京：中国农业出版社 .

杨弘，罗永巨，姚国成，等 . 2009. 罗非鱼技术 100 问［M］. 北京：中国农业出版社 .

杨先乐，汪开毓 . 2008. 水产养殖用药处方大全［M］. 北京：化学工业出版社 .

杨先乐 . 2001. 特种水产动物疾病的诊断与防治［M］. 第 1 版，北京：中国农业出版社 .

姚国成 . 2008. 广东省罗非鱼养殖现状及健康养殖模式［J］. 海洋与渔业（1）：6-8.

于清泉 . 2005. 罗非鱼池塘养殖高产技术［J］. 内陆水产，5：44.

余招龙，艾伟岭，张亚宇．2010. 吉丽罗非鱼海水养殖模式初探［J］．海洋与渔业，10：41-43.

远全义，朱晓仙，张孟庆．2008. 罗非鱼种越冬管理技术［J］．河北渔业（4）：31-32.

张继军，陈钟，刘燕燕．2010. 中国罗非鱼出口特征与行业发展对策分析［J］．中国水产，4：67-70.

郑建忠．2011. 无公害罗非鱼养殖技术［J］．福建农业（10）：40.

郑杰．2012. 广西渔业发展现状与对策研究［D］．南宁：广西大学．

中国农业部渔业局．2002—2012 中国渔业统计年鉴［M］．北京：中国农业出版社．

钟建兴．1997. 红罗非鱼生物学特性及养殖技术［J］．福建水产（2）：60-62.

周泽斌，谢敏亮．2006. 罗非鱼与南美白对虾混养技术［J］．中国水产，6：42-43.

朱华平，黄樟翰，卢迈新，等．2009. 大规格罗非鱼养殖技术［J］．现代农业科学，16（2）：107-109.

朱华平，卢迈新，黄樟翰．2008. 罗非鱼健康养殖使用新技术［M］．海洋出版社．

朱华平，黄樟翰，卢迈新，等．2009. 大规格罗非鱼养殖技术［J］．现代农业科学，16（2）：107-109，119.

朱华平，卢迈新，黄樟翰．2008. 罗非鱼健康养殖技术［M］．北京：海洋出版社．

图书在版编目（CIP）数据

罗非鱼高效养殖模式攻略/杨弘主编．—北京：
中国农业出版社，2015.5（2017.4 重印）
（现代水产养殖新法丛书）
ISBN 978-7-109-20244-3

Ⅰ.①罗…　Ⅱ.①杨…　Ⅲ.①罗非鱼—鱼类养殖
Ⅳ.①S965.125

中国版本图书馆 CIP 数据核字（2015）第 045791 号

中国农业出版社出版
（北京市朝阳区麦子店街 18 号楼）
（邮政编码 100125）
责任编辑　林珠英　黄向阳

北京中科印刷有限公司印刷　　新华书店北京发行所发行
2015 年 5 月第 1 版　　2017 年 4 月北京第 2 次印刷

开本：720mm×960mm 1/16　　印张：15
字数：260 千字
定价：38.00 元